地质灾害与治理技术研究

池 江 李海翔 著

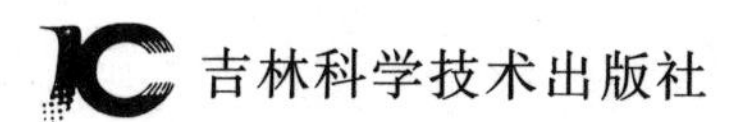

图书在版编目(CIP)数据

地质灾害与治理技术研究 / 池江，李海翔著. —— 长春：吉林科学技术出版社，2023.6

ISBN 978-7-5744-0617-9

Ⅰ. ①地… Ⅱ. ①池… ②李… Ⅲ. ①地质灾害—灾害防治—研究 Ⅳ. ①P694

中国国家版本馆 CIP 数据核字(2023)第 130207 号

地质灾害与治理技术研究

著　　池　江　李海翔
出 版 人　宛　霞
责任编辑　穆　楠
封面设计　张啸天
制　　版　济南越凡印务有限公司
幅面尺寸　185mm×260mm
开　　本　16
字　　数　367 千字
印　　张　20.75
印　　数　1-1500 册
版　　次　2023年6月第1版
印　　次　2024年2月第1次印刷

出　　版　吉林科学技术出版社
发　　行　吉林科学技术出版社
地　　址　长春市福祉大路5788号
邮　　编　130118
发行部电话/传真　0431-81629529 81629530 81629531
　　　　81629532 81629533 81629534
储运部电话　0431-86059116
编辑部电话　0431-81629518
印　　刷　三河市嵩川印刷有限公司

书　　号　ISBN 978-7-5744-0617-9
定　　价　125.00元

前　言

有史以来，地质灾害给人类带来了重大的伤亡及财产的损失。地质灾害是世界性的重大问题，不分地域和政治界限，几乎所有的国家和地区都遭受到它的破坏和威胁。许多事例表明，目前人类在科学技术上要完全阻止地质灾害的发生是很难办到的，但它产生的灾难、导致的重大损失是可以避免的。经验证明，人类已经有了一定的知识，无论是对灾害成因与危害的认识，还是对减轻灾害损失的技术方法的掌握运用，都已达到了相当高的水平，只要通过有效的合作，运用得当，就可能把人类面临地质灾害的危险极大程度地降低。

本书全面论述了地质灾害的基本概念，我国地质灾害的基本概况，地质灾害评估与减灾对策等内容，并对地震、崩塌、地裂隙、地面塌陷、地面沉降、滑坡、泥石流等自制灾害及其防治进行了介绍与说明，其他工程致灾地质作用、工程岩土体地质灾害、地质灾害治理工程常用施工工法、地质灾害减灾体系与评价要求等也是本书论述的主要内容。全书共十章，其中由第一著者池江（中化地质矿山总局广西地质勘查院）编写了第一章至第四章的内容，共约10万字；由第二著者李海翔（山东省地质矿产勘查开发局八〇一水文地质工程地质大队）编写了第五章至第七章的内容，共约8万字；由李甫参与编写了第九章的第六节和第十章的内容，共约1万字；另外参与编写的还有滕跃（山东省地质矿产勘查开发局八〇一水文地质工程地质大队）和张文强（山东省地质矿产勘查开发局八〇一水文地质工程地质大队）。

本书在撰写过程中借鉴、吸收了大量著作与部分学者的理论作品，在此一并表示感谢。但由于时间限制加之精力有限，虽力求完美，但书中仍难免存在疏漏与不足之处，希望专家、学者、广大读者批评指正，以使本书更加完善。

目　录

第一章　地质灾害概述

第一节　地质灾害的基本概念

一、灾害与地质灾害

（一）灾害

灾害包括自然灾害、事故灾害和突发公共卫生事件。

自然灾害指给人类生存带来危害或损害人类生活环境的自然现象，包括干旱、洪涝、台风、冰雹、暴雪、沙尘暴等气象灾害，火山、地震、山体崩塌、滑坡、泥石流等地质灾害，风暴潮、海啸等海洋灾害，森林草原火灾和重大生物灾害等。

1.造成自然灾害的因素

自然变异是引发自然灾害的自然因素；人、财产、资源、环境等受灾体的变化是造成灾害损失的社会因素。

（1）自然因素：地球变动、地球各圈层变化与运动。

（2）社会因素：人口增长、开发资源、改造环境、发展生产、工程活动、战争、动乱等。

2.我国自然灾害的特点

（1）灾害种类多：除现代火山活动外，几乎所有的自然灾害都在我国出现过。

（2）分布地域广：我国70%以上的城市、50%以上的人口均不同程度受到自然灾害影响。东北、西北、华北等地区旱灾频发，西南、华南等地区严重干旱时有发生，东部、南部沿海地区以及部分内陆省份经常遭受热带气旋侵袭，我国

2/3以上的国土面积受到洪涝灾害威胁，各省均发生过5级以上的破坏性地震。约占我国国土面积69%的山地、高原区域地质构造复杂，滑坡、泥石流、山体崩塌等地质灾害频繁发生。

(3)发生频率高：我国的自然灾害每天都在发生。

(4)灾害损失重：如2016年，我国全年自然灾害造成直接经济损失达5032.9亿元。

(二)地质灾害

地质灾害是指由于自然地质作用或人为地质作用，使生态环境遭到破坏，从而导致人类生命、物质财富造成损失的事件。例如，崩塌、滑坡、岩爆、泥石流、地裂缝、地面沉降和塌陷、坑道突水突泥、突瓦斯、煤层自燃、黄土湿陷、岩土膨胀、沙土液化、土地冻融、水土流失、土地沙漠化及沼泽化、土壤盐碱化以及地震、火山等。

地质灾害广泛存在于我们的生活中，它给我们的生产、生活造成了诸多的不便，同时，也给我们造成很大的经济损失和人员伤亡。因此，在认识了解地质灾害的过程中，我们不仅要认识地质灾害本身，还要了解掌握地质灾害的成因、观测、分类、预防，以及地质灾害的救援知识，以便为我们科学的预防和救援打下坚实的基础。

地质灾害一般分为自然地质灾害和人为地质灾害两大类。因为发生灾害的地理环境不同，所以治理灾害的方法和减灾措施也有所差别。近年来为深入研究，又把地质灾害分为山地地质灾害、平原地质灾害和城市地质灾害等。

地质灾害根据其主导动力成因具体分为内动力地质灾害，包括地震、火山、构造沉降、构造地裂缝、岩爆等；外动力地质灾害，包括崩塌、滑坡、泥石流、水土流失、土地沙漠化等；人为动力地质灾害，包括水库诱发地震、抽水塌陷、矿区采空塌陷等。实践表明，单一成因的地质灾害较少，复合型地质灾害较多。

根据地质灾害成灾动态特征可分为突发型地质灾害——发生突然，过程短暂的地质灾害，主要包括地震、火山、煤瓦斯突出、崩塌、滑坡、泥石流等；缓发型地质灾害(或累进型地质灾害)——发生过程比较缓慢，具有累进性特征的地质灾害，主要包括地面沉降、水土流失、土地沙漠化、土地盐渍化、海水入侵等。

根据地质灾害发生的自然地理位置可分为山地地质灾害，主要包括崩塌、滑坡、泥石流等；平原地质灾害，主要包括地面沉降、土地盐渍化等；滨海地质灾害，主要包括海水入侵、海岸侵蚀等；海洋地质灾害，主要包括海底滑坡等；城市地质灾害，主要为地面沉降和塌陷以及地裂缝等。

根据与社会经济关系可分为城市地质灾害、矿区地质灾害、农业地质灾害、工程地质灾害等。

地质灾害的普查是在正确认识各种地质灾害的基础上，对一个特定区域可能发生的地质灾害的全面排查，进而有效地进行预防和治理。它是地质灾害预防的前提。

所谓地质灾害防治是指对由于自然作用或人为因素诱发的对人民生命和财产安全造成危害的山体崩塌、滑坡、泥石流、地面塌陷、地裂缝、地面沉降等地质现象，通过有效的地质工程手段，改变这些地质灾害产生的过程，以达到减轻或防止灾害发生的目的。地质灾害防治工作，实行预防为主，避让与治理相结合的方针，按照以防为主，防治结合，全面规划，综合治理的原则进行。

各级人民政府地质矿产主管部门对本行政区域内的地质灾害实行统一监督管理，加强对地质灾害防治工作的领导，并将其纳入国民经济和社会发展规划。

地质灾害防治的重点区域：城市、农村和其他人口集中居住区，大中型工矿企业所在地，重点工程设施，主要河流，交通干线，重点经济技术开发区，风景名胜区和自然保护区等。

研究地质灾害的最终目的是减少地质灾害发生对人们造成的损失，然而有效地预防又离不开不间断的、准确有效的观测，所以观测在地质灾害防治过程中起着举足轻重的作用。

二、各种灾害的危害

（一）干旱灾害

1.干旱灾害的定义

干旱灾害指在较长时间内降水异常偏少，河川径流及其他水资源短缺，致使土壤水分严重不足，对人类生产、生活造成影响的灾害。

2.我国旱灾的特点

我国的旱情与显著的季风性气候以及我国农业生产本身的特点有关；各地的旱情发展还取决于当地的社会经济条件和水资源的分布。

我国北方旱灾具有频繁性、周期性的特点，黄淮海地区的降雨变化大，干旱频发，全年各季均较高；南方旱灾主要表现出地区性、季节性的特点。旱灾主要危害农作物生产，是中国近40年来粮食减产的最主要的原因。旱灾导致农业成本上升、危及人畜生存、制约工业生产和城市建设的发展。

（二）洪涝灾害

1.洪涝灾害的分类

洪涝灾害包括洪水灾害和雨涝灾害。

洪水灾害是由于强降雨、冰雪融化、冰凌、堤坝溃决、风暴潮等原因引起江河湖泊及沿海水量增加、水位上涨而泛滥。

雨涝灾害是因大雨、暴雨或长期降雨量过于集中而产生大量的积水和径流，排水不及时，致使土地、房屋等渍水、受淹而造成损失。

2.我国洪涝灾害的特点

我国洪涝灾害具有形式多样性、广泛性、危害区域具有相对集中性、季节性特征明显的特点。我国洪涝灾害严重的原因主要是受自然地理位置和季风气候的影响，地形复杂，西部与东部落差大，以及众多河流均要汇入少数特大河流。这些因素是我国江河洪水和内涝灾害的有利生成条件。植被遭到破坏，水土流失扩大，是我国洪涝灾害日益严重的重要原因。我国的大江大河中下游、平原及湖泊周围多是人口密集和经济较发达地区，洪涝灾害造成的后果必然严重。

（三）台风灾害

1.台风的定义

台风指热带或副热带海洋上发生的气旋性涡旋大范围活动，伴随大风、巨浪、暴雨、风暴潮等。

2.台风灾害的特点

台风灾害是对人类生产、生活产生较强破坏力的灾害。台风灾害会造成人员伤亡;摧毁建筑物、森林、农作物、船舶等;造成沿海农田的盐渍化;给水产养殖业造成损失;导致海难等灾害。

(四)风雹灾害

风雹灾害指强对流发展成积雨云后出现狂风、暴雨、冰雹、龙卷风、雷电等所造成的灾害。沙尘暴所造成的灾害,也一并计入风雹灾害。

1.龙卷风灾害

龙卷风是一种与强雷暴云相伴出现的具有近于垂直轴的强烈空气涡旋,其外形像一个漏斗状的旋转云柱,当它发生在水面上时,常吸水上升如柱,犹如龙吸水,称为“水龙卷”;当它发生在陆地上时,则称为“陆龙卷”。

龙卷风灾害具有发生速度快、破坏力大,生命短、运动无规律的特点。

2.冰雹灾害

冰雹灾害指从发展强盛的高大积雨云中降落到地面的固定降水所造成的灾害。

从全球范围看,冰雹常发生在中纬度地区的山区,平原少见,热带与寒带极少出现,中亚地区、美国中部、法国、德国、英国等地是冰雹多发地区。中国由于大部分国土地处中纬度地区,是冰雹灾害多发国家。

3.沙尘暴

沙尘暴是沙暴和尘暴的统称,是大量沙尘物质被强风吹到空中,使空气很浑浊的严重风沙现象。沙暴指 8 级以上的大风把大量沙粒吹入近地面气层所形成的携沙风暴;尘暴则指大风把大量尘埃及其他细粒物质卷入高空所形成的风暴。

(五)雪灾

1.雪灾的定义

雪灾也称白灾,指因降雪形成大范围积雪,严重影响人畜生存,以及因降大雪造成交通中断,通信、输电等设施毁坏的灾害。雪灾分为猝发型雪灾和持续型雪灾两种。

2.雪灾的危害

我国的雪灾主要为牧区雪灾。雪灾发生的时段,冬雪一般开始于10月,春雪一般结束于4月。牧区雪灾常发区主要分布在内蒙古大兴安岭以西和阴山以北的广大牧区,祁连山牧区、新疆北部、四川西部以及藏北高原至青南高原一带的高寒牧区。

雪灾的发生严重影响甚至破坏交通、通信和输电线路等生命线工程,对牧民的生命安全和生活造成威胁。此外雪灾还会引起牲畜死亡,导致畜牧业减产。对畜牧业的危害,主要是因为积雪掩盖草场,且超过一定深度,有的积雪虽不深,但密度较大,或者雪面覆冰形成冰壳,牲畜难以扒开雪层吃草,造成饥饿,致使牲畜瘦弱,有时冰壳还易划破羊和马的蹄腕,造成冻伤,常常造成牧畜流产,仔畜成活率低,老弱幼畜饥寒交迫,死亡增多。

(六)低温冷冻灾害

低温冷冻灾害指在作物的主要生长发育阶段,气温降至影响作物正常生长发育的温度,造成作物减产甚至绝收的灾害。低温冷冻灾害主要包括倒春寒、夏季低温、寒露风、霜冻、寒潮等。

1.春季低温冷冻灾害

我国南方早稻在播种育秧时期由于受低温影响造成的烂种烂秧,称为春季低温冷冻灾害,俗称倒春寒。

2.秋季低温冷冻灾害

秋季低温冷冻灾害是指晚稻抽穗扬花期,受到低温天气的影响,造成空壳和秕粒率增大而减产。由于此种灾害在华南地区多发生在寒露节气前后,俗称寒露风。

3.夏季低温冷冻灾害

东北地区是我国最北的农业区,冬季长,无霜期短,夏季平均气温明显偏低,往往使作物生育期延迟,延迟的天数与平均温度成反比,即平均温度越低,作物生育期延迟的时间越长,所以当未成熟的作物遇到早霜冻就会造成大幅度的减产。

(七)地质灾害

1.地质灾害的种类

地质灾害包括地震、崩塌、滑坡、泥石流、地面沉降、岩崩等。

地震灾害指由地震引起的强烈地面振动及伴生的地面裂隙和变形,导致各类建筑物倒塌和损坏,设备和设施损坏,交通、通信中断和其他生命线工程设施等的破坏,以及由此引起的火灾、爆炸、瘟疫、有毒物质泄露、放射性污染、场地破坏等,造成人畜伤亡和财产损失的灾害。

滑坡灾害指斜坡上的岩土体由于种种原因,在重力作用下沿一定的软弱面整体向下滑动造成的灾害,俗称“走山”“垮山”“地滑”“土溜”等。

泥石流灾害指山区沟谷中,由于暴雨、冰雹、融水等水源激发的、含有大量泥沙石块的特殊洪流所造成的灾害。

地处我国西部高原山地向东部平原、丘陵的过渡地带,区域内地形起伏变化大、河流切割强烈、暴雨集中,加之人类对天然植被的严重破坏和广泛地改造地表斜坡、搬运岩土等活动,导致崩塌、滑坡、泥石流特别易发、频发、多发。该段区域是我国滑坡、崩塌、泥石流等地质灾害最严重的地区。

2.地质灾害的危害

我国每年有近百座县城受到泥石流威胁和危害,有 20 多条铁路干线经过滑坡和泥石流的分布区域。在我国的公路网中,以川藏、川滇、川陕、川甘等线路的泥石流灾害最严重,仅川藏公路沿线就有泥石流沟 1000 余条,每年因泥石流灾害阻碍车辆行驶的时间为 1～6 个月。

2013 年 7 月 10 日上午 10 时 30 分左右,四川省都江堰中兴镇三溪村 1 组一处山体突发特大型高位山体滑坡重大地质灾害,此次灾害造成 43 人遇难,118 人失踪。2013 年 7 月 8 日 20 时以来,都江堰出现区域性暴雨天气过程,这次强降雨呈现出持续时间长、影响范围广、危害性大等特点。最强降雨时段在 8 日 20 时至 10 日 20 时,都江堰 35 个点位雨量达到 250mm 以上,12 个点位雨量达到 500mm 以上,累计最大降雨量为 1059mm,是 1954 年都江堰有气象记录以来雨量最大的一次降雨。

3.地质灾害的防治

(1)灾害前,预防为主,避让与治理相结合。从避让灾害角度,安全选择建设场地。采取锚桩和排水等工程,增大摩擦系数,增加山体稳定性。建立崩塌、滑坡和泥石流的预警和预报系统。

(2)灾害发生时,注意观测、尽快撤离、通知邻居。

(3)灾害发生后,采取有效的应急和自救措施。治理泥石流常用的措施有工程措施和生物措施。

第二节　我国地质灾害的基本概况

一、我国地质灾害类型及分布特征

（一）地质环境背景概述

1.地球的演化

地球从形成到现今已经经历了约46亿年，根据地壳运动的特征、岩层结构、生物演变可以将其发展演化过程分为太古宙、元古宙、显生宙。太古宙包括始太古、古太古、中太古和新太古；元古宙包括古元古、中元古和新元古；显生宙包括古生代、中生代和新生代。

（1）太古宙和元古宙

太古宙和元古宙又称前寒武纪，距今543～4000Ma，分为太古代与元古代两个阶段。

①太古宙

太古宙（距今2500～4000Ma前）经历了十几亿年的时间，已经形成了薄而活动的原始地壳，出现了水圈和气圈，孕育和诞生了低级的生命。太古宙地球历史（地史）特征为：第一，缺氧的气圈及水体；第二，薄弱的地壳和频繁的岩浆活动；第三，岩石变质很深；第四，海洋占绝对优势；第五，陆核形成；第六，原始生命萌芽。

②元古宙

元古宙（距今543～2500Ma）时，由于陆核的出现和扩大，地壳稳定性得到加强。元古宙的地史具有下述特征：第一，从缺氧气圈到贫氧气圈，由于藻类植物日益繁盛，它们通过光合作用不断吸收大气中的CO_2，放出O_2，使气圈和水体从缺氧发展到含氧较多的状态；第二，从原核生物到真核生物，太古宙已出现菌类和蓝绿藻类，到元古宙得到进一步发展；第三，由陆核到原地台和古地台；第四，古元古代地层和中、新元古代地层有很大区别。

(2)古生代

古生代可以分为早古生代(距今 410～543Ma)与晚古生代(250～410Ma)。

①早古生代

早古生代可划分为三个纪,即寒武纪、奥陶纪和志留纪。从寒武纪开始,世界各地开始了广泛的海侵;奥陶纪以后,各地广泛发生海退;志留纪末发生了一次世界性的强烈构造运动(称为加里东运动),陆地面积扩大,陆表浅海面积减小。早古生代是海生无脊椎动物空前繁盛的时代,从奥陶纪开始,出现了淡水原始的无颌鱼类,属于脊椎动物。在植物界,寒武纪、奥陶纪都是以海生藻类为主,到了志留纪,已出现半陆生的裸蕨植物。

②晚古生代

晚古生代可划分为三个纪,即泥盆纪、石炭纪和二叠纪。进入晚古生代,全球存在四个稳定古陆:欧美古陆、西伯利亚古陆、中国古陆和冈瓦纳古陆。晚古生代后期,发生强烈的地壳运动(称为海西运动),导致欧美古陆、西伯利亚古陆、中国古陆连接一起,逐渐形成一个巨大的北方古陆(又称为劳亚古陆),与南半球的冈瓦纳古陆遥相对应,构成了一个统一的联合古陆。

晚古生代,植物界从水生发展到陆生,蕨类植物达到极盛。动物界从无脊椎动物发展到脊椎动物,鱼类和无颌类广布于泥盆纪,两栖类全盛于石炭纪和二叠纪。

地史中二叠纪与三叠纪的分界“金钉子”:中国的 10 颗“金钉子”分别分布在浙江常山、湖南花垣、广西来宾、湖北宜昌王家湾和黄花场、湖南古丈、湖北大平、广西柳州、浙江长兴、浙江江山。2001 年在浙江长兴发现的“金钉子”是二叠纪与三叠纪的“金钉子”,它是 10 颗“金钉子”中级别最高、最完整的,身兼系、统、阶“三职”。

金钉子原来指 1869 年美国中央太平洋铁路和联合太平洋铁路在犹他州接轨时,打进的意味着完成这条横跨美国本土铁路干线的最后一枚道钉,后来,地学界借用“金钉子”这一名词,来指不同地质年代交界的典型地层剖面,作为国际标准层型,也就是判断所有相关地层年代的基准。一个金钉子地层剖面的确定,不仅要求地层剖面非常典型,容易接近,更要求对这个剖面作出细致而经典的高水平研究。

长兴“金钉子”国家地质遗迹保护区位于浙江省长兴县城西北槐坎乡葆青村青塘山麓，距长兴县城约 23km。2001 年 3 月 5 日在阿根廷国际地质大会上，长兴金钉子被国际地质委员会确定为全球古生界—中生界线金钉子。

20 世纪 30 年代初，国内外地质专家在长兴县煤山稻堆山到槐坎青塘山一带地质考察，先后发现世界新种鹦鹉螺化石，同时发现了世界罕见的鱼化石。这一考察发现，充分证明在世界上其他地区的晚二叠统地层已停止发育时，长兴的晚二叠统（距今约 250Ma 前）地层还在不断发育。因此中国地层的长兴煤山段，代表了世界晚二叠统的最高层位，是世界同类地层中最完整的。此外，含有丰富的多门类化石，科学家先后在这里采集到 15 个大类近 400 种化石，目前煤山代石群是世界上发现的最完整的古生物化石群。1931 年，煤山地层剖面被国际许多地质学家公认为国际石灰岩标准地层剖面，也称长兴组层型剖面。

（3）中生代

中生代距今 65～250Ma，可划分为三个纪，即三叠纪、侏罗纪和白垩纪。中生代构造运动频繁而剧烈，在欧洲典型的构造运动是阿尔卑斯山的形成，在东方主要为印支运动和太平洋运动（我国称燕山运动）。中生代地壳演化的总趋势是：联合古陆的分裂解体、大西洋的形成和扩展、古地中海收缩关闭、太平洋逐渐缩小及环太平洋褶皱带的形成。

中生代的晚三叠纪及侏罗纪时期，气候温暖潮湿，植物茂盛，是地史上一次重要的成煤时期。生物界，裸子植物代替了蕨类植物，爬行动物代替了两栖动物，盛极一时。但是，到白垩纪末期恐龙类爬行动物全部绝灭，是地史中的一次重大生物灭绝事件。

（4）新生代

新生代是地史最近 65 Ma 的地质时代，其已经历的时间仅相当古生代的一个纪。地壳经历了太古宙、元古宙、古生代、中生代至新生代漫长而复杂的演变发展，至第四纪时出现了七大洲、四大洋的海陆分布轮廓。被子植物开始出现于白垩纪晚期，到早第三纪极度繁盛。显花植物和草类的繁盛，给昆虫、哺乳动物的发展创造了必要的条件。中生代占统治地位的爬行动物已经衰退，而在中生代开始出现的哺乳动物得到迅速发展。人类的出现是第四纪的重大事件，是第四纪生物发展史上的一次重大飞跃。

2.地球物质组成的分布差异

在地球形成及其演化的漫长地质时期中,地球物质得到分异,导致地球不同圈层(核、幔、壳层)中各种元素组成存在差异。原始地壳形成以后,在内生地质作用和外生地质作用下,地壳物质不断地经历着各种分异、重分异过程,导致地壳及地表的岩石、土壤和水中化学元素组成的不均匀。

研究表明,不同类型地壳岩石的元素含量及元素组合特征相差甚大,就岩浆岩大类来说,Mg、Fe、Cr、Ni、Co、Pd 在超基性岩中丰度最高;Ca、Ti、V、Zn 、Cu 、Sc、Nb、Mo、Sb、I、Hg 在基性岩中丰度最高;Al、Na、P 、Sr 、Zr 、La、Ga、B、Br、Bi 在中性岩中丰度最高。同样地,不同类型的沉积岩、变质岩的元素含量和组合也各有特点。复杂多次的岩浆活动、沉积作用和大地构造运动,使地表自然介质中的化学元素的分布极不均匀。

人类出现以后,尤其是工业化以来,金属和能源矿产的大规模开采利用以及各种社会生产和生活活动,使化学元素在地表的分布得到叠加改造,突出表现为一些有毒有害重金属在地表大量积聚,地球环境受到严重污染。

3.气候和地壳运动对地质环境的影响

(1)气候因素是地质灾害发生的主要因素之一,如气温、降水、风暴等,其中降水与地质灾害形成的关系最为密切,降水量大小、降水强度和时间长短等均影响地质灾害的形成,尤其是短期内大强度的降水或长时期连续阴雨均易诱发严重的地质灾害。

(2)地壳运动是地质灾害形成的最主要内因,地质构造运动不仅控制着地质灾害的分布,有时还是地质灾害的主要诱因,地震与地质构造运动密切相关。

(二)我国地质灾害的类型及空间分布规律

1.我国地质灾害现状

地质灾害是一种由自然因素或人为活动引发的危害人民生命和财产安全的山体滑坡、崩塌、泥石流、地面塌陷、地裂隙、地面沉降等与地质作用有关的灾害。我国是世界上地质灾害较严重的国家之一。我国的地质灾害种类繁多,分布广泛,活动频繁,危害严重,每年因地质灾害造成的直接经济损失占自然灾害总损失的20%以上,直接影响了人民的生活,制约了社会的可持续发展。因此,我国地质灾害的防治形势十分严峻，任务十分繁重。

2.我国地质灾害的类型

地质灾害类型的划分是灾害地质学的一个重要的基本理论问题，地质灾害的分类应具有实用性、层次性、关联性等特性。按不同的原则，地质灾害有多种分类方案。

(1)按空间分布状况分类

地质灾害可分为陆地地质灾害和海洋地质灾害两个系统。陆地地质灾害又分为地面地质灾害和地下地质灾害；海洋地质灾害又分为海底地质灾害和水体地质灾害。

(2)按成因分类

地质灾害可分为自然动力型、人为动力型及复合动力型。

①自然动力型地质灾害：可再分为内动力亚类、外动力亚类和内外动力复合亚类。

②人为动力型地质灾害：按人类活动的性质可进一步细分为水利水电工程地质灾害、矿山工程地质灾害、城镇建设地质灾害、道路工程地质灾害、农林牧活动地质灾害、海岸港口工程地质灾害、核电工程地质灾害等。

③复合动力型地质灾害：分为内外动力复合亚类，内动力、人为复合亚类，外动力、人为复合亚类。以自然成因为主的复合动力型地质灾害主要有火山、地震、泥石流、滑坡、崩塌、地裂隙、砂土液化、岩土膨胀、土壤冻融等；由人类活动诱发的复合动力型地质灾害主要有水土流失、土地荒漠化、地面沉降、地面塌陷、坑道突水、溃沙等；崩塌、滑坡和地裂隙等复合动力型地质灾害则既可由自然地质作用引起也可由人类活动诱发。

3.我国地质灾害的分类

我国地质灾害可划分为10大类共31种。

(1)地震：天然地震、诱发地震。

(2)岩土位移：崩塌、滑坡、泥石流。

(3)地面变形：地面塌陷、地面沉降、地裂隙。

(4)土地退化：水土流失、沙漠化、盐碱(渍)化、冷浸田。

(5)海洋(岸)动力灾害：海面上升、海水入侵、海岸侵蚀、港口淤积。

(6)矿山与地下工程灾害:坑道突水、煤层自燃、瓦斯突出和爆炸、岩爆。

(7)特殊岩土灾害:湿陷性黄土、膨胀土、淤泥质软土、冻土、红黏土。

(8)水土环境异常:地方病。

(9)地下水变异:地下水位升降、水质污染。

(10)河湖(水库)灾害:淤积、塌岸、渗漏。

(三)我国地质灾害的空间分布规律

根据地质灾害的宏观类别,结合地质、地理、气候及人类活动等环境因素,我国地质灾害区域可划分为四个大区。

1.平原、丘陵地面沉降与塌陷地质灾害大区

这一地质灾害大区位于山海关以南,太行山、武当山、大娄山一线以东,包括我国东部和东南部的广大地区。区内矿产资源较丰富,采矿业发达,大中城市分布密集,人口稠密。沿海开放城市工业发达,人类工程活动规模大、强度高,诱发了严重的城市地面沉降、矿山地面塌陷、岩溶塌陷、水库地震、土地荒漠化以及港口、水库、河道等淤积灾害;丘陵山区人为活动诱发的滑坡、崩塌、泥石流灾害较发育。

总之,该区是以人类工程活动为主形成的地质灾害组合类型大区。

2.山地斜坡变形破坏地质灾害大区

这一地质灾害大区包括长白山南段、阴山东段,长城以南,阿尼玛卿山、横断山北段一线以东,雅鲁藏布江以南的广大地区,属中国中部地区及青藏高原南部、东北部分地区。

该区地处青藏断块与华南断块的结合部位,地貌上位于中国大地貌区划的第二级地势阶梯,以山地和高原为主要地貌类型,新构造运动强烈,活动断裂发育,地震灾害严重。由于不合理开发利用山地斜坡、森林植被等资源,该区地质环境日趋恶化,导致泥石流、滑坡、崩塌、水土流失等山地地质灾害频繁发生,灾害损失十分严重。

3.内陆高原、盆地干旱、半干旱风沙地质灾害大区

这一地质灾害大区地处秦岭、昆仑山一线以北,在大地构造位置上属于新疆断块并横跨华北断块及东北断块区,位于中国大地貌区划的第二阶梯部位,

由高原、沙漠、戈壁及高大山系、盆地、平原等地貌类型组成。

在本区的西部，各种断裂发育，地震活动强烈，其余地区地震活动相对较弱。内陆高原、荒漠地区气候恶劣，风力吹扬作用强烈，沙质荒漠化灾害日趋严重，河套平原等地区土地盐碱化较发育；新疆、宁夏、内蒙古等地的煤田自燃灾害比较严重；天山、昆仑山山地则主要发育雪崩、滑坡、崩塌等地质灾害。总之，我国北部地区是以自然地质营力为主并叠加人为地质作用所形成的复合动力型地质灾害大区。

4.青藏高原及大、小兴安岭北段地区冻融地质灾害大区

这一地质灾害大区位于青藏高原中北部及大、小兴安岭北段地区，大地构造位置上属于青藏断块和东北断块区。在青藏高原和大、小兴安岭地区广泛发育有连续多年冻土，冻土区由于气候季节变化和日温差变化，冰丘冻胀、融沉、融冻泥流、冰湖溃决泥流等地质灾害较为发育。青藏高原地壳抬升强烈，为印度洋板块和欧亚板块之间的碰撞接合带，活动性深大断裂发育，地震活动强烈，20 世纪以来共发生 7 级以上强烈地震达 10 次之多。

总之，本区主要是由自然地质营力形成的以冻融、地震灾害为主的地质灾害大区。

二、我国地质灾害及防治

（一）中国地质灾害的发育状况与分布规律

中国地域辽阔，经度和纬度跨度大，自然地理条件复杂，构造运动强烈，自然地质灾害种类繁多、灾情十分严重。同时，中国又是一个发展中国家，经济发展对资源开发的依赖程度亦相对较高，大规模的资源开发和工程建设以及对地质环境保护重视不够，人为地诱发了很多地质灾害，使我国成为世界上地质灾害最为严重的国家之一。

中国的地质灾害灾种类型多、发生频率高、分布地域广、灾害损失大。其中，1976 年在唐山发生的震惊世界的 7.8 级强烈地震，造成 24.2 万人死亡、16.4 万人伤残，直接经济损失人民币 100 亿元，一座拥有百万人口的工业城市在 23 秒内被夷为平地。2008 年 5 月 12 日发生在四川汶川、北川的 8 级强震，造成

69197人遇难;374176人受伤,18209人失踪,直接经济损失8451亿元人民币。2010年8月7日22时许,甘南藏族自治州舟曲县突遭强降雨,县城北面的罗家峪、三眼峪泥石流下泄,由北向南冲向县城,沿河房屋被冲毁,造成1434人遇难、331人失踪的严重后果。除北京、天津、上海、河南、甘肃、宁夏、新疆以外的24个省(区、市)都发生岩溶塌陷灾害,总数近3000处,塌陷坑3万多个,塌陷面积300多平方公里。黑龙江、山西、安徽、江苏、山东等省则是矿山采空塌陷的严重发育区。据不完全统计,在全国20个省、区内,共发生矿山采空塌陷180处以上,塌陷坑1595个,塌陷面积达1000多平方公里。全国已有上海、天津、江苏、浙江、陕西等16个省(区、市)的46个城市出现了地面沉降问题。地裂缝出现在陕西、山西、河北、山东、广东、河南等17个省(区、市),共400多处,1000多条。全国荒漠化土地面积达$2.62\times10^6m^2$,土地沙质荒漠化面积以每年2461km^2的速度扩展,水土流失面积超过$1.80\times10^6km^2$。

地质灾害的空间分布及其危害程度与地形地貌、地质构造格局、新构造运动的强度与方式、岩土体工程地质类型、水文地质条件、气象水文及植被条件、人类工程活动的类型等有着极为密切的关系。中国陆地地势变化很大,总体是西高东低,大地貌区划分为三级地势阶梯。第一阶梯平均海拔4000m以上,为高原寒冷气候,寒冻作用普遍,冻胀、融沉、泥流、雪崩等灾害发育。第二级阶梯一般海拔高度在1000~2000m以下,在第一与第二级阶梯过渡地带,地形切割强烈,山地地质灾害,如滑坡、崩塌、泥石流、水土流失等分布广泛,灾度也高;东部广大平原、盆地区属于三级阶梯,地势最低,地形平缓,人口稠密,城市化程度高,由于大规模的生产建设,城市生产、生活和农业灌溉用水量大,过量开采地下水造成地面沉降和海水入侵灾害;在矿山地区,由于矿床开采、疏干排水、注水等工程活动造成矿区地面塌陷、岩溶塌陷等灾害;兴修水利水电工程和水库蓄水等引起诱发地震灾害;河流上游不合理的开荒垦地造成水土流失而引发河、湖、水库、港口等淤积灾害。因此,中国东部地区地质灾害的类型及其空间分布主要与人类大规模经济活动密切相关。

根据地质灾害宏观类别,结合地质、地理、气候及人类活动等环境因素,可将中国地质灾害划分为四大区域。

1.平原、丘陵地面沉降与塌陷为主地质灾害大区

位于山海关以南，太行山、武当山、大娄山一线以东，包括中国东部和东南部的广大地区。

该区地处华北断块东南部、华南断块、台湾断块的主体部位；地貌上位于中国大地貌区划第三级地势阶梯，是我国最低一级阶梯，以平原、丘陵地貌类型为主；本区南部属热带和亚热带气候区，温暖湿润，中北部地区以温带为主，气候温凉、半湿润至半干旱，降水充沛至较充沛；平原地区发育较厚的第四纪冲积、洪积、湖积、海积松散堆积层，丘陵山区分布有古生代、中生代碳酸盐岩、碎屑岩和岩浆岩；新构造活动比较强烈，发育有著名的郯城—庐江深大断裂，以及渤海、黄海北东向地震构造带，除台湾、福建沿海及华北地区地震活动强烈至较强烈外，其他地区较弱；区内矿产资源较丰富，采矿业发达，大中城市分布密集，人口稠密，沿海开放城市工业发达、人类工程活动规模大、强度高，诱发了严重的城市地面沉降、矿山地面塌陷、岩溶塌陷、水库地震、土地荒漠化以及港口、水库、河道等淤积灾害，丘陵山区人为活动诱发的滑坡、崩塌、泥石流灾害较发育。总之，该区是以人类工程活动为主形成的地质灾害组合类型大区。

2.山地斜坡变形破坏为主地质灾害大区

包括长白山南段、阴山东段，长城以南，阿尼玛卿山、横断山北段一线以东，雅鲁藏布江以南的广大地区，属中国中部地区及青藏高原南部、东北部分地区。

该区地处青藏断块、华南断块与华北断块的结合部位，地貌上位于中国大地貌区划第二级地势阶梯，以山地和高原为主要地貌类型，海拔高程1000～2000m，地形切割强烈，相对高差大。气候上跨越东部季风区、西北部干旱半干旱区；西南地区降水较丰沛，年均降水量800～1200mm，西北黄土高原年均降水量300～700mm，降水时空分配不均，集中在7～9月，降雨强度大，多以暴雨形式出现。分布地层主要为不同时代的各类坚硬、半坚硬岩类和松散土状堆积。该区新构造运动强烈，活动断裂发育，如鲜水河、小江、安宁河、龙门山、六盘山等活动性深大断裂密布，构成中国南北向活动构造带，区内地震活跃，强度大、频度高，仅20世纪发生的7级以上强震就达23次之多，地震灾害严重。区内矿产、水力、森林、土地等资源丰富，是我国新兴工业区，人口密度较大，资源开发和农牧活动等经济活动活跃，由于不合理开发利用山地斜坡、森林植被等

资源，使地质环境日趋恶化、导致泥石流、滑坡、崩塌、水土流失等山地地质灾害频繁发生，灾害损失十分严重。在本区内，由内动力和外动力地质作用引起的突发性地质灾害最为发育，自然动力和人类活动相互叠加而形成的山地地质灾害广泛分布。

3.内陆高原、盆地干旱、半干旱风沙为主地质灾害大区

地处秦岭—昆仑山线以北，在大地构造上属于新疆断块并横跨华北断块及东北断块区，位于中国大地貌区划的第二级阶梯部位，由高原、沙漠、戈壁及高大山系、盆地、平原等地貌类型组成。西部山系一般海拔 1000～3000m，东部平原、盆地一般海拔 500m 以下。气候属内陆干旱、半干旱至温带气候，降水稀少，年均降水量差异较大，一般在 5～800mm。在本区的西部，活动性断裂发育、地震活动强烈；其余地区地震活动相对较弱。

内陆高原、荒漠地区气候恶劣，风力吹扬作用强烈，沙质荒漠化灾害日趋严重。河套平原等地区土地盐碱化较发育；新疆、宁夏、内蒙古等地的煤田自燃灾害比较严重；天山、昆仑山山地则主要发育雪崩、滑坡、崩塌等地质灾害。总之，中国北部地区是以自然地质营力为主并叠加人为地质作用所形成的复合型地质灾害大区。

4.青藏高原及大、小兴安岭北段地区冻融为主地质灾害大区

位于青藏高原中北部及大、小兴安岭北段地区，大地构造上属于青藏断块和东北断块区。青藏高原为中国地貌区划第一级地势阶梯上，平均海拔达 5000m 以上，属于我国的高海拔冻土区；东北大兴安岭小兴安岭北段处于欧亚大陆高纬度冻土带的南缘，是我国的高纬度多年冻土地区。在青藏高原和大小兴安岭地区广泛发育有连续多年冻土和岛状多年冻土，岛状冻土区由于气候季节变化和日温差变化，冰丘冻胀、融沉、融冻泥流、冰湖溃决泥流等地质灾害较为发育。

青藏高原地壳抬升强烈，为印度洋板块和欧亚板块之间的碰撞接合带，活动性深大断裂发育，地震活动强烈，20 世纪以来共发生 7 级以上强烈地震 10 次之多。总之，本区主要是由自然地质营力形成的以冻融、地震灾害为主的地质灾害大区。

（二）我国地质灾害防治情况

全世界在1960—1990年期间共有300万人死于自然灾害，其中有3/4的人口属于发展中国家，发达国家仅占1/4。发展中国家自然灾害所导致的人员伤亡十分严重的主要原因是无规划的土地占用和高危险性灾害易发区的土地使用。

1.我国地质灾害防治研究特点

我国的灾害越来越多，2016年受地质灾害困扰的县级城镇达400多个，有1万多个村庄受到滑坡、崩塌、泥石流灾害的威胁。

目前理论研究和防治水平逐步提高，灾害却越来越严重，原因主要在以下方面：

（1）预防性研究远远跟不上治理工程

（2）治理工程偏重工程技术方面而忽视地质灾害发生的地质机理研究

（3）人类因素的参与，造成了自然地质体平衡状态恶化、自然生态环境破坏，加速了大区域地质灾害的发生频率和规模

未来一段时期，尽管局部地区的地质灾害可得到一定程度的控制和治理，但就全国范围的地质灾害发展趋势看，将继续沿袭几十年来的发展势头，进一步趋于广泛化和严重化。这种趋势是地质自然条件和社会经济条件的进一步变化所决定的。

从地质自然条件来看，国内外许多科学家从不同角度预测了未来全球环境的发展趋势。在今后一段时期，地球以至更大系统的天体运动有可能进入一个更加复杂的变异阶段。在这种形势下，地壳运动可能更加活跃，全球气候可能出现更加强烈的异常，因此人类面临着环境进一步恶化的严重挑战。

从我国社会经济条件来看，今后一段时期，人口将进一步增长，城市化进程将进一步加剧，更大规模的资源开发和工程建设活动，不仅在沿海地区继续进行，而且将逐步向中、西部地区发展。在这种情况下，中国大部分地区自然环境的破坏程度和地质灾害的发育程度和破坏程度均将不断提高，从而使我国地质灾害达到前所未有的严重程度。

2.我国地质灾害防治研究情况

(1)地质灾害考虑的主要方面地质灾害的对象与危害见表1—1。

表1—1 地质灾害的对象与危害

地质灾害类型	对象	潜在的危害
滑坡、地震	建筑物、人	建筑物破坏
地基塌陷	环境、资源	人员伤亡
洪水、火山	通信、经济	环境恶化

(2)减少地质灾害损失的两种途径

①提高自然地质体的稳定性

②减低人类及资源、环境等的易损性

某些自然地质体的稳定性可以人为提高,如:地基承载力、斜坡稳定性系数,即第一种途径;而某些地质体的稳定性是无法采用人为办法来提高的,如:地震、火山爆发、洪水等,只能采取第二种途径。

工程地质问题风险评价的基本公式:

$$R_S = H \times V \quad (式1—1)$$

$$R_t = R_S \times E = H \times V \times E \quad (式1—2)$$

式中:Rs—特殊风险;

H—自然灾害危险性;

V—易损性;

R_S—总风险;

E—承灾对象。

(3)地质灾害防治的工程措施

地质灾害防治工程是一个系统的相互反馈、相互印证体系。详实的勘查资料和准确的勘查结论是后续工作顺利开展的基本前提,同时,后续的每个工作阶段又不断补充完善并深化前期工作的认识,即表现为对地质体的多次认识,这是地质灾害防治工作的特殊之处。地质灾害防治工作阶段划分如表1—2所示。

表1－2　地质灾害防治工作阶段划分

<table>
<tr><td>1.地质灾害勘查或治理前期勘查</td><td rowspan="3">全过程的地质再认识
全过程的监测反馈
全过程的效果检验
全过程的监理
全过程的管理</td></tr>
<tr><td>2.防治方案研究与设计阶段
(1)可行性研究—方案比选亚阶段
(2)方案优化—初步设计亚阶段
(3)施工图施工阶段</td></tr>
<tr><td>3.防治工程施工阶段
施工工艺创新与设计调整阶段</td></tr>
</table>

①地质灾害防治技术

用于地质灾害防治的工程技术有多种，这里初步把它们分为以下三大类：

第一，主动型：排水（地表、地下排水）、灌浆、高压注浆和锚固（锚杆、锚索）等。

第二，被动型：抗滑桩、挡墙、回填和置换混凝土。

第三，复合型：锚拉桩、锚拉墙、爆破和堆填等。

监测工程贯穿于勘查到竣工的全过程，作为指导设计、变更设计与调整施工的依据，也可作为预测预报的依据，甚至可作为工程危险警报的依据。

②地质灾害时间预测预报分类

按空间分为区域预报、地段预报、场地预报；按时间分为长期预报、短期预报和报警预报。

③地质灾害信息源

第一，地质体内部信息源：位移场（深部断层位移、地面沉降位移、斜坡位移）、地应力场（构造应力、自重应力）、孔隙水压力场、水化学场、声波场（岩石变形发生破裂）、电磁场等。

第二，地质体外部信息源：大气要素（降雨、冻融等）、河岸侵蚀、人类活动（开挖、切坡建房、后缘加载等）。

第三，其他信息源：动物异常行为等。

第四，信息源的监测：常用仪器有经纬仪、钻孔倾斜仪、伸长仪、水压力计、裂隙计。

第三节　地质灾害评估与减灾对策

一、地质灾害的内涵及灾害地质学

(一)地质灾害的内涵

1.灾害的基本含义

(1)灾害的定义

联合国减灾组织(UNDRO,1984)将灾害定义为:一次在时间和空间上较为集中的事故,事故发生期间当地的人类群体及财产遭到严重威胁并造成巨大损失,导致家庭结构、社会结构也受到不可忽视的影响。

联合国灾害管理培训教材将灾害定义为:自然或人为环境中对人类生命、财产和活动等社会功能的严重破坏,引起广泛的生命、物质或环境损失;这些损失超出了受影响社会靠自身资源进行抵御的能力。

(2)灾害的类型

灾害可按成灾条件和成灾潜势进行分类。按成灾条件分为自然灾害和人为灾害两种类型,按成灾潜势分为高潜势灾害、中潜势灾害、低潜势灾害三种类型。

(3)环境灾害

史密斯(Keith Smith,1996)提出了"环境灾害"的概念,他认为环境灾害这一术语涵盖了自然灾害和人为灾害的范畴,并将其概括为"极端的地质事件、生物变化过程和技术事故以能量和物质的集中释放为特征,并对人类生命安全构成不可预料的威胁及对环境和物质造成极大的破坏"。

(4)灾害效应

灾害效应分为原生灾害效应、次生灾害效应和后续灾害效应。

原生灾害效应指灾害本身造成的效应。如地震造成的房屋倒塌、滑坡掩埋房屋、矿井瓦斯爆炸造成人员伤亡等。

次生灾害效应指主要灾害事件诱发的灾害性过程造成的效应,如地震造成煤气泄漏酿成火灾等。

后续灾害效应指长期的、甚至是永久性的灾害效应，其中包括野生生物的绝灭、洪水造成的河道变迁、火山造成的农作物减产、气候变化等。

(5)损失

损失分为直接损失和间接损失。

直接损失指灾害发生后立即产生的后果，如地震后建筑物的破坏情况、人员伤亡及财产损失等。多数情况下可用货币价值来衡量损失的大小。

间接损失指一场灾难中第二顺序产生的后果，如灾害引发的疾病、生产萧条、失业增加以及精神伤害等。间接损失比直接损失持续的时间要长得多，其影响多是无形的，很难用货币来估量。

2.地质灾害及其内涵

(1)地质灾害的定义

地质灾害指在地球的发展演化过程中，各种自然地质作用和人类活动所形成的灾害性地质事件。一般认为，地质灾害指地质作用(自然的、人为的或综合的)使地质环境产生突发的或渐进的破坏，并造成人类生命财产损失的现象或事件。

地质灾害与气象灾害、生物灾害等都是自然灾害的主要类型，具有突发性、多发性、群发性和渐变影响等特点；它往往造成严重的人员伤亡和巨大的经济损失，因此在自然灾害中占突出地位。

在地质作用下(自然的、人为的或综合的)，地质自然环境恶化(突变或渐变)对人类生命财产和生存环境毁损的地质过程或现象，即对人类生命财产和生存环境产生影响或破坏的地质事件，才算地质灾害。地质灾害包含致灾体和受灾体。

那些仅使地质环境恶化，而没有直接破坏生命财产和生活环境的单纯的地质事件，则只能成为某种地质现象或地质环境问题，叫作灾变，而不能称其为地质灾害。

(2)地质灾害的内涵

地质灾害的动力条件为内、外力地质作用和人为地质作用，随着科技的发展，人类的活动范围、活动能力直线上升，充分显示了人类对地表形态和物质组成的巨大改造力量，其力量往往超越自然，因此，人为地质作用必须引起足够重视。

无人区的火山喷发、滑坡、泥石流不是地质灾害，往往会有利于人类的未来开发。

（二）地质灾害的属性特征

1.地质灾害的基本属性

地质灾害具有三重基本属性，即自然属性、社会属性和资源属性。

（1）自然属性

地质灾害的自然属性表现为地质灾害是地质环境自然演化的一种表现形式，是地质环境渐变过程中的一种突变作用，是地球内动力、地球表层外动力和地球外天体引力综合作用的必然产物。地球内动力作用如断层活动、火山作用、地震活动等；地球表层外动力作用如崩塌、滑坡、泥石流、地面塌陷、地面沉降、地裂隙、风化、冲刷、冻融等；地球外天体作用主要指太阳系中相关天体的万有引力作用，尤其是太阳引力和月球潮汐作用。

（2）社会属性（或灾害属性）

地质灾害的社会属性一方面表现为人类社会的可持续发展受到地质灾害的危害；另一方面表现为人类社会生产、生活作为一种动力促进了地质灾害的产生，从而实现了地质作用向灾害作用的转化。随着地球上各种形态工程建设和社会经济活动的发展，人类活动参与自然地质作用的范围、方式和强度在急剧扩大，引发地质灾害的作用也越来越强烈。

（3）资源属性

地质灾害的资源属性是强调崩塌、滑坡、泥石流等地质灾害为人类社会创造了赖以生存的土地资源和生息场所，同时也是现代社会的人文与旅游资源，如黄河反复泛滥孕育了华北平原；崩塌、滑坡和泥石流堆积区则营造了山区城镇或居民点的生息之地，成为山区城镇或居民点建立的基础。内、外动力作用的地质遗迹，如岩溶塌陷坑、构造飞来峰、火山、冰川、雅丹和丹霞地貌是现代社会重要的游览和休闲资源，典型的如黑龙江五大连池火山和陕西翠花山山崩遗迹，分别列入了世界地质公园和中国国家地质公园。

2.地质灾害的特点

由于地质灾害是自然动力作用与人类社会经济活动相互作用的结果，故两者是一个统一的整体。地质灾害具有以下特点。

（1）地质灾害的必然性与可防御性

地质灾害是地球物质运动的产物，主要是由地壳内部能量转移或地壳物质运动引起的。从灾害事件的动力过程来看，灾害发生后能量和物质得以调整并达到平衡，但这种平衡是暂时的、相对的；随着地球的不断运动，新的不平衡又会形成。因此，地质灾害是伴随地球运动而生并与人类共存的必然现象。

然而，人类在地质灾害面前并非无能为力。通过研究灾害的基本属性，揭示并掌握地质灾害发生、发展的条件和分布规律，进行科学的预测预报和采取适当的防治措施，就可以对灾害进行有效的防御，从而减少和避免灾害造成的损失。

（2）地质灾害的随机性和周期性

地质灾害是在多种动力作用下形成的，其影响因素更是复杂多样。地壳物质组成、地质构造、地表形态以及人类活动等都是地质灾害形成和发展的重要影响因素。因此，地质灾害发生的时间、地点和强度等具有很大的不确定性。可以说，地质灾害是复杂的随机事件。

地质灾害的随机性还表现为人类对地质灾害的认知程度。随着科学技术的发展，人类对自然的认识水平不断提高，从而更准确地揭示了地质过程和现象的规律，对地质灾害随机发生的不确定性有了更深入的认识。

受地质作用周期性规律的影响，地质灾害还表现出周期性的特征。如地震活动具有平静期与活跃期之分，强烈地震的活跃期从几十年到数百年不等；泥石流、滑坡和崩塌等地质灾害的发生也具有周期性，表现出明显的季节性规律。

（3）地质灾害的突发性和渐进性

按灾害发生和持续时间的长短，地质灾害可分为突发性地质灾害和渐进性地质灾害两大类。突发性地质灾害大都以个体或群体形态出现，具有骤然发生、历时短、爆发力强、成灾快、危害大的特征。如地震、火山、滑坡、崩塌、泥石流等均属突发性地质灾害。

渐进性地质灾害指缓慢发生的，以物理的、化学的和生物的变异、迁移交换等作用逐步发展而产生的灾害。这类灾害主要有土地荒漠化、水土流失、地面沉降、煤田自燃等。渐进性地质灾害不同于突发性地质灾害，其危害程度逐步加重，涉及的范围一般比较广，尤其对生态环境的影响较大，所造成的后果和损失比突发性地质灾害更为严重，但不会在瞬间摧毁建筑物或造成人员伤亡。

(4)地质灾害的群体性和诱发性

许多地质灾害不是孤立发生或存在的，前一种灾害的结果可能是后一种灾害的诱因或是灾害链中的某个环节。在某些特定的区域内，受地形、区域地质和气候等条件的控制，地质灾害常常具有群发性的特点。

崩塌、滑坡、泥石流、地裂隙等灾害的群发性特征表现得最为突出。这些灾害的诱发因素主要是地震和强降雨，因此在雨季或强震发生时常常引发大量的崩塌、滑坡、泥石流或地裂隙地质灾害。例如，1960 年 5 月 22 日智利接连发生了 7.7 级、7.8 级、8.5 级三次大地震，而在瑞尼赫湖区则引发了滑坡体体积为 $3\times10^6\,m^3$，$6\times10^6\,m^3$，$30\times10^6\,m^3$的三次大滑坡。滑坡冲入瑞尼赫湖使湖水上涨24m，湖水外溢淹没了湖泊下游 65km 处的瓦尔迪维亚城，全城水深 2 m，使 100多万人无家可归。在这次灾害过程中地震—滑坡—洪水构成了一个灾害链。1988 年 11 月 6 日中国云南澜沧—耿马发生 7.6 级地震导致严重的地裂隙、崩塌、滑坡等灾害，在极震区出现长达几十千米、宽几厘米的地裂隙和大块的崩塌、滑坡体，造成大量农田和森林被毁，175 个村庄、5032 户居民因受危岩、滑坡的严重威胁而被迫搬迁，另有许多水利工程设施受到不同程度的破坏。

在泥石流频发区，通常发育有大量潜在的危岩体和滑坡体，暴雨后极易发生严重的崩塌、滑坡活动，由此形成的大量碎屑物融入洪流，进而转化成泥石流灾害。这种类型的灾害，在我国西南的川、滇等地区非常普遍。

水土流失的直接危害是土层变薄、土地肥力下降、耕地减少，还可诱发下游地区湖泊、水库淤积，河道淤塞，使泄洪、蓄水、发电功能降低甚至失效。

(5)地质灾害的成因多元性和原地复发性

不同类型地质灾害的成因各不相同，大多数地质灾害的成因具有多元性，往往受气候、地形地貌、地质构造和人为活动等综合因素的制约。

某些地质灾害具有原地复发性，如我国西部川藏公路沿线的古乡冰川泥石流，在 1953—2005 年的统计中，28 年为泥石流爆发征，24 年为泥石流间歇年，平均两年中至少有1年为泥石流爆发年。

(6)地质灾害的区域性

地质灾害的形成和演化往往受制于一定的区域地质条件,因此空间分布经常呈现出区域性的特点。如中国“南北分区,东西分带,交叉成网”的区域性构造格局对地质灾害的分布起着重要的制约作用。据统计,90%以上的“崩、滑、流”地质灾害发育在第二级阶梯山地及其与第一和第三级阶梯的交接部位;第三阶梯东部平原的地质灾害类型主要为地面沉降、地裂隙、胀缩土等。

按地质灾害的成因和类型,我国地质灾害可划分为四大区域:①以地面沉降、塌陷和矿井突水为主的东部区;②以崩塌、滑坡和泥石流为主的中部区;③以冻融、泥石流为主的青藏高原区;④以土地荒漠化为主的西北区。

(7)地质灾害的破坏性与“建设性”

地质灾害对人类的主导作用是造成多种形式的破坏,但有时地质灾害的发生能对人类产生有益的“建设性”作用。例如,流域上游的水土流失可为下游地区提供肥沃的土壤;山区斜坡地带发生的崩塌、滑坡堆积为人类活动提供了相对平缓的台地,人们常在古滑坡台地上居住或种植农作物。

(8)地质灾害影响的复杂性和严重性

地质灾害的发生、发展有其自身复杂的规律,对人类社会经济的影响还表现出长久性、复合性等特征。

首先,重大地质灾害常造成大量的人员伤亡和人口大迁移。近几十年来,全球地质灾害造成的财产损失、受灾人数和死亡人数都呈现出不断上升的趋势。1901—1980年我国地震灾害造成的死亡人数达61万人,全国平均每年由于“崩、滑、流”灾害造成的死亡人员达928人。1999年,全球发生的地震和飓风等大的自然灾害共702起,超过了1998年的700起,其中,较大的自然灾害共75起,包括洪水、干旱、暴风雨、地震、火山爆发等,可谓是灾难年,各种自然灾害在全球共造成52000人死亡和800亿美元的经济损失。

其次,受地质灾害周期性变化的影响,经济发展也相应表现出一定的周期性特点。在地质灾害活动的平静期灾害损失减少、社会稳定、经济发展比较快。相反,地质灾害活动的活跃期,各种地质灾害频繁发生,基础设施遭受破坏、生产停顿或半停顿、社会经济遭受巨大的影响。

地质灾害地带性分布规律还导致经济发展的地区性不平衡。在一些地区，灾害不仅具有群发性特征且周期性的频繁发生，致使区域生态破坏、自然条件恶化，严重影响了当地社会、经济的发展。全球范围内的南北差异和我国经济发展的东部和中西部的不平衡也与地质灾害的区域分布有关。

(9)人为地质灾害的日趋显著性

由于地球人口的急剧增加，人类的需求不断增长。为了满足这种需求，各种经济开发活动愈演愈烈，许多不合理的人类活动使得地质环境日益恶化，导致大量次生地质灾害的发生。例如，超量开采地下水引起地面沉降、海水入侵和地下水污染，矿产资源开采和大量基础工程建设中爆破与开挖导致崩塌、滑坡、泥石流等灾害的频发；乱伐森林、过度放牧导致土壤侵蚀、水土流失、土地荒漠化等。

人类每年消耗约 5×10^{10} t 矿产资源，超过了大洋中脊每年新生成的 3×10^{10} t 岩石圈物质，更高于河流每年搬运的 1.65×10^{10} t 泥沙物质。人类建筑工程面积已覆盖地球表面积的6%～8%，垂直作用空间已由过去的2000～3000m增加到现今的几万米，地面建筑物高度最高已达800m以上，地下开挖深度已超过3000m，最高人工边坡达600m，水库最大库容已超过 1.5×10^{11} t。我国已建、在建的水电站、铁路、矿山等众多，这些工程活动对地表的改造作用非常显著，其强度甚至超过了流水、风力等外动力地质作用。

除天然地震和火山喷发外，大多数地质灾害的发生均与人类经济活动有关，如全球70%的滑坡灾害与人类活动密切相关。单纯人为作用引起的地质灾害数量越来越多，规模越来越大，影响越来越广，经济损失也越加严重。人类对地质环境的作用，在许多方面已相当于甚至超过自然力，成为重要的地质营力。

(10)地质灾害防治的社会性和迫切性

地质灾害除了造成人员伤亡、房屋、铁路公路、航道等工程设施的破坏，造成直接经济损失外，还破坏资源和环境，给灾区社会经济发展造成广泛而深远的影响。特别是在严重的崩塌滑坡、泥石流等灾害集中分布的山区，地质灾害严重阻碍了这些地区的经济发展，加重了国家和其他较发达地区的负担。因此，有效地防治地质灾害不但对保护灾区人民生命财产安全具有重要的现实意义，而且对于促进区域经济发展具有广泛而深远的意义。

我国地质灾害分布十分广泛，有效地防治地质灾害不但需要巨大的资金投入，而且需要广泛的社会参与。目前我国经济还比较落后，国家每年只能拿出有限的资金用于重点防治。即使经济比较发达的国家，也不可能花费巨额资金实施全面治理。无论是现在还是将来，除政府负责主导性的防治外，还需要企业和民众广泛参与抗灾、防灾事业。减轻地质灾害损失关系到地区、国家乃至全球的可持续发展。

（三）地质灾害的分类与分级

1.地质灾害的类型

（1）按地质灾害空间分布分类

按地质灾害空间分布可分为陆地地质灾害和海洋地质灾害两类。

（2）按地质灾害的成因分类

按地质灾害的成因可分为自然动力型地质灾害、人为动力型地质灾害和自然与人为复合动力型地质灾害三类。

（3）按地质环境变化速度分类

按地质环境变化速度可分为突发性地质灾害和渐进性地质灾害。①突发性地质灾害：地震、火山、崩塌、滑坡、泥石流等。②渐进性地质灾害：土地荒漠化、水土流失、地面沉降等。

2.地质灾害分级

从广义上讲，地质灾害的破坏损失由生命损失、经济损失、社会损失、资源与环境损失构成。但从定量化的角度看，生命损失、经济损失与人类不但具有最直接的关系，而且比较容易定量化评价；社会损失、资源与环境损失主要表现为间接损失。

从狭义上讲，地质灾害破坏损失主要指地质灾害的经济损失，即以货币形式反映的地质灾害受灾体的价值损失。

二、地质灾害灾情评估与减灾效益分析

（一）地质灾害灾情评估

1.地质灾害灾情评估的目的、类型与主要内容

（1）地质灾害灾情评估的目的

地质灾害灾情评估的目的是揭示地质灾害的成因和发展规律，评价地质灾害的危险性、损失及人类的抗灾能力，运用经济学原理评价减灾防灾的经济投

入和取得的经济效益、社会效益，达到经济效益、社会效益之和超过减灾防灾经济投入的目的。

地质灾害的危险性和灾害易损性是决定地质灾害灾情评估的两方面基础条件。地质灾害的危险性主要是地质灾害自然属性特征的体现，其评价是正确认识地质灾害危险性背景、地质灾害形成的影响因子、主控因子、发生频率和危险性分区的理论依据。

为了推动国际减灾目标的实现，一些国际组织提出了重大自然灾害评估的国际合作计划，但目前许多地质灾害的评价是从定性上描述的，实用性较差，因此，科学的、量化的评价地质灾害的危险性迫在眉睫。我国地质灾害广布，资金投入有限，灾情评估研究意义重大。

(2)地质灾害评估的类型

地质灾害评估可按评估时间、评估范围和面积分类。

按评估时间分为地质灾害灾前评估、地质灾害灾期跟踪评估和地质灾害灾后总结评估三类。

按评估范围和面积分为点评估、面评估和区域评估三类。

(3)地质灾害灾情评估的内容

对地质灾害灾情进行调查、统计、分析、评价的工作，因其目的不同，则侧重点不同。灾害管理服务的主要内容是灾害破坏损失情况。

进行危险性评价、易损性评价、破坏损失评价和防治工程评价“四评价”为一体的地质灾害灾情评估，危险性评价和易损性评价是灾情评估的基础，破坏损失评价是灾情评估的核心，防治工程评价是灾情评估的应用。

2.地质灾害危险性评价

地质灾害危险性评价包括突发性地质灾害发生概率的确定、渐进性地质灾害发展速率的确定、地质灾害危害范围的确定和区域地质灾害危险性区域的划分(区划)。

(1)地质灾害危险性概念

危险指遭到损害的可能，危险的定性表达即危险性；危险的定量表达即为危险度，危险度是危险程度的简称，指遭到损害的可能性的大小。

地质灾害危险性分析是度量地质灾害体的活动程度、活动特征、地理分布及其对影响区的威胁程度，是评价地质灾害破坏损失程度的基础。

(2)地质灾害危险性评价内容

地质灾害危险性评价的主要任务是评价地质灾害的活动程度，并反映地质灾害的破坏能力。

①时间：历史危险性。灾害类型、规模、活动周期及研究区灾害分布密度。

②范围：点评价是对潜在灾害体或已经出现的灾害现象进行分析评价，确定未来灾害发生概率、规模和危害范围、活动强度及破坏程度。面评价是对一个地区或几类地质灾害的活动程度进行分析评价，确定研究区未来灾害的类型、活动频率及其破坏能力，并进行危险性分区。

(3)地质灾害危险性评价方法

①地质灾害发生概率及发生速率的确定方法

地质灾害发生概率的确定可用经验法、灾害活动的动力分析法(概率统计法和可靠度分析法)和频数法。

地质灾害发展速率计算方法可用约束外推法和模拟模型法。

②地质灾害危险范围及危害强度分区

地质灾害危险范围的大小主要取决于灾害类型、活动规模和活动方式。地质灾害危害强度分区是根据地质灾害破坏能力大小划分为若干等级，地质灾害危险性采用危险性指数来划分。

③地质灾害危险性评价过程中的手段

地质灾害危险性评价过程可采用统计分析法、层次分析模糊评判法、主成分分析法、神经网络法和信息量法等。

统计分析法主要运用数理统计理论(概率、分布规律)。层次分析模糊评判法对不同层次因素影响程度、组合效应，进行模糊综合评判危险性程度。主成分分析法主要在综合评估中应用。神经网络法用于非线性模型建立和研制评价系统。信息量法主要用于危险性划分。

3.社会经济易损性评价

(1)社会经济易损性构成

易损性指受灾体遭受地质灾害破坏机会的多少与发生损毁的难易程度。

(2)易损性评价的主要内容与基本方法

易损性评价的主要内容包括:划分受灾体类型,调查受灾体数量及其分布情况,核算受灾体价值,分析各种受灾体遭受不同类型、不同强度地质灾害危害时的破坏程度及其价值损失率。

①受灾体价值损失率。受灾体价值损失率指受灾体遭受破坏损失的价值的比率。

②灾害敏感度分析和承灾能力分析。灾害敏感度指在一定社会经济条件下,评价区内人类及其财产和所处的环境对地质灾害的敏感水平和可能遭受危害的程度。承灾能力指人类社会对地质灾害的预防、治理程度及灾后的恢复能力。

4.地质灾害破坏损失评价

(1)地质灾害破坏损失构成

从广义上讲,地质灾害的破坏损失由生命损失、经济损失、社会损失、资源与环境损失构成。但从定量化的角度看,生命损失、经济损失与人类不但具有最直接的关系,而且比较容易定量化评价;社会损失、资源与环境损失主要表现为间接损失,目前还难以进行定量化评价。因此地质灾害破坏损失主要指地质灾害的经济损失,即以货币形式反映的地质灾害受灾体的价值损失。

(2)评价内容及损失核算方法

①评价内容

地质灾害破坏损失评价是定量化分析地质灾害经济损失程度的过程,以货币形式表示的绝对损失额和相对损失额来反映地质灾害破坏损失的程度。

主要内容:计算评价区域地质灾害经济损失额、损失模数、相对损失率;评价经济损失水平和构成条件;分析破坏损失的区域分布特点。

②损失核算方法

损失核算方法分为成本价值损失核算、收益损失核算和成本—收益价值损失核算。成本价值损失核算以受灾体成本价值为基数,根据其灾害损失程度或者修复成本、防灾成本投入核算受灾体的价值损失。

收益损失核算以受灾体可能收益为基数,根据其灾害损失程度核算受灾体价值损失,主要适用于农作物价值损失核算。

成本—收益价值损失核算以受灾体的成本和收益为基数，根据其灾害损失程度核算受灾体价值损失，主要适用于资源价值损失核算。

(3)评价方法

评价方法分为历史灾害破坏损失评价和地质灾害期望损失评价。

历史灾害破坏损失评价指对已经发生的地质灾害的经济损失进行统计分析，评价的基本方法是调查统计。

在危险性评价和易损性评价基础上核算可能的灾害损失平均值，即地质灾害期望损失评价。

5.地质灾害防治工程评价

(1)评价内容

地质灾害防治工程评价的基本内容是分析地质灾害防治工程的科学性，评估地质灾害防治工程的经济效益，评价地质灾害防治工程的可行性和合理性。

(2)防治工程评价经济效益的评价方法

以地质灾害防治工程为主构成的灾害防御系统，其基本功能是减轻或免除灾害给自然环境造成的破坏以及对人类生命财产造成的损失，保障和维护人类的正常生产和生活，促使人类劳动价值的增值(财富增值)。防灾效益取决于防治条件下减少的地质灾害(期望)损失费用与防灾工程的投入费用，其表达式为：

$$E=O/I \qquad (式1-3)$$

式中：E—防灾效益；

O—防灾收益(或地质灾害期望损失费用)；

I—防灾工程投入费用。

(二)地质灾害减灾效益分析

1.地质灾害经济损失分析

地质灾害所造成的直接经济损失指由灾害事件摧毁或损坏的现有设施的价值，而救灾资金的投入、各产业部门产值的减少、环境的恶化以及自然资源的破坏等均属于间接经济损失。

不同类型的地质灾害所造成的直接经济损失有所不同，如崩塌、滑坡、泥石流、地面塌陷、地面沉降、地裂隙等所造成的损失主要是破坏地表的建筑物；土壤盐渍化则主要使农作物减产;煤层自燃主要表现为自然资源的破坏等。

地质灾害经济损失评估由于涉及面广、内容复杂,对地质灾害经济损失的评估结果往往有一定出入。对地质灾害的直接经济损失采用的评估方法有直接统计法和模数法。直接统计法适用于水土流失、土壤盐渍化、冷浸田、煤层自燃、瓦斯爆炸、地面塌陷、地面沉降、地裂隙等。模数法适用于崩塌、滑坡和泥石流地质灾害。

2.地质灾害减灾效益分析

(1)地质灾害损失计算方法

地质灾害损失分为直接经济损失和间接经济损失。

直接经济损失在统计评估时,一般按各种资产的原值或现值进行计算。间接经济损失包括五个部分:

①用于人员伤亡的善后处置费、医药费和灾民生活、生产救济费。

②原地无法重建时的易地搬迁费和人员安置费。

③从生产力遭受破坏或影响到恢复期间所损失的工农业产值。

④国土资源损失,如崩塌和滑坡造成的林地损失、农田毁坏或土壤肥力降低造成的损失等。

⑤对次生灾害所投入的抗灾、救灾等费用。

(2)防治工程投资效益

防治工程投资效益是以防治地质灾害为目的的资金投入,它既不是生产性投入也不是经营性投入,它不产生资金增值,因此不能用投入与产出之比反映它的效益。它属于社会公益性投入,其效益反映在社会效益和经济效益两个方面。

保值效益是灾害区现有资产的保障,属于直接经济效益。保值效益(Z)由灾害损失价值(J)与减灾投入资金(T)之差求得,即:

$$Z=J-T \quad \text{(式 1—4)}$$

或用减灾效益比(b)来表示:

$$b = Z/T \quad \text{(式 1—5)}$$

保产效益是一种间接经济效益,即减灾资金投入后对未来经济收益的保障,主要为受益地区现有生产规模的工农业年产值。保产效益等于减灾投入资金与受益地区的生产总值之比。

三、地质灾害减灾对策

(一)地质灾害减灾措施与减灾系统工程

1.减灾防灾的基本原则

(1)树立全民减灾防灾意识,提高全社会的防灾、抗灾能力。

(2)以防为主,防、抗、救相结合。

(3)群众性与专业性相结合。

(4)突出重点,兼顾一般。

(5)减灾与发展并重,坚持可持续发展的减灾对策。

(6)积极开展灾害科学研究,充分发挥政府的协调职能。

(7)避免盲目发展,保护生态环境。

2.减灾的措施

减轻地质灾害的措施有灾害监测、灾害预报、灾害评估,采取工程性措施和非工程性措施进行防灾、抗灾与救灾,安置与恢复,保险与援助,宣传教育与减灾立法、组织与指挥。

3.减灾系统工程

减灾系统工程的主要任务是攻克减灾措施中的关键性技术难关、建立立体勘察监测系统和信息处理系统;研究灾害群发性的成因机制和分布规律、探索及时有效的灾害预报方法;选择灾种多、频次高、成灾强度大的重灾区,建立测、报、防、抗、救、援的综合减灾实验区;建立多学科的综合研究体系,开展全社会减灾教育、提高全民减灾意识。

减灾系统工程的主要内容有监测与预报、灾害评估、防灾与抗灾和救灾。科学技术、立法与教育、减灾基金与保险是减灾系统工程的三大支柱。

(二)地质灾害监测预报

1.地质灾害监测

(1)地质灾害监测的目的与内容

地质灾害监测的目的是及时掌握灾害体变形动态,分析其稳定性,超前作出预测预报，防止灾难发生；为灾害治理工程等提供可靠资料和科学依据；为政府部门在地质灾害易发区的经济建设、环境治理等方面的规划和决策提供基础依据；向全社会提供崩塌、滑坡等地质灾害监测信息服务。

地质灾害的监测内容包括成灾条件的监测、成灾过程的监测以及地质灾害防治效益的反馈监测。

(2)地质灾害监测的技术方法

地质灾害监测的技术方法主要有建立立体监测系统，运用高科技仪器与技术，提高监测精度，建立实时监测预报系统。

2.地质灾害预报

地质灾害预报的方法主要有类比分析预报、因果分析预报、统计分析预报和综合分析预报。

(三)地质灾害防治措施

1.地质灾害防治原则和途径

(1)地质灾害防治的基本原则

地质灾害防治的基本原则是以预防为主的原则、全面规划与重点防治相结合的原则、防治地质灾害与社会经济活动相结合的原则和防治工程最优化原则。

(2)地质灾害防治的基本途径和措施

地质灾害防治的基本途径主要有控制灾害源、消除或减弱灾害体的活动能量，减少灾害威胁、对受灾体采取防护或避让等保护措施，使其免受灾害破坏，或增强受灾体的抗御能力。

地质灾害防治的措施可采取削弱灾害活动强度措施、受灾体防护措施、监测预报措施和灾害避让措施。

2.注意日常活动不诱发崩塌、滑坡灾害

(1)选择安全场地修建房屋：应通过专门的地质灾害危险性评估来确定。房屋尽量避免建在高坡脚、笋子岩下，条件允许时，可对隐患体进行清理后加固等。

(2)不要随意开挖坡脚：在建房、修路、整地、挖砂采石、取土过程中，不能随意开挖坡脚,特别是不要在房前屋后随意开挖坡脚。如果必须开挖,应在技术人员现场指导下,方能开挖。坡脚开挖后,应根据需要砌筑维持边坡稳定的挡墙,墙体上要留足排水孔和反滤层。

(3)不要随意在斜坡上堆弃土石:较理想的处理方法是把废土堆放与整地造田结合起来。

(4)管理好引水和排水沟渠:水对滑坡的影响十分显著。防止引水渠道的渗漏,面对村庄的山坡上方最好不要修建水塘,降雨形成的积水应及时排干,及时填埋地面裂隙、把地表水和地下水引出可能发生滑坡的区域。

3.及时躲避崩塌、滑坡灾害

(1)监视崩塌、滑坡动态:一般应把变形显著的地面裂隙、墙体裂隙作为主要监测对象。通过在地面裂隙两侧设置固定标桩、在墙壁裂隙上贴水泥砂浆片、纸片等方法,定期观测,有备才能无患。

(2)预先选定临时避灾场地:要把安全性放在第一位,绝不能从一处危险区又迁到另一处危险区;避灾场地原则上应选在滑坡两侧边界之外,不宜选在滑坡的上坡或下坡地段。在确保安全的前提下,避灾场地距原居住地越近越好,地势越开阔越好,交通和用电、用水越方便越好。

(3)预先选定撤离路线、规定预警信号:转移路线要尽量少穿越危险区。要事先约定好撤离信号(如广播、敲锣、击鼓、吹号等),同时还要规定信号管制办法。

(4)预先公布责任人:要事先落实并公布地质灾害防灾避灾总负责人,以及疏散撤离、救护抢险、生活保障等具体工作的负责人,通过村民大会、有线广播等办法广泛宣传、家喻户晓,必要时还应进行模拟演习。

(5)预先做好必要的物资储备:临时住所、交通工具、通信器材、雨具和常用药品等,也要根据具体情况提前做好准备。

4.如何预防、躲避泥石流灾害

(1)努力改善生态环境:泥石流的产生和活动程度与生态环境质量有着密切的关系。一般来说,生态环境好的区域,泥石流发生的频度低、影响范围小;生态环境差的区域,泥石流发生的频度高、危害范围大。

(2)房屋不要建在沟口、沟道上:从长远的观点看,山区的绝大多数沟谷今后都有发生泥石流的可能。因此,已经占据沟道的房屋应迁移到安全地带。在沟道两侧修筑防护堤和营造防护林,可以避免或减轻因泥石流溢出沟槽而对两岸居民造成的伤害。

(3)雨季不要在沟谷中长时间停留:下雨天在沟谷中耕作、放牧时,不要在沟谷中长时间停留;一旦听到上游传来异常声响,应迅速向两岸上坡方向逃离。沟谷下游是晴天,沟谷的上游不一定也是晴天,“一山分四季,十里不同天”就是群众对山区气候变化无常的生动描述。因此,即使在雨季的晴天,同样也要提防泥石流灾害。

做好预先选定临时避灾场地、预先选定撤离路线、规定预警信号、预先公布责任人等工作。

5.变形监测手段

(1)简易监测

监测标志:桩观测,标尺观测,石膏片、砂浆片观测。

监测工具:卷尺、钢直尺为主。

监测重点:对滑坡地面裂隙和建筑物裂隙、地表排水等进行观测。

(2)专业监测

监测标志:埋设固定观测点。

监测手段:经纬仪、全站仪、GPS、钻孔倾斜仪等。

6.临灾特征

(1)崩塌、滑坡

崩塌:掉块、小崩塌经常出现;新增裂隙;动植物异常。

滑坡:前缘出现隆起和放射状裂隙;后缘裂隙加宽,产生新裂隙;中部裂隙加宽,产生新裂隙,出现错落台阶,有小坍滑现象;后缘则出现斜向裂隙。

(2)泥石流

物源:松散物质丰富;沟谷两侧滑坡、崩塌强烈。降雨:降雨量达 30mm/h 或以上均可能触发泥石流。

(3)地面塌陷

岩溶塌陷:岩溶发育,且大量抽取地下水,地面出现裂隙、沉陷。采矿空区塌陷:以采煤为主,地面出现裂隙、沉陷。

(四)地质灾害管理

1.灾害管理的目的与原则

地质灾害管理的基本原则是实行分级管理,推进减灾社会化灾害管理消息化、科学化、现代化、规范化和法制化,把地质灾害管理同地质资源管理、环境管理、国土开发以及其他自然灾害管理结合起来;建立与社会经济发展相适应的地质灾害管理体系。地质灾害管理还必须遵循超前预见性原则、顾全大局原则、就近调度原则、长远利益至上原则和科学筹划原则等。

2.地质灾害管理的主要内容

地质灾害管理包括灾害目标管理、灾害过程管理、减灾项目管理和减灾职能管理。

灾害目标管理包括灾害灾情管理、加固抗灾建筑管理、其他抗灾活动管理。

灾害过程管理包括灾害监测管理、灾害预报管理、灾害预防管理、灾害抗御管理、灾害救助管理和灾后援建管理。

减灾项目管理包括研究开发项目管理、工程建设项目管理、国际合作项目管理、信息与通信系统管理和宣传教育培训管理。

减灾职能管理包括战略决策与对策管理、减灾方针政策管理、减灾机构人员管理和减灾效益管理。

3.地质灾害管理的主要手段

地质灾害管理主要有经济手段、行政手段、法律手段和技术手段。

在行政手段方面主要是制定和实施减灾规划、进行减灾宣传教育、组织实施基础性地质灾害勘查和区域地质灾害监测、预测以及灾情评估工作。

4.系统科学理论在地质灾害管理中的应用

(1)减灾系统工程的环节

减灾系统工程包括减灾系统分析、减灾系统综合和减灾系统评价三个环节。

(2)减灾系统工程的阶段

按系统工程理论,减灾系统工程可分为相互独立、相互制约、相互衔接的六个阶段:减灾目标确立阶段、灾害情报消息处理阶段、设计减灾方案阶段、灾情评估阶段、减灾决策优选阶段以及减灾信息反馈阶段。

第二章 地 震

第一节 地震概述

一、地震的定义与类型

地震是一种常见的地质作用现象。岩石圈物质在地球内动力作用下产生构造活动而发生弹性应变,当应变能量超过岩体强度极限时,岩石就会发生破裂或沿原有的破裂面发生滑移,应变能以弹性波的形式突然释放并使地壳振动而发生地震。

最初释放能量引起弹性波向外扩散的地下发射源为震源,震源在地面上的垂直投影为震中。震中到震源的距离称为震源深度,按震源深度,地震可分为浅源地震(0～70km),中源地震(70～300km)和深源地震(300～700km)。大多数地震发生在地表以下几十公里地壳中,破坏性地震一般为浅源地震。

地震类型通常是按照地震的成因划分的。地震成因的研究直接关系到地震监测、地震预报以及防震抗震设计等问题。最为人们广泛接受的地震成因解释是弹性回跳理论,即断层说。弹性回跳理论认为地应力使断层两侧岩石发生弹性变形并储存能量;当储存的能量超过断层两盘之间的摩擦阻力时,能量以地震的形式突然释放;同时,发生弹性变形的岩石恢复其原来的形状。

按照成因,有构造地震、火山地震、塌陷地震和诱发地震四种地震类型。地壳运动过程中,在地壳不同部位受到地应力的作用,在构造脆弱的部位容易发生破裂和错动而引起地震,这就是构造地震。全球90%以上的地震属于构造地震。火山活动也能引起地震,它占地震发生总量的7%左右。火山喷发前岩浆在地壳内积聚、膨胀,使岩浆附近的老断裂产生新活动,也可以产生新断裂,这些新老断裂的形成和发展均伴随有地震的产生。大规模的崩塌、滑坡或地面塌陷也能够产生地震,即塌陷地震。此外,采矿、地下核爆破及水库蓄水或向地下注水等人类活动均可诱发地震。

二、震级及烈度

地震能否使某一地区建筑物受到破坏取决于地震能量的大小和该建筑物区距震中的远近,所以需要有衡量地震能量大小和破坏强烈程度的两个指标,即震级和烈度。它们之间虽然具有一定的联系,但却是两个不同的指标,不能混淆。

地震震级是表示地震本身能量大小的尺度,即以地震过程中释放出来的能量总和来衡量,释放出来的能量愈大则震级愈高。由于一次地震释放出来的能量是恒定的,所以在任何地方测定,只有一个震级。实际测定震级时,由于很大一部分能量已消耗于地层的错动和摩擦所产生的位能及热能,因而人们所能测到的主要是以弹性波形式传递到地表的地震波能,这种地震波能是根据地震波记录图的最高振幅来确定的。按李希特(C.F Richter)1935 年给出的原始定义,震级是指距震中 100km 的标准地震仪(周期 0.8s,阻尼比 0.8,放大倍数 2800 倍)所记录的以微米表示的最大振幅(A)的对数值,其表达式为:$M=\lg(A)$。实际上,距震中 100km 处不一定设有符合上述标准的地震仪,因此必须根据任意震中距、任意型号的地震仪的记录经修复而求得震级。目前震级多以面波震级为标准,用来表示。一级地震能量相当于 2×10^{6}J,每增大一级,能量约增加 30 倍;一个 7 级地震释放的能量相当于 30 个 2000 以级的原子弹。一般来说,小于 2 级的地震人们是感觉不到的,只有通过仪器才能记录下来,称为微震;2～4 级地震,人们可以感觉到,称为有感地震;5 级以上地震,可引起不同程度的破坏,称为破坏性地震;7 级以上称为强烈地震。现有记载的地震震级最大为 8.9 级,这是因为地震震级超过 8.9 时,岩石强度便不能积蓄更大的弹性应变能的缘故。由于地震是地壳能量的释放,震级越高,释放能量越大,积累的时间也越长。在易发震地区,如美国旧金山及其周围地区,平均一个世纪才可能发生一次强烈的地震。这就是说,大约需要 100 年积累的能量才能超过断层的摩擦阻力。这期间由于局部滑动的结果可能发生小地震,但储存的能量还是能够逐渐积累起来，因为断层的其他地段仍然处于锁定状态。这说明，强震的发生具有一定的周期性，由于地震地质条件的差异性，不同地区发生强烈地震的周期也是不一样的。

地震烈度是指地面及各类建筑物遭受地震破坏程度。地震烈度的高低与震级的大小、震源的深浅、距震中距离、地震波的传播介质以及场地地质构造条件等有关。一次地震，距震中远的地方烈度低，距震中近处烈度高；相同震级的地震，因震源深浅不同，地震烈度也不同，震源浅者对地表的破坏就大。如 1960 年 2 月 29 日如非洲摩洛哥临太平洋游览城市阿加迪，发生了 5.8 级地震，由于震源很浅（只有 3～5km），在 15s 内大部分房屋都倒塌了，破坏性很大。而同样震级的地震，若震源深，则相对破坏性小。

由此可见，一次地震只有一个相应的震级，而烈度则随地方而异，由震中向外烈度逐渐降低。在地震区把地震烈度相同的点南曲线连接起来，这种曲线称为等震线。等震线就是在同一次地震影响下，破坏程度相同的各点的连线，图上的等震线实际上是等烈度值的外包线。地震的等震线图十分重要，从等震线图中可以看出一次地震的地区烈度分布、震中位置，推断发震断层的方向（一般说来，发震断层的方向平行于最强等震线的长轴）；利用等震线还可以推算震源深度和用统计方法计算在一定的震中烈度和震源深度情况下的烈度递降的规律。等震线一般围绕震中呈不规则的封闭曲线。震中点的烈度称为震中烈度（I）。对于浅源地震，震级与震中烈度大致成对应关系，可用如下经验公式表示：$M_S=0.58I+1.5$。

为了表示地震的影响程度，就要有一个评定地震烈度的标准，这个标准称为地震烈度表，它把宏观现象（人的感觉、器物反应、建筑物及地表破坏等）和定量指标按统一的标准，把相同或近似的情况划分在一起，来区别不同烈度的级别。目前世界各国所编制的这种评定地震烈度的标准即地震烈度表不下数十种。多数国家采用划分为 12 度的烈度表，如我国、美国和欧洲的一些国家；也有些国家采用 10 度的，如欧洲的一些国家；而日本则采用划分为 8 度的地震烈度表。

在建筑抗震设计中，涉及基本烈度、场地烈度、设计烈度三个概念。地震的基本烈度是指某一地区在今后的一定期限内（在我国一般考虑 100 年或 50 年左右），可能遭遇的地震影响的最大烈度。它实质上是中长期地震预报在防震、抗震上的具体估量。由于小区域因素或场地地质因素影响的地震烈度有时也称为场地烈度，场地烈度是建筑物场地地质构造、地形、地貌和地层结构等工程地质条件对建震害的影响烈度，目前对它尚不能用调整烈度方法来概括，而只是在查清场地地质条件的基础上，在工程实践中适当加以考虑。在地震烈度尚未完全采用定量指标的目前阶段，一切抗震强度的验算和防震措施的采取都是以基本烈度为基础，并根据建筑物的重要性按抗震设计规范作适当的调整。经过调整后的烈度称为设计烈度，是抗震工程设计中实际采用的烈度。基本烈度一般指一个较大范围内的烈度，设计烈度一般需在基本烈度确定后，根据地质、地形条件及建筑物的重要性来确定的。如对特别重要的建筑物，经国家批准，设计烈度可比基本烈度提高一度；重要建筑物可按基本烈度设计；对一般建筑物可比基本烈度降低一度，但基本烈度为 6 度时，则不再降低。

第二节　地震灾害

一、地震灾害的特点

地震灾害的特点表现为瞬间发生、灾害严重、预报困难等几个方面。

(1)地震灾害发生突然,来势凶猛,可在几秒到几十秒钟内摧毁一座文明的城市。地震前有时没有明显预兆,以致人们无法躲避,从而造成大规模的毁灭性灾难。

(2)地震成因的特殊性使得地震临震预报工作还很不成熟。因此,地震对人类的危害程度还很严重。随着科学技术的进步,人类已能够对许多其他地质灾害进行有效的监测、预报和防治。但是,人们对地震灾害仍然停留于监测阶段,还不能准确有效地预报地震的发生,更谈不上有效地减轻地震灾害了。

(3)地震不仅直接毁坏建筑物、造成人员伤亡,还不可避免地诱发多种次生灾害。国际上有研究人员把地震灾害划分为一次灾害、二次灾害和三次灾害。一次灾害是指由地震的原生现象如地震断层错动、地震波引起的强烈地面振动所造成的灾害,也叫直接灾害;二次灾害是指由一次灾害诱发的大火、爆炸和洪水等灾害;三次灾害是指由一、二次灾害引起的社会混乱、心理恐慌等问题。二次和三次灾害又统称为次生灾害。有时次生灾害的严重程度大大超过地震灾害本身造成的损失。

(4)在地震灾害的发生过程中,有时无震成灾。这在其他地质灾害中是罕见的。地震谣言造成灾难的事例时有所闻。现代通信技术和传媒技术虽然很发达,但有时可对地震谣传起着灾害放大的作用。

二、地震破坏主要形式

地震灾害按其与地振动关系的密切程度和地震灾害要素的组成可分为原生灾害、次生灾害和间接灾害三种。地震原生灾害源于地震的原始效应,是地振动直接造成的灾害,如地震时房屋倒塌引起人员伤亡、地震时喷砂冒水对农田的破坏等。地震次生灾害泛指由地震运动过程和结果而引起的灾害,如地震砂土液化导致地基失效而引起的建筑物倒塌、地震使水库大坝溃决而发生的洪灾、地震引起斜坡岩土体失稳破坏而造成的灾害、地震海啸引起的水灾等。地震间接灾害也称为衍生灾害，是地震对自然环境和人类社会长期效应的表现。如地震使城市内某局部地区的地面标高降低而导致该地区在暴雨季节洪水泛滥、地震造成人畜死亡而引发的疾病传播、地震灾区停工停产对社会经济的影响以及灾区社会的动荡与不安等均可看作是地震的衍生灾害。

（一）地面运动

地面运动是地震波在浅部岩层和表土中传播而造成的，是地震破坏的初始原因。大多数强烈地震（M＞8.0）发生时，人们有时能够观察到地面的波状运动。地震地面运动的破坏形式有：①水体破坏，形成海啸、地面涌水等。②土体破坏，形成砂土液化、软土触变、沉陷、地裂缝、崩塌、滑坡等。③岩体破坏，包括岩体的破裂，崩塌、滑坡和地裂缝等。④地震构造力的直接破坏，主要形成地震断层和地裂缝等构造形迹。地面破坏与地震烈度有关。烈度高时，地震力的直接破坏比较明显；烈度低时，地表仅仅出现水体与土体的破坏。

（二）断裂与地面破裂

在地面发生地震破裂的地方，往往出现建筑物开裂、道路中断、管道断裂等现象，所有位于断层上或跨越断层的地形地貌均被错开，有时地面还会产生规模不同的地裂缝。统计资料表明，震级大于5.5级时，特别是大于6.5级的地震才会出现地震断层。一般情况下，震级越大，地震断层的破裂长度越大。

（三）斜坡变形破坏

在陡峭的斜坡地带，地震振动可能引起表土滑动或陡壁坍塌等地质灾害。美国的阿拉斯加州、加利福尼亚州以及伊朗、土耳其和中国均发生过地震滑坡、地震崩塌灾害。房屋、道路和其他结构物被快速下滑的滑坡所毁坏。

（四）砂土液化

饱水粉细砂沉积物和表土的突然振动或扰动能够使看似坚硬的地面变成

液状的流砂。这种砂土液化现象在多数大地震中经常可见。1964 年美国阿拉斯加地震时，砂土液化和诱发滑坡是使安克雷奇大部分地区遭受毁坏的主要原因。1976 年，我国唐山大地震时发生的大面积喷水冒砂现象也是砂土液化引起的。

（五）地面标高改变

有时地震还会造成大范围的地面标高改变，诱发地面下沉或岩溶塌陷。1976 年唐山大地震时就有多处岩溶塌陷发生。1964 年美国阿拉斯加地震时造成从科迪亚克岛到威廉王子海峡约 1000km 海岸线发生垂直位移，有的地方地面下沉 2m 多，而在另外一些地方地面垂直抬升达 11m。

（六）海啸

地震的另一个次生效应是地震海浪，也称海啸。水下地震是海啸的主要原因。海啸对太平洋沿岸地区的危害特别严重。1964 年美国阿拉斯加乌尼马克岛附近强烈水下地震引发的海啸波浪以每小时 800km 的速度沿太平洋传播，4.5h后袭击了夏威夷的希洛。这次地震海啸摧毁了近 500 座房屋，使 1000 多座遭破坏＞造成 159 人死亡。另一场由地震引起的毁灭性海啸发生于 1755 年葡萄牙海岸带，仅在里斯本就有 6 万人死亡；地震后几小时在遥远的西印度群岛都观察到了海啸波浪。1998 年 7 月 17 日，由于太平洋海底地震而引发的海啸袭击了位于南半球的巴布亚新几内亚，高达 23m 的海啸波浪冲向巴布亚新几内亚沿岸 29km 范围的村庄，造成 3000 多人死亡，约 6000 人失踪。

第三节　地震的监测、预报与减灾对策

一、地震监测

地震监测是地震预报的基础。通过布设测震站点、前兆观测网络及信息传输系统提供基本的地震信息，从而进行地震预报甚至直接传入应急防灾减灾指挥决策系统。

目前，全球许多活动断层都处于严密的监测控制之下。监测方法从技术含量很低的动物群异常反应的观察到使用精密仪器自动监测断层活动性并通过通信卫星把数据传递到地震监测中心。全球范围内几乎所有多地震的国家都已建立了地震监测站网，并形成了全球数字化地震台网(Global Seism Net，GNS)。GNS是由分布在全世界80多个国家总计120个台站组成的，可使全世界数据用户方便地获取高质量的地震数据，大多数数据可通过与计算机相连的调制解调器在互联网上访问查阅，明显地改善了用于地震报告和研究的数据的质量、覆盖范围和数量。

目前，我国已在全国主要的地震活动区建立了地震监测系统，每年还对重力、地磁、地形变进行流动测量，除此之外还有一批群众地震测报点及地方和企业管理的台站。基本上形成了遍布全国各地、具有相当规模、专群结合的地震监测网。

最有前途的地震监测技术包括利用卫星测量地面的微小变化。通过全球定位系统(GPS)地面接收并追踪球上空沿轨道运行的卫星传来的测距信号，如果测距信号所反映的从地面站到卫星的距离发生变化，则说明地面产生了位移或变形。地震连续发生时还会产生一种“干涉图”，即反映获得两次雷达影像之间地面变化的等值线图，它具有很高的清晰度，可使地震学家能够深入地认识地壳变形的速率，从而及时发布地震的早期警报。

二、地震预报

鉴于目前人类的视线还无法穿透厚实的岩层直接观测地球内部发生的变

化，因此，地震预报，尤其是短期临震预报始终是困扰世界各国地震学家的一道世界性难题。

1.地震预报方法

地震预报是与地震监测密不可分的。许多单项地震预报方法是从某一学科出发监测地壳形变、地下流体变动、大地电场、磁场、重力场的异常变化等发展而来的。下面简要介绍几种主要地震预报方法的基本原理。

(1)大地形变测量。大地形变测量旨在测定地壳表面点位之间相对位置的变化，从而获取地壳形变的信息。地壳形变是地壳运动的一种外部表象，而地震是地壳运动的一种特殊形式。它们之间存在着某种形式的必然联系。应用大地形变测量方法分析预报地震步骤是：通过大地形变监测获取地壳形变及断层运动的观测资料；然后进行计算和处理，排除外界干扰因素的影响，落实异常形变提取与地震孕育有关的信息，进而对未来地震发展的趋势提出预报意见。目前，大面积形变测量在地震的长、中期预报，跨断层定点和流动测量在中、短期预报方面已取得较好的效果。

(2)定点形变测量。定点形变测量是通过建立形变台站，利用水平摆倾斜仪、石英伸缩仪、水管倾斜仪等形变仪器监测地壳形变的方法。这些仪器具有频响宽、灵敏度高、能够监测瞬时连续输出的信号等特点。震源断层在震前存在预滑和膨胀扩容现象，这种预滑可能是时滑时停，但总的趋势是愈临近地震愈显著。预滑形变的传播机制是一种低频长周期形变波，监测研究定点形变观测中记录的大量信息并进行图像类比分析可作为临震预报的一种方法。

(3)水文地球化学方法。自1966年中国邢台地震以来，利用地球化学的方法探索地震预报受到各国地震学者的普遍关注。近年来，中国相继建立和完善了地震地球化学监测台网，提高了观测技术，并获得了大量的资料，完善了数据资料处理和分析预报的方法。地震孕育过程能引起地壳内部多种地球化学参数的变化。通过监测发现，地下水中气体化学组分的异常变化主要与强震或距离较近的中强地震有关，其中地下水气体组分的变化与强震孕育密切相关。氡和氚异常可以作为地球化学前兆的中长期指标。叶列曼耶夫指出，氡场随时间变化是稳定的，只有出现地震时才有明显的变化。而且氡的含量与岩石的渗透性有关，在构造破碎区、裂隙带等高渗透带，氡含量可达到最大值。因此，无论氡本身或同位素测量,对研究断层位置和活动性都是很重要的。

(4)地下水动态微观异常。用地下水动态预报地震的方法已在地震监测预报实践中发挥了重要的作用。但是,迄今国内外应用于地震测报的异常信息主要还是宏观的,微观异常的研究则很少。实际上,地下水微观异常信息不仅存在而且可能更加普遍,这种微观异常信息主要应用于发震时间的判断方面。

(5)地电阻率法。地电阻率法以研究孕震过程中的地电现象或地球介质电性参数的变化为对象,是孕震过程综合研究的重要组成部分。地电阻率法源于物探电法,但又不同于物探电法;长期定点观测和检测微弱的前兆信息对地电阻率观测系统提出了比物探电法更高的要求。我国研究人员通过对 5 个地区台网内及其周围地区发生 7 级以上强震前后地电阻率异常变化分析发现,与地震有关的地电阻率变化有如下一些特征:强震前震中附近范围内的地电阻率变化呈现长达 2～3 年的趋势性异常;异常幅度一般为百分之几,形态以下降为主;某些强震前地电阻率异常显示出阶段性变化;强震后多数异常台站趋势发生转折或持续升高,显示出与震前不同的特征;同一台站不同方位异常幅度不同,显示出各向异性特征。

(6)地磁短周期变化。地震孕育的过程,也是震源区地下应力缓慢积累的过程。按照压磁理论,应力变化将引起地下岩石磁性的改变,从而导致地磁变化异常。因此,地震发生之前地下应力缓慢的积累过程可能引起地震孕育区及其附近地下岩石磁性改变,从而出现地磁较长趋势变化中局部的异常前兆现象。此外,地震孕育中所伴随的物理化学过程也有可能通过膨胀效应和热磁效应而产生地磁的异常前兆现象。

(7)钻孔应力、应变异常。地震的孕育过程实际上是地壳应力的积聚过程。在地壳浅部设立钻孔应力、应变观测站观测地应力变化过程,并研究其与地震的关系,寻找与地震发生有关的前兆,以实现地震预报,是钻孔应力、应变异常预报方法的基本原理。钻孔应力、应变观测站所观测的实际上是地壳应力场的动态变化部分。观测结果表明,地壳应力场动态包括正常变化、构造的无震活动和地下介质变化所引起的变化以及地震孕育和发生过程而引起的变化等。这些变化都有各自特征,必须加以仔细分析研究。

(8)地震综合预报方法。地震综合预报是相对单项预报而言的。它是在各单项预报研究的基础上，应用现有的震例经验和现阶段对孕震过程的理论认识，研究在地震孕育、发生过程中各种地球物理、地球化学、空间环境等多种异常现象之间的关联与组合，及其与孕震过程的内在联系，从而综合判定震情并进行地震预报。综合预报的研究内容主要有两个方面：①研究各种前兆现象之间的相互关与组合，包括各种前兆现象的综合特征和相互间的内在联系。②研究多种前兆的关联、组合与孕震过程的联系，包括各种前兆在孕震过程中出现的物理背景、多种前兆的综合机制、前兆异常的物理力学成因及其与未来地震三要素的关系等。

除上述各种技术方法外，有时通过观察动物的异常行为也能预报地震。全球各地有许多关于震前动物异常行为的文献报道和非正式报道。许多动物在大地震发生前行为特别反常，如动物园里一向安静的熊猫高声尖叫、天鹅拒绝靠近水、牦牛不吃食物、蛇不进洞等，还有成群结队的老鼠在大街上奔跑而不惧怕行人。针对动物的震前异常行为，日本研究人员还进行了大量的实验室试验专门研究动物行为与地震之间的联系。

2.地震预报的发展方向及研究途径

20 世纪 60 年代以来，世界各国的地震预报研究积累了许多宝贵的经验；同时也发现了很多重要的科学问题，其中主要是地震前兆现象的复杂性和前兆异常与地震关系的不确定性。地震前兆现象的复杂性表现为不同地区、不同类型地震前兆异常的差异性；前兆异常空间分布上的不均匀性以及长、中、短、临异常的多样性等。前兆异常与地震关系的不确定性尤为突出，迄今为止还没有发现任何一种前兆在所有中强以上地震前都出现过，也没有发现任何一种前兆异常出现后都有地震。这些复杂现象的存在使地震预报的难度大大增加，地震预报的准确率很低。为了尽快走出这个困境，就必须广泛开展地震预报方法的探讨与研究。

研究上述问题的科学途径主要有对实际震例的研究和实验与理论研究两个方面，也就是靠实践与认识过程的反复和深化，两者缺一不可。实际震例研究是通过大量中强以上地震震例的系统研究，分析地震孕育过程中各种前兆异常的时空变化特征，从中提炼出地震前兆的综合特征和综合异常图像，进而总结它们与地震孕育过程及地震三要素的关系。实验和理论研究是根据已有的实际震例资料，利用物理或数学模拟的手段研究地震孕育过程。对地震孕育和发生的阶段性特征、前兆异常机理、多种前兆异常的组合关系及综合特征、前兆模式、孕震理论等进行多方面的系统研究，深化在实践中获得的具体现象的认识，建立和形成地震预报的科学方法和科学理论。

随着科学的不断发展、计算机技术的飞速前进，计算机在地震综合预报中的广泛应用成为发展的必然趋势。此外研制高精度的地震监测仪器、多学科联合攻关综合预报、充分利用遥感技术、空间定位系统等现代高新技术也是地震预报的必由之路。通过这个过程使地震预报从经验性预报发展到具有一定定量指标的概率预报是完全可能的。

中国地震局地震研究所研究人员与中国航天工业总公司、中国卫星气象中心的科技人员共同协作，利用卫星遥感和红外图像技术探测地震，在短期临震预报这个高难复杂的领域里探索并开辟出令人耳目一新的新途径。科学家们发现，地表温度异常与地震发生有密切关系，这是由于地震范围内地壳大面积受力，使震中周围的岩层挤压变形产生裂缝，从中释放出氢气、氮气和甲烷等气体，这些气体受到地表电磁场的轰击释放出热量，导致震区低空大气局部增温，出现热红外异常现象。通过安装在卫星上的红外热辐射仪，专家们坐在计算机前就可以从太空对地球进行遥感探测。由于红外电磁波对气体产生的热非常敏感，因此能及时捕捉到地球表面温度的瞬间变化，将卫星即时回的数据进行采集、传输、存储及图像处理，寻找并发现震前出现的热红外异常，科学家们根据监测到的热红外前兆信息，结合地质构造、地震带分布以及气象等情况进行全面综合的分析处理，从而预测地震将要发生的时间、地点和震级。这项新的探索技术还处在研究发展阶段，科学家们设想在不久的将来发射低轨道减灾小卫星装载能够排除云层干扰的微波辐射仪，不断提高地震监测预报的能力。

三、减轻地震灾害的对策

人类社会的不断发展和进步，使城市规模日渐扩大；人口集中、建筑物密集的现代化都市遭受潜在破坏性地震袭击的危险与日俱增。因此，必须采取科学、合理、有效的技术和措施，通过不同学科的综合研究和国际间的协调与合作，最大限度地降低和减轻地震灾害对人类社会的威胁。

在减轻地震灾害的工作中，推进地震科学的预测水平、强化政府的防灾功能以及提高民族的防灾意识是三项最基本的途径。从这个意义上来说，减灾工作是科学预测、政府决策和社会民众行动的有机组合。科学预测是关键，政府功能是主导，社会民众是基础。“国际减轻自然灾害十年”在全球范围内通过科技合作、援助、示范、培训等方式，提高了世界各国预防和减轻地震灾害的能力。

遭受地震灾害十分严重的国家都十分重视总结震害的经验教训，探讨研究本国的地震活动性、地震危险性、地震对各类建筑物的破坏方式及特点，确立建筑物的抗震设计方案，制定和实施地震灾害的防抗对策。国际减轻地震灾害的对策主要有以下内容。

1.加强地震灾害基础性研究工作

为使地震灾害对策行之有效，各国十分重视基础性工作。主要包括收集整理出版地震史料、注重地震灾害的监测预报、积极开展地震危险性评估和地震工程学究等项内容。

(1)收集整理出版地震史料。世界上许多多震国家不仅注重研究历史地震活动性，为地震预报服务，而且注意总结历史地震灾害的经验教训，为地震灾害寻求最佳对策提供依据。美国、俄罗斯等国均出版了系统完整的国家地震活动目录，包括各时期、各地区和重要破坏性地震目录以及重大地震的调查资料等。

(2)注重地震灾害的监测预报。日本、美国、俄罗斯等国均已建成全国性、地区性和专业性的以地震台和前兆观测台为骨干的监测网络，同时正致力于地震监测系统的信息化建设。地震的中长期预报能力和水平有了很大的提高，在地震灾害的预防上取得很好的成效。

(3)开展地震危险性评估。地震危险性评估作为防震减灾的基础和中心任务，受到世界各国、各地区地震学家的高度重视。很多国家都进行了以概率地震危险性评估为主要途径的危险性评估。近几年来，由国际减灾十年委员会等国际组织倡导的一些全球合作项目进一步推动了这方面的工作，缩小了发展中国家与发达国家在这一领域的差距。1990 年国际岩石圈计划(Global Lithosphere Program，GLP)倡议开展全球地震危险性评估，并得到了联合国国际减灾十年委员会的支持。同时，在模型敏感性、数据输入输出稳定性、参数精度和不确定性评价、局部场地条件等方面的研究取得了较大的进展。

(4)加强地震工程学研究。建筑工程师认为结构不同的建筑物对地面振动的响应存在着显著的差异,它们的抗震性能也有很大的差异。在总结历史上和近代大地震对建筑物破坏方式和力学分析基础上发展起来的地震工程学已受到世界上多发地震国家的重视。地震工程学的发展为近代高层建筑、一般建筑、生命线工程、重要结构物和设施的抗震设计提供了理论依据和基础资料,为防御和减轻灾害做出了巨大的贡献。

2.建立和完善地震灾害防抗体制

为防御和应对突然发生的地震灾害,美国、日本、新西兰、俄罗斯、土耳其等国家从 20 世纪 70 年代开始酝酿、制定国家级和区域性的地震灾害对策方案,这些对策方案包括震前的防御对策、震灾时的应急对策和震后的援建恢复对策。它们的共同点是成立国家级、地区性灾害对策组织。制定地震防灾计划,确定防灾重点、建立防灾系统和震灾预报预警系统,确保指挥中心的安全和通信系统的畅通。如日本建立了比较完善的地震防灾对策,除了确保各个建筑物和土木设施的抗震安全之外,还包括城市规划、治安消防、医疗、交通、通信、广播、能源供应、给水排水管道、食品、衣物等在内的综合对策。

3.提高地震防灾能力和防灾水平

防灾能力是指通过规划和对策的实施确保国家和人民生命财产安全的能力。提高防灾能力和防灾水平,在地震灾害中可以保证城市要害系统和生命线系统的安全,使关系国计民生的重要企业和关键部门不致严重破坏并能迅速恢复生产,减少建筑物的破坏和人员伤亡;同时,及时有效地控制地震可能引起的火灾、疾病蔓延等次生灾害。世界各国为了提高其防灾能力和防灾水平采取了一系列的有效措施,这些措施包括加强城市整体规划和建筑物结构抗震能力的研究、开发防灾新技术新方法、提高全民防灾意识。

第四节　减轻地震灾害的工程对策

一、减轻建筑结构地震破坏的综合对策

历次地震震害调查分析表明，地震造成的直接经济损失和人员死亡，主要是建筑物的倒塌破坏造成的。因此，最大限度地减轻建筑物在地震时的倒塌破坏，显然是减轻地震灾害的重要途径。要防止建筑物在地震时发生倒塌，就必须做好勘察、设计、施工和使用等各个环节工作。

1.勘察

尽管我国的抗震设防工作已经进行了半个多世纪，而且《抗震规范》对岩土工程勘察也有明确的规定，但由于有关人员对抗震性能评定的基本要求和它对抗震设计的重要性缺乏足够的认识，往往使进行的岩土工程勘察不满足开展抗震设防的要求。特别是在广大偏远的农村，人们的抗震意识极其淡薄，建房盖屋依然是随地而建，有的在建房前依据经验进行了粗略的踏勘，有的甚至连踏勘也没进行。在这样场地上建立的建筑物的抗震性能就可想而知了。场地抗震性能的评价和场地类别的划分，是抗震设计前期工作的重要组成部分，直接关系到抗震计算、基础选型及构造措施的合理性。因此，在岩土工程勘察时必须采用科学的方法，保证所得数据的准确性。在编制的岩土工程勘察报告中，应根据具体的地质条件和设计要求，提供建筑所在地段为有利、不利或危险的判别，场地类别的划分，岩土地震稳定性评价，液化判别，软弱黏性土地基地震震陷的评估，以及时程分析法所需的土动力参数等比较全面的内容。

2.设计

据有关资料介绍，建设部曾协助部分省市对近年来设计的60多项高层建筑和重点工程进行了抗震专项审查，结果发现在这些工程设计中都存在不同程度的问题，其中有的问题已经造成工程隐患或建设投资的浪费。专家分析指出，目前全国至少有10%的新建工程仍未达到抗震设防要求（这个数字可能还是保守的，因为高层建筑尚且如此，其他类型的建筑物更可想而知了）。如果对这些工程项目进行抗震加固，则将是一个沉重的经济负担；若不做抗震加固又

是一个巨大的隐患。近年来国内发生多起建筑物破坏事故,其中有些就是由于设计不当造成的。在没有地震的情况下尚且如此,地震时情况将会更糟糕。

结构抗震计算分析通常是在计算机上进行的,计算结果的正确与否不仅与所使用的软件有关,而且还与结构简化模型和输入数据有关。然而,任何一种软件都有其适用范围和局限性,过分地依赖软件的计算结果也会给工程带来安全隐患。正确的做法是对计算机计算结果进行判别分析和必要的调整,使之符合结构受力特点和变形规律;要对自振周期、振型、地震作用、柱轴压比、层间位移和顶点位移等计算结果进行分析判断。

3.施工

据调查,由于我国的建筑市场目前还不规范,在平时的工程事故中,施工原因占绝大部分。可靠的抗震设计只有靠高技术水平的施工才能体现,工程质量的高低不仅与材料有关,而且更与施工者的自身素质有关。因此,在建筑施工中必须抓好管理和施工人员的业务培训和思想道德教育,增强他们对自身责任感的认识,同时加强施工监理工作。

4.使用与维修

近几年来,由于不正确的使用引起的事故也屡有发生。例如,私自建造屋顶花园或菜地而增加屋面荷载,在装修时任意开墙打洞而破坏了承重结构,在墙面上安装空调或广告设施等。这些行为不但会降低建筑结构的抗震能力,而且也会给地震时的人员疏散带来安全隐患。建筑结构是针对可能遭遇的荷载及其组合而设计的,对已经交付使用的建筑物,在没有得到有关部门许可的情况下,绝不能随意改变建筑的结构布置,也不能任意加大使用荷载。

建筑物由于环境的原因和材料自身的老化,如果只使用而不维修,它的抗震性能就要降低。历次地震调查结果表明,凡是及时进行鉴定、维修和加固的建筑物,在地震中的表现往往较好。因此,定期地进行鉴定、维修乃至加固,是减轻建筑物地震破坏的一种有效途径。

二、工程抗震技术

1.工程抗震设防目标

根据《建筑抗震设计规范》,我国工程抗震设计技术标准是实现“小震不坏,中震可修，大震不倒”的“三水准”抗震设防目标。第一水准：当遭受到多遇的低于本地区设防烈度的地震(简称“小震”)作用时，建筑结构一般应不受损坏(处于弹性状态)或不需维修仍能使用；第二水准：当遭受到本地区设防烈度的地震(简称“中震”)作用时，建筑结构可能有一定的损坏(局部进入塑性状态)，但经一般维修或不经维修仍能继续使用；第三水准：当遭受到高于本地区设防烈度的罕遇地震(简称“大震”)作用时，建筑结构不致倒塌或发生危及生命的严重破坏。

2.各类建筑的抗震设防标准

抗震设防标准是通过建筑物抗震设计时地震作用计算和抗震措施来体现的。抗震设防标准的依据是设防烈度，它是根据建筑物的重要性及其所在地区的基本烈度确定的，一般采用基本烈度或与设计基本地震加速度值对应的烈度。对已编制抗震设防区划的城市，可按批准的抗震设防烈度或设计地震动参数进行抗震设防。

《抗震规范》从抗震防灾的角度，根据其使用功能的重要性、受地震破坏时产生的后果严重程度，将建筑物分为下列四类，各类建筑物的抗震设计应符合下列设防标准。

甲类建筑：重大建筑工程和地震时可能发生严重次生灾害的建筑，如核电站等。这类建筑如遇地震破坏会导致严重后果(如放射性物质的污染、剧毒气体的扩散和大爆炸等)或对政治、经济、社会产生不可挽回的重大影响。该类建筑必须经国家规定的批准权限核定。甲类建筑，地震作用应高于本地区抗震设防烈度的要求，其值应按批准的地震安全性评价结果确定；抗震措施，当抗震设防烈度为6～8度时，应符合本地区抗震设防烈度提高1度的要求，当为9度时，应符合比9度抗震设防更高的要求。

乙类建筑：地震时使用功能不能中断和需尽快恢复的建筑，如国家重点抗震城市的生命线工程，包括给水、供电、交通、电信、燃气、热力、医疗、消防等。乙类建筑，地震作用应符合本地区抗震设防烈度的要求；抗震措施，一般情况下，当抗震设防烈度为6～8度时，应符合本地区抗震设防烈度提高1度的要求；当为9度时，应符合比9度抗震设防更高的要求。地基基础的抗震措施，应符合有关规定。对较小的乙类建筑，当其结构改用抗震性能较好的结构类型时,应允许仍按本地区抗震设防烈度的要求采取抗震措施。

丙类建筑:甲、乙、丁类以外的一般建筑,如大量的一般工业与民用建筑等。丙类建筑,地震作用和抗震措施均应符合本地区抗震设防烈度的要求。

丁类建筑:抗震次要的建筑,如遇地震破坏不易造成人员伤亡和较大经济损失的一般仓库、人员较少的辅助性建筑等。丁类建筑,一般情况下,地震作用仍应符合本地区抗震设防烈度的要求;抗震措施应允许比本地区抗震设防烈度的要求适当降低,但抗震设防烈度为 6 度时不应降低。

抗震设防烈度为 6 度时,除《抗震规范》有具体规定外,对乙、丙、丁类建筑可不进行地震作用计算。

3.建筑场地选择

建筑场地即指建筑物所在地,大体相当于厂区、居民小区和自然村或不小于 $1km^2$ 的平面面积,在此范围内岩土性状和土层覆盖厚度大致相近,并具有相似的地震反应谱特征。而场地土则是指场地范围内的浅层地基的简称。

多次地震的震害表明,即使在同一烈度内,由于场地土质条件的不同,建筑物的破坏程度也有很大差异。在对地面运动的影响上,当震中距相同时,软弱地基与坚硬地基相比,其地面自振周期长、振幅大、振动持续时间长,因而震害往往也重;在对地基强度和稳定性的影响上,软弱地基受振后更容易出现不稳定状态和差异沉降,甚至会发生液化或软化、滑动、开裂等严重现象,而坚硬地基的这种危险性相对较低;在改变建筑物的动力特性上,因为地基和上部结构间的相互作用,软弱地基将增大建筑物的自振周期和阻尼,并会改变振型。此外,场地土层状构造不同,对震害的影响也会不同。如唐山地震时,天津某区场地深度 10m 左右处有低 S 波速的淤泥质粉质黏土夹层,与地质条件大体相同但无此软夹层的区域相比,其震害就轻得多。震害调查还说明,震害一般随覆盖土层厚度的增加而加重。

如上所述,场地条件对建筑物震害影响的主要因素是场地土的刚度(即坚硬或密实程度)大小和场地覆盖层厚度。鉴于土的工程特性主要受土骨架控制,而土的 S 波速度与土骨架特性的关系比 P 波的更为密切,场地土的刚度一般用土的 S 波速来反映。在工程抗震中,场地覆盖层厚度定义为从地面至 S 波速大于 500m/s 的土层顶面的深度。当地面 5m 以下存在 S 波速大于相邻上层土S波速2.5倍的土层,且其下卧岩土的S波速均不小于400mA时,可取地面至该土层顶面的深度为场地覆盖层厚度。但对S波速大于500m/s的孤石、透镜体,应视同周围土层;而对土层中的火山岩硬夹层,应视为刚体并将其厚度从覆盖土层中扣除。当场地土呈层状时,其等效S波速、由覆盖层厚度和20m深度内(取二者的较小值)的各土层S波速按其厚度加权平均求出。

选择建筑场地时,应根据实际工程需要,掌握地震活动情况、工程地质和地震地质的有关资料,并按地质、地形和地貌对拟选地段的抗震属性作出综合评价:①有利地段:稳定基岩,坚硬土,开阔、平坦、密实、均匀的中硬土等;②不利地段:软弱土,液化土,条状突出的山嘴,高耸孤立的山丘,非岩质的陡坡,河岸和边坡的边缘,平面分布上成因岩性状态明显不均匀的土层(如故河道、疏松的断层破碎带、暗埋的塘浜沟谷和半填半挖地基)等;③危险地段:地震时可能发生滑坡、崩塌、地陷、地裂、泥石流等及发震断裂带上可能发生地表错位的部位。

建筑选址时,对不利地段,应提出避开要求,当无法避开时,应采取有效措施。不应在危险地段建造甲、乙、丙类建筑。建筑场地为有利地段时,甲、乙类建筑应允许仍按本地区抗震设防烈度的要求采取抗震构造措施;丙类建筑应允许按本地区抗震设防烈度降低1度的要求采取抗震构造措施,但抗震设防烈度为6度时仍按本地区抗震设防烈度的要求46采取抗震构造措施。

建筑场地的岩土勘察,除应根据实际需要划分对建筑有利、不利和危险的地段,提供建筑场地类别和岩土地震稳定性(如滑坡、崩塌、液化和震陷等)评价外,对需要采用时程分析法计算的建筑,尚应根据设计要求提供土层剖面、场地覆盖层厚度和有关的动力参数。

4.抗震设计的基本原则

实际建筑结构及其在强震作用下的破坏过程是很复杂的,目前尚难以对此进行较为精确而可靠的计算。因此,20世纪30年代以来,各国的设计标准都强调了工程技术人员必须重视“结构抗震概念设计”,即根据地震灾害调查、科学研究和工程经验等所形成的基本原则和设计思想,进行建筑结构的总体布局并确定细部构造。这种设计理念有助于明确结构抗震思想,不但有利于提高建筑结构的抗震性能,而且也为有关抗震计算创造有利条件,使计算分析结果更能反映今后地震时结构的实际地震反应。

(1)选择对抗震有利的场地和地基

建筑物的抗震能力与场地条件有密切关系。历次地震调查表明,同类型的建筑物,由于建造场地不同,破坏程度会有很大差别。应避免在地质上有断层通过或断层交汇的地带,特别是有活动断层的地段进行建设。

其次,应针对所选定的结构形式,处理好建筑物的地基。建筑物地基处理的好坏,对建筑物的抗震性能至关重要。同一结构单元的基础不宜设置在性质截然不同的地基上,也不宜部分采用天然地基而部分采用桩基础,以免地震时出现过大的差异沉降而损坏建筑。对液化场地上的建筑,其地基液化对建筑物的危害很大,历史上美国的阿拉斯加的地震就是由于地基液化使建筑物整体倾斜。我国辽宁海城、河北唐山大地震的灾害调查分析资料都充分说明地基液化是造成震害的一个主要原因。因此,要严格按规范要求采取措施,消除地基液化。对软弱黏性土、新近填土或严重不均匀土等,也应估计地震时地基出现过大的差异或其他不利影响,并采取相应的措施予以防范。

(2)合理规划,避免地震时发生次生灾害

地震造成的次生灾害有时会比地震直接造成的社会损失还要大。避免地震时发生严重的次生灾害,是抗震工作的一个很重要方面。

在地震区的建筑规划上应使房屋不要建得太密,房屋的距离以不小于 1～15 倍房屋高度为宜,以便为地震时人口疏散和营救以及为抗震修筑临时建筑留有余地。要避免房高巷小地震时由于房屋倒塌而通路阻塞;公共建筑物更应考虑地震疏散问题,一般可与防火疏散同时考虑。烟囱、水塔等高耸构筑物,应与居住房屋(包括锅炉房等)保持一定的安全距离。例如不小于构筑物高度的 1/3～1/4,以免一旦受震倒塌而砸坏其他建筑。还应该特别注意使易于酿火成灾、爆炸和气体中毒等次生灾害的工业建筑物远离人口稠密区,以防地震时发生爆炸、火灾等事故而造成更大的灾难。

(3)选择合理的抗震结构方案

建筑结构体系应根据建筑抗震设防类别、抗震设防烈度、建筑高度、场地条件、地基、结构材料和施工等因素,经技术、经济和使用条件综合比较后确定。所选定的结构体系应具有明确的计算简图和合理的地震作用传递途径,具备必要的抗震承载力、良好的变形能力和消耗地震能量的能力,避免因部分结构或构件破坏而导致整个结构丧失抗震能力或对重力荷载的承载能力；对可能出现的薄弱部位，应采取措施提高抗震能力。

(4)非结构构件的处理

非结构构件包括建筑非结构构件和建筑附属机电设备及其与结构主体的连接等。建筑非结构构件，一般是指在结构分析中不考虑承受重力荷载以及风、地震等侧向荷载的构件，如内隔墙、楼梯踏步板、框架填充墙、建筑外围墙板等。然而，在地震作用下，建筑中的这些构件会或多或少地参与工作，从而可能改变整个结构或某些构件的刚度、承载力和传力路线，产生出乎意料的抗震效果，或者造成未曾估计到的局部震害。因此，有必要根据以往历次地震中的宏观震害经验；妥善处理这些非结构构件，以减轻震害，提高建筑的抗震可靠度。

另外，房屋附属物，如女儿墙、挑檐、幕墙及装饰贴面等，在地震作用不大的情况下(例如6度左右)就会破坏或脱落。对一般房屋，这类装饰性的附属物应尽量不建或少建；若必须建造时，应采取防震构造措施或与主结构能有可靠连接，对于门楼、洞口等人、车经过的地方，更应予以加强。安装在建筑上的附属机械、电气设备系统的支座和连接，应符合地震时的使用功能要求，而且不应导致相关部件损坏。

(5)结构材料与施工方法的选择

地震对结构作用的大小，几乎与结构的质量成正比。质量小，地震作用就小，震害就轻。要减轻建筑物的质量，就要求在满足抗震强度下，尽量采用轻质材料来建造主体结构和围护结构，以使房屋的重心尽量降低，减小地震时房屋所承受的地震弯矩。

从抗震角度考虑，建筑结构材料应轻质、高强、材质均匀，使结构能够同时满足承载力及延性两个方面的要求。按照这一原则，对由不同材料和施工方法建造的结构，其抗震性能优劣排序是：钢结构，型钢混凝土结构，混凝土—钢混合结构，现浇钢筋混凝土结构，预应力混凝土结构，装配式钢筋混凝土结构等。

(6)施工质量控制

施工质量是否符合设计要求，将直接影响建筑的实际抗震能力。在设计中，一方面要对材质、强度、施工技术等提出具体要求；另一方面，也要从设计上为使施工中能保证质量和便于检查创造条件。

(7)地震反应观测系统

为监测建筑的地震反应特性以供应急决策和工程抗震科研之用，对抗震设防烈度为7度、8度和9度，高度分别超过120m、160m和80m的高层建筑，应设置建筑结构的地震反应观测系统，设计时应留有观测仪器和线路的安装位置。

三、工程隔震技术

上面介绍的结构抗震技术，主要是通过增加结构的强度、刚度和延性来抵御地震的作用，其设计分析方法较为成熟，工程实践经验较为丰富。然而，这种做法是消极的，因为对难以预见的强烈地震作用或复杂的建筑结构，要想通过抗震技术途径做到万无一失往往是很困难的，必须另辟蹊径加以有效地解决。随着新型材料科学的发展，在机械振动等相关领域科技成果的启发下，土木工程专家的目光便凝聚到了只让较少部分的地震能量传递到上部建筑结构的隔震技术、在结构上附加特殊设施以消耗地震能量或改善结构地震反应特性的消能减震技术上，而且通过近40年的艰苦努力和实际地震考验，他们已将一些研究成果应用到了实际工程之中。对使用功能有特殊要求以及抗震设防烈度为8度、9度的建筑，实践表明，隔震和消能减震技术的应用将会取得较好的技术、经济和社会效益。

建筑隔震技术的本质作用，就是通过水平刚度低且具有一定阻尼的隔震器将上部结构与基础或底部结构之间实现柔性连接，使输入上部结构的地震能量和加速度大为降低，并由此大幅地提高建筑结构对强烈地震的防御能力。在许多应用实例中，隔震器是安装在上部结构和基础之间的，因而又称其为基底隔震。

1.结构隔震体系

结构隔震体系是指在结构物底部或其他部位设置某种隔震装置而形成的结构体系。它包括上部结构、隔震器(装置)和下部结构三部分。通过隔震器的较大变形来改变体系的动力特性，上部结构在地震中的水平变形，从传统结构的“放大晃动型”转变为隔震结构的“整体平动型”，使得其在强烈地震中仍处于弹性状态，不但有效地保护了结构本身，而且也保护了建筑内部的装修和精密设备。隔震技术就是这样有效地提高了结构对地震作用的适应能力，使建筑结构平、立面设计更加灵活多样化，并可降低对结构构件尺寸和材料强度的要求。

隔震体系具有以下基本特征：①隔震装置须具有足够的竖向承载力，能够安全地支承上部结构的所有荷载，确保建筑结构在使用状态下的绝对安全并满足使用要求。②隔震装置应具有可变的水平刚度。在强风或微小地震时，隔震器应具有足够高的水平刚度，使上部结构发生的水平位移极小而不影响使用要求。在中等强度地震下，其水平刚度将逐渐变小，使原本刚性的抗震结构体系变为柔性隔震结构体系，其固有周期大大延长而远离场地的特征周期，从而明显地降低上部结构的地震反应。③由于隔震装置具有水平弹性恢复力，使隔震结构体系在地震中具有自动复位功能，由此满足震后建筑结构的使用功能要求。④隔震装置具有一定的阻尼和消能能力，以保证体系在日常使用受干扰和地震时应具有的工作性能。

2.隔震技术类型

根据我国及世界各国对多种隔震技术的研究和应用情况，隔震技术可按其不同的隔震装置(分为叠层橡胶垫隔震、铅芯橡胶垫隔震、滑动摩擦隔震、滚动隔震层、支承式摆动隔震、滚珠或滚轴隔震、混合隔震)和不同的隔震位置进行分类。

3.隔震结构的优越性

按抗震技术设计的建筑物，不能避免地震时的强烈晃动；当遭遇罕遇大地震时，虽然可以保证建筑不倒塌，但不能完全保证室内非结构构件和装饰物的安全，并因此而造成人员伤亡。采用隔震技术就可以避免这种情况的发生，因为隔震结构的地震作用力、楼面的反应加速度和上部结构的层间变形往往较小，建筑结构、非结构构件和装饰物等在大地震中均能够得到较好的保护。与传统的抗震结构体系相比较，隔震结构体系具有下述优越性：

(1)有效地减轻结构的地震反应，提高了地震时结构的安全性。国内外大量试验数据和工程经验表明：隔震一般可以使结构的水平地震加速度反应降低60%左右，上部结构的地震反应仅相当于不隔震情况下的1/4～1/8。地震时建筑物上部结构的反应类似于刚体平动，结构的振动和变形均可控制在较轻微的水平，从而使建筑物和内部设备的安全得到更可靠的保证。

(2)地震防护措施简单明了。隔震设计把非线性、大变形集中到了隔震支座与阻尼器这样一组特殊的构件上,从考虑整个结构复杂的、不甚明确的抗震措施转变为只考虑隔震装置,这样就可以把设计、试验和制造的注意力集中到这些构件上;由于主体结构近似于弹性变形状态,结构分析的方法也可以简化;同时,在地震后,只需对隔震装置进行必要的检查更换,而无须过多考虑建筑结构本身的修复。

(3)具有巨大的经济与社会效益。采用隔震技术,为适应大变形要求而对建筑、设备和电气方面的处理以及特殊的设计、安装费会增加基建投资(约5%),但是上部结构得以降低了要求的抗震措施会节省建筑的总造价。从汕头、广州、西昌等地建造的隔震房屋得知,多层隔震房屋比多层传统抗震房屋节省土建造价:7 度节省 1%～3%,8 度节省 5%～15%,9 度节省 10%～20%。如果将地震灾害的潜在综合损失考虑进去(包括结构、建筑、财产以及建筑物中断使用和内部业务停顿带来的损失),隔震建筑肯定具有更高的经济和社会效益。

(4)使建筑结构形式多样化,设计自由度增大。由于采用隔震结构,就可以放弃过去抗震结构设计时的一些习惯做法和僵化的思路,从而设计出更加形式多样化的建筑结构来。

(5)大幅降低地震时内部非结构构件和装饰物的振动、移动和翻倒的可能性,从而减轻了次生灾害。

隔震技术经过理论分析、试验研究、工程试点、经济分析,其有效性得到了验证,技术也日益完善与成熟。在国际上日、美等发达国家已于 1985 年先后提出了结构隔震设计指南和规范草本。我国现行《建筑抗震设计规范》已正式纳入了隔震技术,使隔震技术由工程试点发展为广泛的应用。

4.房屋隔震设计

《抗震规范》中的有关章节,从适用范围、设防目标、隔震和减震元件的选型和布置、建筑结构布置、隔震减震程度的确定,到隔震减震后结构地震作用计算和抗震构造措施均做了原则性的规定,尤其是对目前应用较为成熟的橡胶支座隔震技术提出了明确的要求。

《抗震规范》对隔震设计提出了分部设计法和水平向减震系数,力图使人们在隔震设计中能够运用已经熟悉的抗震设计知识和抗震技术。所谓的“水平向减震系数”，是指隔震结构与同一结构非隔震时各层层间剪力比值的设计取值，是一个预期的隔震效果指标。在设计中，先将整个隔震结构体系划分成上部结构（隔震层以上结构）、隔震层、隔震层以下结构（地下室）和基础四部分；然后根据预期的水平向减震系数按图2－1所示的步骤逐步进行设计计算。

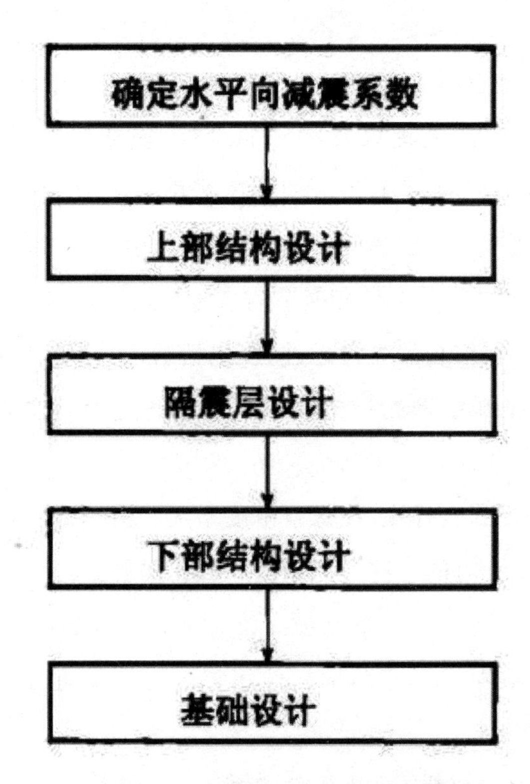

图2－1　隔震设计分部设计框图

隔震设计中必须注意以下几个重要问题：

（1）隔震部件的性能应确实保证。隔震层对结构的地震防护和安全稳定性影响极大。因此，在设计文件上应注明对隔震部件的性能要求。隔震部件的设计参数和耐久性应由试验确定，并在安装前对工程中所用各种类型和规格的隔震部件进行抽样检测，每种类型和每一规格的数量都不应少于三个，抽样检测的合格率应为100％。

（2）隔震层的竖向承载力应留有余地。橡胶隔震支座平均压应力限值和拉应力规定是隔震层实现“稳定地支承建筑物”的关键。《抗震规范》明确规定：隔震层中，各隔震支座在永久荷载（分项系数1.2）和可变荷载（分项系数1.4）作用下基本组合的竖向平均压应力设计值不应超过规范中列出的限值；对需验算倾覆的结构，平均压应力设计值应包括水平地震作用效应组合；对需进行竖向地震作用计算的结构，平均压应力设计值尚应包括竖向地震作用效应组合。

(3)隔震层水平刚度和隔震支座罕遇地震下的水平位移应严格控制。隔震层的水平刚度越小，水平向减震系数越小，上部结构的抗震安全性越好；但水平刚度越小，罕遇地震下隔震层的位移越大，超过隔震支座的位移控制值则隔震层不安全。因此，必须妥善处理二者的关系。

(4)隔震支座水平剪力应按罕遇地震计算。隔震支座的水平剪力应根据隔震层在罕遇地震下的水平剪力按各隔震支座的水平刚度进行分配。隔震支座与上部结构、基础结构之间的连接件，应能传递罕遇地震下各个隔震支座的最大水平剪力。

四、工程减震技术

地震发生时，地面地震能量向结构输入而引起结构的振动反应。结构接收大量的地震能量后，只有进行能量转换或被耗散才能终止振动。对传统的抗震结构体系，地震能量的耗散主要是通过允许结构及承重构件(柱、梁、节点等)在地震中出现损坏来实现的。与抗震、隔震技术不同的是，消能减震技术通过在上部结构(以下称为主结构)上采取合适的特殊措施，以消耗结构地震反应能量或将地震能量从主结构上转移出去，从而达到减震的目的。

在结构中可采用的消耗地震能量的方式多种多样。例如，可将结构的某些构件(如支撑、剪力墙、连接件等)设计成消能杆件或在结构的某部位(节点、连接缝等)装设阻尼器，它们在风或小震作用下处于弹性状态且具有足够的初始刚度，使结构具有足够的侧向刚度以满足使用要求；但当出现中、大地震时，它们将率先进入黏性、塑性等消能状态，从而保护主体结构及构件在强烈地震中免遭破坏。根据地震模拟振动台试验结果可知，消能减震结构与传统抗震结构，其地震反应可减少 40%～60%。在经济上，采用消能减震结构比采用传统抗震结构，可节约造价 5%～10%；若用于既有建筑物的地震防护性能改造，可节省造价 10%～60%。

结构消能减震的另一种常见方式是在主结构上安装特殊的子结构，使其在强烈地震作用下与主结构之间产生动力相互作用，以此降低主结构的地震反应而实现地震防护的目的。这种结构消能减震技术无须提供外部能量，主要通过调整结构体系的动力特性而使主结构的地震能量转移至附加子结构，由此实现主结构的减震，故又被称为动力消震、被动调谐减震等。在能够合理地选取附加子结构参数的条件下，主结构的地震反应可以降低30%～60%。

1.消能减震技术的特点

消能减震结构体系与传统抗震结构体系相对比，具有如下几个特点：

(1)安全性。传统抗震结构体系实质上是把结构本身及主要承重构件(柱、梁、节点等)作为“消能”构件。按照传统抗震设计方法，容许结构本身及构件在地震中出现不同程度的损坏。由于地震烈度的随机变化性和结构实际抗震能力设计计算的误差，结构在地震中的损坏程度难以控制；特别是出现超烈度强地震时，结构难以确保安全。

消能减震结构体系由于特别设置非承重的消能构件(消能支撑、消能剪力墙等)或消能装置，它们具有很强的消能能力，在强地震中能率先消耗结构的地震能量并降低结构的地震反应，保护主体结构和构件免遭损坏，以此实现结构在强地震中的安全性。

另外，消能构件或装置属“非结构构件”，其功能一般是在结构变形过程中发挥消能作用，而不在结构中发挥主要的承载作用，它在完成消能任务中即使有所损坏，也不对结构的承载能力和安全性构成严重的影响或威胁。因此，消能减震结构体系是一种较为安全可靠的结构减震体系。

(2)经济性。传统抗震结构采用“硬抗”地震的途径，通过加强结构、加大构件断面、加多配筋等途径来提高抗震性能，因而其造价大大提高。

消能减震结构是通过“柔性消能”的途径来减少结构地震反应，其抗震墙的数量、构件断面尺寸和配筋量等可以明显地减少。据国内外工程应用总结资料，采用消能减震结构体系比采用传统抗震结构体系，可节省造价5%～10%；若用于既有建筑结构的抗震性能改造加固，消能减震方法比传统抗震加固方法，节省造价10%～60%。

(3)技术合理性。传统抗震结构体系是通过加强结构、提高侧向刚度以满足地震防护要求的。但是，结构越加强，刚度越大，地震作用也就越大，继而只能再加强结构。如此循环,其结果除了安全性、经济性问题外,还将对高层建筑、超高层建筑、大跨度结构及桥梁等的工程建设在技术上带来严重的制约。

消能减震结构则是通过设置消能构件或装置,使结构在出现变形时大量而迅速地消耗地震能量,以保护主体结构在强地震中的安全。结构越高、越柔,跨度越大,消能减震效果一般越显著。因此,消能减震技术将成为安全而经济地建造高柔、大跨结构的新途径。

2.消能减震体系的类型

结构消能减震体系由主体结构和消能构件(或装置)组成。目前人们常按消能构件或装置形式、消能方式进行分类。

按消能构件或装置的构造形式,消能减震体系可以分成:

(1)消能支撑:消能支撑可以代替一般的结构支撑,在抗震(或抗风)中发挥支撑的水平刚度和消能减震作用。消能支撑可以做成偏交耗能支撑、耗能隅撑、耗能框支撑等。

(2)消能剪力墙:消能剪力墙可以代替一般结构的剪力墙,在抗震(或抗风)中发挥剪力墙的水平刚度和消能减震作用。消能剪力墙可做成竖缝剪力墙、横缝剪力墙、斜缝剪力墙、周边缝剪力墙、由弹塑性材料浇筑的整体剪力墙。

(3)消能节点:在结构的梁柱节点或梁节点处装设的消能装置,当结构产生侧向位移导致在节点处产生位移时,它们即发挥消能减震作用。

(4)消能连接:当结构缝隙或构件之间的连接处产生相对变形时,设置在该处的消能装置即可发挥消能减震作用。

对消能构件或装置,若按其消能方式或工作原理来分类,则具有如下多种类型:

(1)摩擦消能。这种构件或装置是利用两固体接触面在相对运动时的摩擦力做功耗能,具有较强的消能能力,而且其结构和加工工艺比较简单,便于应用该类阻尼器包括摩擦消能支撑和板式摩擦节点、钢绳摩擦阻尼器等。

(2)钢件非弹性变形消能。金属阻尼器的种类较多,其中包括基底隔震中使用的花瓣弹簧阻尼器和钢棒、钢板阻尼器。它们在受到小震作用时处于弹性状态,对提高结构的刚度有一定的贡献;但当遭遇强烈地震时,它将进入塑性状态而消耗地震能量且使结构的刚度有所降低,由此提高结构对地震的防护能力。

(3)材料塑性变形消能。铅挤压阻尼器是一种典型的材料塑性变形消能装置。地震时,由地震作用能量推动其中心滑杆,后者再通过往复运动挤压管中的铅并使其发热,从而消耗地震作用能量。铅是仅有的一种在常温下能做塑性循环变形而又不会发生累积疲劳破坏的普通金属,具有很好的塑性性质。由它制作的阻尼器,对小震和大震都能起到耗能作用且基本上与速度无关。

(4)材料黏弹性消能。在受地震作用时,黏弹性材料能够同时产生与速度有关的阻尼力和与位移有关的弹性反力,以满足大、小震情况下控制结构动力反应的不同需要。黏弹性阻尼器通常选用聚丙烯类黏弹性高分子材料制成,其主要优点是具有较大的阻尼耗能能力和较好的耐久性,没有明显的阈值,对大震和小震均有效。黏弹性阻尼装置的刚度和阻尼值受外界温度的影响,一般来说,温度升高,其刚度降低,阻尼值也变小,但在常温范围内,这种黏弹性阻尼装置都能提供合适的刚度和足够的阻尼比。工程应用中的关键问题是如何提高材料的弹性模量、变形能力和减小受温度的影响。这种阻尼器的价格比较低,但在材料和制造工艺等方面均有一些特殊要求。

(5)流体阻尼消能。黏滞阻尼器是利用黏滞流体的阻力随运动速度按一次方或多次方增加的特性而研制的,其结构一般包括油缸(管)、活塞及黏性介质等。目前常用的黏性介质为硅油,阻尼器利用活塞的往复运动来推、吸储油室中的硅油通过节流孔并产生阻尼力。这类阻尼器只能在轴线方向上起作用,其使用可以不增加结构本身的弹性恢复力或刚度,以免会因减小结构的自振周期、增大地震作用而部分地抵消阻尼器的减震效果。

(6)磁流变阻尼器、电流变阻尼器。这两种阻尼器分别是通过控制磁场和电场在很短的时间内使阻尼器中的流变体实现自由流动、黏滞流动和半固态的交替变化。比较而言,由于磁流变液体中的磁性微粒使阻尼的控制变得非常简单和可靠,磁流变阻尼器具有更好的应用前景。

3.消能减震设计

消能减震设计应注意以下几个重要问题:

(1)合理选择消能器的类型。目前,常用的消能器有速度相关型和位移相关型两类。速度相关型包括黏滞消能器和黏弹性消能器,位移相关型包括金属屈服型消能器和摩擦型消能器。不同类型消能器有不同的特点,应根据各自特点进行合理选择。

(2)确实保证消能部件的性能。消能部件应对结构提供足够的附加阻尼,设计文件上应注明对消能部件的性能要求;消能减震器的设计参数和耐久性应由试验确定;并在安装前对工程中所用各种类型和规格的消能器原型进行抽样检测,每种类型和每一规格的数量都应不少于 3 个,抽样检测的合格率应为 100%。

(3)消能部件附加给结构的有效阻尼比和有效刚度应正确选择。

(4)消能减震结构地震反应的设计计算,应以非线性分析为主。消能减震结构与普通结构的最大差别是其阻尼比加大了。在结构运动方程中,大阻尼比的阻尼矩阵不具有正交性,不能采用振型分解的解耦方法计算。因此,结构的抗震设计,不能以振型分解反应谱法为主,一般需要由专门的非线性计算模型和相应的软件计算。

第五节　诱发地震及其预防

在一定条件下，人类工程活动可以诱发地震，如修建水库、城市抽采地下水、油田采油与注水、矿山坑道岩爆以及人工爆破、地下核爆炸等都能引起局部地区出现异常的地震活动，这类地震活动统称为诱发地震。诱发地震的形成主要取决于当地的地质条件、地应力状态和地下岩体积聚的应变能，人类工程活动作为一种诱发因素，在一定程度上改变了地应力场的平衡状态。

诱发地震的震级比较小，对人类的影响也比较小。但是，由于诱发地震经常发生在城镇、工矿等人口稠密区，所造成的社会影响和经济损失却不容忽视。水库诱发地震还对水库大坝的安全造成威胁，可能导致比地震直接破坏更为严重的次生危害。

一、诱发地震的类型

诱发地震按其主要诱发因素可分为流体诱发地震和非流体诱发地震两类。前者包括水库诱发地震和抽、注液体诱发的地震等，其中水库诱发地震是较为常见的形式。非流体诱发地震包括采矿诱发地震和爆破诱发地震等。由于岩石地下开挖扰动了岩体的原始应力状态，在某些部位出现应力集中，当应力达到或超过岩石强度时，出现破坏而发生地震；或由于强烈的地下爆炸引起岩体崩塌或造成新的破裂以及强烈的弹性振动，诱发已累积的应力释放而发生地震。

1.水库诱发地震

水库蓄水后对库底岩体可产生三方面的效应：水物理化学效应、水库水体的荷载效应和空隙水压力效应。水库诱发地震的确切诱因目前尚未完全查明，已有震例表明这类地震不是由于水库荷载直接或单独造成的，而是水库蓄水和某种地质作用共同引发的。水库蓄水后的库水效应叠加于库区原有天然应力场之上，使水库蓄水前自然积累起来的应变能得以较早地释放出来。

20 世纪 50～60 年代，世界各地修建的大中型水库急剧增加，诱发地震的水库数量也随之呈现出上升的趋势。尤其是进入 20 世纪 60 年代以后，全球水库地震的频度和强度都达到了高峰，几座大型水库相继发生 6 级以上的地震，造成大坝及库区附近建筑物的破坏和人员的伤亡。

最早发生震级大于 6 级的水库诱发地震是中国广东新丰江水库的 6.1 级地震（1962 年 3 月 19 日），极震区房屋严重破坏几千间，死伤数人；水库边坡发生地裂、崩塌和滑坡；大坝右侧坝体发生裂缝。由于震前对大坝进行了加固，从而避免了一场毁灭性的灾难。此外，还有非洲赞比亚与津巴布韦边界上的卡里巴水库的 6.1 级地震（1963 年 9 月 23 日）、希腊的科列马斯塔水库的 6.3 级地震（1966 年 1 月 4 日）等。印度的科依纳水库的 6.5 级地震（1967 年 12 月 10 日）使科依纳市绝大部分砖石房倒塌，并造成 177 人死亡，伤 2300 人；大坝和附近建筑物受到严重损坏，水库被迫放水进行加固处理。

水库诱发地震的震源较浅，一般都小于 10km，有的仅几公里。因此，震级仅为 3～4 级的水库诱发地震也可造成较严重的破坏，如中国青海省乐都盛家峡水库的 3.6 级地震、湖北省均县丹江口水库的 4.7 级地震和辽宁省辽阳市参窝水库的 4.8 级地震都使大量的房屋遭受破坏。

水库诱发地震的特点是，在时间上，初震时间和地震震级与水库蓄水时间和水位有明显关系；在空间上，震中主要分布于水库大坝附近；在地震序列上，前震极为丰富，属于前震余震型，而同一地区的天然地震往往属主震余震型；在震级上，多数属微震，中强震很少。但由于震源深度很浅，所以有时会造成很大的灾害。

2.抽注流体（液、气）诱发地震

深井注液诱发地震最早发现于美国科罗拉多州的丹佛。位于丹佛东北的洛基山军工厂为了处理化学污染废液而钻了一口深 3671m 的井。1962 年 3 月开始用高压将废液注入深井底部（3648～3671m）高度裂隙化的花岗片麻岩中。注液开始后 47 天，处置井附近发生了此前 80 年未曾有过的 3～4 级地震。在整个注液过程中地震持续不断，引起了社会上的普遍注意。1966 年 2 月处置井关闭后的一年多时间内相继发生震级大于 5 级的地震三次。1962～1967 年共记录到地震 1584 次，其中精确定位的 62 次地震分布于呈北西向延伸的长轴约 10km、短轴约 3km 的椭圆形地带，震源深度为 4.5～5.5km。D·伊文思和 J·希利等人研究了该地区的地质条件后认为，丹佛地区局部性地震是由于注入液体提高了岩层中的空隙水压力,相应地降低了断裂面上的有效应力,从而减小了走滑型断层的摩擦阻力而诱发的。此后,美国地质调查所在兰吉利油田利用4口深井进行了交替注水和类似的试验(1969—1971年),日本也在松代地震区进行了类似的试验,均发现注水时地震活动显著增加,注水停止或抽水时地震活动急剧减少或消失,从而进一步证实了空隙液压在诱发地震中的作用。

位于中国华北地台冀中拗陷中部的任丘油田投产采油后,不断发生里氏2～3级的有感地震。1977～1985年先后记录到油田附近2级以上的地震约30次。1986～1987年又发生过一次群震,最大震级4级左右。南、北两个主要地震活动区与采油、注水的两个强度中心相符。美国、意大利等国家也都出现过开采石油和天然气诱发的地震,一些震例还伴随地面沉陷和地裂缝。

中国湖南常宁水口山矿和涟源恩斗桥煤矿,由于抽排高压岩溶水,先后诱发地震。这些地震一般为微震,地面烈度达Ⅴ度,但在井下可造成坑木折断,岩石冒落,甚至导致矿工伤亡。

此外,开采地下卤水、开发利用地下热水(汽)或处理石油钻井井漏事故诱发地震的事例也曾发生过。

上述与抽采或注入流体有关的诱发地震,同水库诱发地震的机制相类似。在空间上发生在水或其他流体可能影响的范围内,如抽注液体诱发的地震一般局限于流体所影响的范围内;震源深度极浅,从几公里深至近地表。地震活动时间与工程活动密切相关,抽、注液诱发的地震一般在液压有明显变化时发生。工程活动停止,则地震逐渐减弱直至停止。从强度上看,这类地震多数属弱震,少数为中强地震。这类地震由于震源浅,地面效应比较强烈。地面运动的特点是振动周期短、垂直分量大和延续时间短。

3.采矿诱发地震

采矿诱发地震是一种由采掘活动引发的地震,它是地壳浅部岩石圈对人类活动的一种反作用现象。采矿诱发地震(简称矿震)常发生于巷道或采掘面附近,并伴有岩块强烈地爆裂与抛出。因此西方矿业界称之为岩爆,原东欧国家则称为冲击地压。显然,岩爆或冲击地压与采矿诱发地震有成因上的联系。不过矿震也可发生于采掘空间以外而不伴随岩块爆裂或抛出,因此不能把矿震等同为岩爆或冲击地压。

中国采矿诱发地震分布甚为普遍，尤其在煤矿区。辽宁省北票—阜新地区、山西省大同、陕西省铜川、北京市门头沟、山东省枣庄—临沂、江苏省徐州、湖南省恩斗桥以及长江三峡工程周边等地区均发生过采矿诱发地震。

煤矿地下采掘引起的附加应力可引起以下形式的矿震：当矿山地下采场顶板的重力或应力大于支撑力时，便会引起顶板整体或局部冒落的顶板冒落型矿震；如果顶板与围岩“粘结”牢固，顶板在重力或应力作用下积累的能量不能冒落释放只有通过开裂变形来释放积蓄的能量而引发顶板开裂型矿震；如顶板不能以冒落和开裂形式释放能量，而采场附近又有处于顶、底板间的煤柱时，煤柱就会成为能量快速转移和积累的场所，进而引起煤柱断裂发生矿柱冲击型矿震；大量抽排地下水使矿区水位下降，流速加快，浅部溶洞内的水压力减弱，形成溶洞、矿洞塌陷型矿震；采掘、卸载和抽排地下水，诱发断裂构造瞬间“复活”，引发构造型矿震或上述矿震效应复合型地震。

中国的矿山数以 10 万计，矿震遍布全国各省(市、区)；同时由于矿震震源深度小，地震效应比较严重。一般里氏 2 级的矿震就可能对巷道和采掘面造成较严重破坏，使地面建筑物破坏、井下设施被毁或造成严重的人身伤亡，妨碍矿山生产的正常进行。采矿诱发地震在国外也屡见不鲜，如南非金矿、欧洲和美国的煤矿在开采过程中均发生过矿震。

采矿诱发地震与采矿活动紧密相关。在空间上，地震局限于采区及其附近，常发生在采掘工作面附近以及承载矿柱和矿壁的应力集中部位，以底板以上发震较多；震源位置随工作面向前推进而发生变化，震源深度与采掘深度大体相当。在时间上，地震活动与开采时间I相对应，常出现在形成一定规模的采空区之后；某些矿山，发震时间与矿工上下班时间相对应，周末和节假日停止采掘时，地震活动明显减低。地震波记录曲线比较单调，周期大、衰减快、尾波震幅小；地震活动序列主要为主震余震型和群震型。在地震强度上，多数为弱小地震，上限震级一般为 4.5 级，个别可达 5～5.5 级，但地震效应明显，2 级地震的震中烈度可达 V 度，3 级以上地震即可造成较严重破坏。

诱发矿震的地质条件包括：①矿床的顶、底板岩层坚硬，有利于应变能的积聚或存在已积累高度应变能的岩层和断层；②存在一定规模的采空区，井巷坑道破坏了岩体的稳定状态；③开采深度大，上覆岩体载荷重，压应力变化也大，容易引起较大规模的岩体错动。总之,积聚高应变能的坚硬岩层是诱发地震的基础条件,井巷布置和不同开采方式引起的应力集中是主要的诱发因素。在发震条件具备时,井下放炮常常是一种触发因素。

由此可见,采矿诱发地震是在特定的矿山地质和采矿条件及地壳浅部局部应力作用下,由于采空区的出现提供了岩体错动的空间而发生的,它的发生不以地应力临界状态为先决条件,它们既不反映区域地壳应力,也与区域地震活动联系不密切,更不能作为活动断层的证据。

地下核爆炸也能触发地震,属于非流体诱发地震。20 世纪 60 年代后期美国地质调查局对内华达试验场的地下核爆炸进行了地震监测。监测表明,在地下 7km 深处进行的核爆炸产生了相当于里氏 6.3 级的振动,随后发生的上千次小的余震,震级一般小于里氏 5 级,震源深达地面以下 13km,绝大多数余震发生在爆炸后一周内。

二、预防诱发地震的对策

1.水库诱发地震的对策

水库诱发地震本身是一种地质灾害,它可以直接造成严重的经济损失和人身伤亡。然而,因地震引起工程失事所带来的次生灾害更引人关注。中小型水库诱发地震的概率很低,一般可不考虑诱发地震问题。对于大型水库,特别是坝高超 40m、库容大于 100×l08 m^3 的大型水库,需要考虑诱发地震问题。按工程不同阶段,可以考虑以下对策:

(1)在可行性研究阶段,根据已有坝区地震地质资料,通过现场勘察、对比研究或其他方法,进行诱发地震可能性的初步评价,从而对水库坝址进行优化筛选。

(2)在初步设计阶段,对可能发震的水库库区和坝址进一步评价其诱发地震危险性,确定可能发震的地段和可能发生的最大震级。同时进行地震动参数的分析,为工程抗震设防提供依据。在危险性评价中应查明库区断层及其他不连续结构面的展布、性质、活动性和渗透性。查明岩性的组合特征、岩溶的分布和发育特点;研究库区天然地震的活动背景、区域应力场和水库蓄水后对地应力场的影响。有条件时进行原始地应力测量,了解区域应力状态。从而确定潜在诱发地震震源区,同时进行坝址区地震动参数的分析。

(3)在大坝兴建和运行阶段,对于具有诱发地震危险的水库,在可能的发震地段设立地震监测台网进行监测。

(4)水库蓄水后如发生地震,则应及时组织进行专门研究,以便尽快对地震的发展趋势作出评价,从而为工程加固、防震抗震采取应急措施提供依据。

2.其他因素诱发地震的对策

抽、注液体和采矿诱发的地震也可能造成较严重的灾害,但目前的研究水平还难以做出明确的中长期预测。对于这一类地震,要查明地震的特点,发震的地质背景和主要的诱震因素,进而采取预报和控震对策。

在预报方面,应首先建立微震观测台网,研究地震活动的时间、空间和强度特点,并进行发震区域地质背景的调查,研究地震与工程活动之间的联系,寻找主要的诱震因素。其次,要根据工程活动中诱震因素的变化规律和各种前兆观测进行短临预报。观测记录声发射频度、能量释放率以及煤粉含量和矿压变化等均有助于预测矿震。

此外,还应根据对诱震因素的研究和各种观测结果提出控震防震对策。对于抽、注液诱发的地震,应当考虑注水孔的合理布局和控制水压力的变化,使之不致诱发地震。对于采矿诱发地震,应当合理布置巷道,采取合理的采矿方式,使巷道和采场承受较小的应力,不致引起较大的能量释放。在矿山中,当观测到应力集中程度较高时,可采用注水或爆破法诱发应力缓慢释放。对于地震可能危及的巷道和地面建筑物应加强支护和抗震设防。

第三章 崩 塌

第一节 认识崩塌

崩塌是陡坡上的岩体或土体在重力作用下开裂并向临空面方向倾倒，产生断裂向下坠落、翻滚的现象。崩塌的岩体（或土体）顺坡猛烈地跳跃、滚动、相互撞击，最后堆积于坡脚。在自然界中，斜坡上已经出现变形、开裂，但尚未崩落的岩土体，对人们的生产、生活构成了威胁，常被称为危崖。因为方言的差异，“危崖”又常误称为“危岩”。

陡坡上被直立裂缝分割的岩土体，因根部空虚，折断压碎或局部滑移，失去稳定，突然脱离母体向下倾倒、翻滚，这一地质现象称为崩塌。它和典型滑坡有以下 4 点不同。

第一，滑坡运动多数是缓慢的，而崩塌运动快，发生猛烈。

第二，滑坡多数沿固定的面或带运动，而崩塌不沿固定的面或带运动。

第三，滑坡发生后，多数仍保持原来的相对整体性，而崩塌体的完整性完全被破坏。

第四，一般而言，滑坡的水平位移大于垂直位移，而崩塌体正相反。

崩塌是斜坡破坏的一种形式，它对房屋、道路等建筑物常带来威胁，酿成人身安全事故。尤其对交通线路的危害最严重，我国宝成、成昆、襄渝铁路和川藏公路沿线崩塌灾害常影响线路正常运营。

一、崩塌的分类

根据崩塌的破坏方式、体积、组成物质、发生机理和运动方式等，崩塌的常见分类方案见表 3－1。

表 3－1　崩塌的常见分类方案

分类依据	类型	特征简述
破坏方式	坠落式	悬空的岩土块体呈悬臂梁受力状态而发生断裂，以自由落体方式脱离母体
	倾倒式	斜坡上的岩土体受力发生弯曲，最终断裂、倾倒而脱离母体
体积/万 m^3	山崩	大于 1000
	特大型	100～1000
	大型	10～100
	中型	1～10
	小型	0.1～1
	落石	小于 0.1
组成物质	岩崩	崩塌块体为岩质
	土崩	崩塌块体为土质
发生机理	崩塌	大规模整体性运动，范围大
	坠落	个别岩土块体的运动，范围小
	剥落	岩屑崩落后所暴露出的坡面依然不稳定的，又称撒落、散落、碎落
运动方式	跳跃式	崩塌块体碰撞地面后呈跳跃方式运动
	滚动式	崩塌块体顺坡面呈滚动方式运动
	滑动式	崩塌块体顺坡面呈滑动方式运动
	复合式	崩塌块体在坡面上呈现多种方式运动，如跳滚式、滚滑式、跳滑式等

（一）按起始运动形式分类

崩塌的产生是潜在崩塌体长期蠕动位移和不稳定因素积累的结果。崩塌体的大小、物质组成、结构构造、活动方式、运动途径、堆积情况、破坏能力等虽然千差万别，但是，从潜在崩塌体的蠕动位移到突爆崩塌的发展过程都遵循一定的基本模式。根据崩塌体的起始运动形式，把崩塌分为倾倒式崩塌、滑移式崩塌、错断式崩塌、拉裂式崩塌和鼓胀式崩塌。

（二）按起始运动形式分类

崩塌的产生是潜在崩塌体长期蠕动位移和不稳定因素积累的结果。崩塌体的大小、物质组成、结构构造、活动方式、运动途径、堆积情况、破坏能力等虽然千差万别，但是，从潜在崩塌体的蠕动位移到突爆崩塌的发展过程都遵循一定的基本模式。根据崩塌体的起始运动形式，把崩塌分为倾倒式崩塌、滑移式崩塌、错断式崩塌、拉裂式崩塌和鼓胀式崩塌。

1.倾倒式崩塌

在河流的峡谷区、岩溶区、冲沟地段及其他陡坡上，常见到在巨大而直立的岩体内，垂直节理或裂缝将岩体分割开来。这类岩块高而窄，横向稳定性差，失稳时岩体以坡脚的某一点为转点，发生转动性倾倒。这种崩塌模式由以下几种原因形成：

(1)长期冲刷淘蚀直立岩体的坡脚，由于偏压，使直立岩体产生倾倒蠕变，最后导致倾倒式崩塌。

(2)当附加特殊水平力（地震力、静水压力、动水压力、冻胀力和根劈力等）时，块体可倾倒破坏。

(3)当坡脚由软岩组成时，雨水软化坡脚产生偏压，引起崩塌。

(4)直立岩体在长期重力作用下，产生弯折也能导致这类崩塌。

2.滑移式崩塌

在某些陡坡上，在不稳定岩体下部有向对坡下倾斜的光滑结构面或软弱面。在开始时块体滑移，块体重心一经滑出陡坡，就会突然产生崩塌。这类崩塌产生的原因，除重力外，连续大雨渗入岩体裂缝，产生静水压力和动水压力以及雨水软化软弱面，都是岩体滑移的主要原因；在某些条件下，地震也可能引起这类崩塌。这类崩塌实际上是滑坡向崩塌转化的一种形式。

3.鼓胀式崩塌

当陡坡上不稳定岩体下有较厚的软弱岩层，或不稳定岩体本身就是松软岩层，而且有长大节理把坡体分割开，在连续大雨或地下水补给的情况下，下伏的较厚软弱层或松散岩层会被软化。上部块体在重力作用下，当压应力超过软岩天然状态下的无侧限抗压强度时，软岩将被挤出，向外鼓胀。随着鼓胀的不断发展，不稳定块体将为断地下沉和外移，同时发生倾斜。一旦重心移出坡外，崩塌即会产生。因此，下部较厚的软弱岩层能否向外鼓胀，是这类崩塌能否产生的关键。

4.拉裂式崩塌

当陡坡由软硬相间的岩层组成时，由于风化、河流冲刷淘蚀和人为开挖等作用，使上部坚硬岩层常以悬臂梁式凸出来。在重力的长期作用下，拉应力进一步集中在尚未产生节理裂隙的部位。一旦拉应力大于这部分块体的抗拉强度时，拉裂缝就会迅速向下发展，凸出的岩体就会突然向下崩落。除上述作用外，震动、根劈和寒冷地区的冰劈作用等，都会促进这类崩塌的形成。

5.错断式崩塌

陡坡上的长柱状和板状的不稳定岩体，在某些因素作用下，因不稳定块体重量的增加或因其下部断面减小，都可能使长柱状或板状不稳定岩体的下部被剪断，从而发生错断式崩塌。一旦岩体下部因自重所产生的剪应力超过了岩石的抗剪强度，崩塌将迅速产生。

错断式崩塌通常有以下几种形成原因：

(1)由于地壳上升，河流下切作用加强，使垂直节理裂隙不断加深。因此，长柱状和板状岩体的自重不断增加。

(2)在冲刷和其他风化剥蚀营力的作用下岩体下部的断面不断减小，从而导致岩体被

剪断。

(3)由于人工开挖边坡过高、过陡，使下面岩体被剪断，产生崩塌。

从上述5种崩塌发展模式看，崩塌体所处的地质条件以及崩塌的诱发因素是多种多样的，但是，崩塌体刚失稳时的运动形式则是有规律可循的。大量调查证明，崩塌基本上就是倾倒、滑移、鼓胀、拉裂、错断5种。崩塌能否产生就在于这5种初始变形能否形成和发展。

二、崩塌的运动特征

崩塌块体的运动与滑坡有很大的差别，几乎不存在滑移现象。崩塌体从地面开裂→向临空面倾倒→瞬间撕裂脱离母体，坠落高速运动，整个运动过程表

现出自由落体、滚动、跳跃、碰撞和推动等多种方式并存的复合过程。运动中由于跳跃、碰撞使大的岩土块碎裂、解体成小块。

由于崩塌块体运动过程十分复杂，块体间的相互作用和能量传递至今难以测定，速度和坡面阻力系数也难以准确给出，所以很难建立公式进行计算。在实际工作中，根据大量调查、统计资料和经验，可做以下定性分析：

（1）崩塌块体落地以后的坡面在25°以下，坡面上为草皮、灌木丛和凹凸不平的地形，崩塌块体在此斜坡上做减速运动。

（2）崩塌块体落地以后的地面坡度在25°～30°内，坡面覆盖物、形态和特征与上述基本相同，崩塌块体在此斜坡上接近匀速运动。

（3）崩塌块体落地以后的地面坡度在30°以上，坡面覆盖物、形态和特征与上述基本相同，崩塌块体在此斜坡上做加速运动。

应用上述基础知识，可对高陡危险斜坡发生崩塌的可能性和危险区范围，作出初步分析判断。

三、崩塌的时间规律

（1）降雨过程之中或稍微滞后。这里说的降雨过程主要指特大暴雨、大暴雨、较长时间的连续降雨。这是出现崩塌最多的时间。

（2）强烈地震过程之中。主要指的震级在6级以上的强震过程中，震中区（山区）通常有崩塌出现。

（3）开挖坡脚过程之中或滞后一段时间。因工程（或建筑场）施工开挖坡脚，破坏了上部岩（土）体的稳定性，常发生崩塌。崩塌的时间有的就在施工中，这以小型崩塌居多。较多的崩塌发生在施工之后一段时间里。

（4）水库蓄水初期及河流洪峰期。水库蓄水初期或库水位的第一个高峰期，库岸岩、土体首次浸没（软化），上部岩土体容易失稳，尤以在退水后产生崩塌的概率最大。

（5）强烈的机械震动及大爆破之后。

第二节 崩塌的形成条件与诱因

崩塌是长期地壳运动和地质作用的结果，崩塌的形成，受各种条件的控制。崩塌的形成条件和影响因素很多，主要有地形地貌条件、岩性条件、地质构造条件以及风化作用的影响、降雨和地下水的影响，还有地震的影响等，现说明如下。

一、地形地貌条件

(1)崩塌一般发生在江河湖海、冲沟岸坡、高陡的山坡和人工斜坡上，地形坡度往往大于 45°，尤其是大于 60°的陡坡。

(2)峡谷陡坡是崩塌密集发生的地段，因为峡谷岸坡陡峻，卸荷裂隙发育，易于崩塌。

(3)山区河谷凹岸也是崩塌较集中分布的地段，因河曲凹岸遭受侵蚀，易于造成崩塌。

(4)冲沟岸坡和山坡陡崖岩体直立，不稳定岩体较多，时有崩塌发生。

(5)丘陵和分水岭地段崩塌较少，原因是地形相对平缓，高差较小，如果开挖高边坡也会产生崩塌。

二、岩性条件

崩塌多发生在厚层坚硬脆性岩体中。石灰岩、砂岩、石英岩等厚层硬脆性岩石易形成高陡斜坡，其前缘由于卸荷裂隙的发育，形成陡而深的张裂缝，并与其他结构面组合，逐渐发展贯通，在触发因素作用下发生崩塌。由缓倾角软硬相间岩层组合而成的陡坡，软弱岩层易风化剥蚀而内凹，坚硬岩层抗风化能力强而凸出，失去支撑的部分常发生崩塌。岩浆岩构成的坡体常常被多组节理、裂隙、片理所切割，或被后期的岩墙、岩脉所穿插，容易发生崩塌。变质岩构成的坡体往往节理、劈理极为发育，容易发生崩塌。

如果按沉积岩、岩浆岩、变质岩三大岩类考虑，岩性对崩塌落石的控制规律如下。

1.沉积岩

如河谷陡坡由软硬相间岩层组成且较软岩层分布高度与水位变化相一致时，软岩易于被河水冲刷破坏，上部岩体常发生大规模崩塌。

河岸坡脚由可溶性岩石（石灰岩）组成时，由于河流长期的冲蚀和溶解作用，可溶岩常被掏空，易于形成岸边大崩塌。

巨厚的完整岩层如夹有薄层页岩，当岩层倾向临空面时，陡峻的边坡可能发生大规模的滑移式崩塌。

产状水平的软硬相间岩石组成的陡边坡，因差异性的风化，可能发生小型崩塌和落石。

2.岩浆岩

当垂直节理（如柱状节理）发育并有倾向线路的构造裂面时，易产生大型崩塌。岩浆岩中有晚期的岩脉、岩墙穿插时，岩体中形成不规则的接触面，这些接触面往往是岩体中的薄弱面，它们和其他结构面组合在一起，为崩塌落石提供了有利条件。

3.变质岩

正变质岩的情况与岩浆岩类似。对副变质岩，在动力变质的片岩、板岩和千枚岩组成的边坡上常有褶曲发育，故弧形结构面较多，当其倾向临空面时，多发生沿弧形结构面的滑移式崩塌。此类岩石片理面及构造结构面很发育，把岩石切割成大小不等的岩块，故常发生大小各异的崩塌落石。

三、地质构造条件

(1)构造节理和成岩节理对崩塌的形成影响很大。硬脆性岩体中往往发育两组或两组以上的陡倾节理，其中与坡面平行的一组节理常演化为拉张裂缝。裂缝的切割密度对崩塌块体的大小起着控制作用。坡体岩石被稀疏但贯通性较好的裂隙切割时，常能形成较大规模的崩塌，具有更大的危险性。岩石裂隙密集而极度破碎时，仅能形成小岩块，在坡脚形成倒石堆。构造节理与崩塌落石的关系：①崩塌多沿节理面发生，且多属于滑移式崩塌和落石；②构造节理面以上的潜在崩塌体的稳定性与节理面倾角、粗糙度和节理的充填物有关；③当构造节理面中有黏土或其他风化物充填时，易受雨水浸润而软化，更有利于崩塌。

(2)断裂构造对崩塌落石的控制作用:①当开挖方向与地质构造线平行时易产生崩塌落石;②在几组断裂线交汇的峡谷区,往往形成大型崩塌;③断层密集分布区岩层破碎,高边坡地段崩塌落石频频发生。

(3)褶曲对崩塌落石的控制作用:褶皱核部岩层常强烈弯曲,岩层破碎,形成各种潜在崩塌体,它们在重力或其他外力作用下,可能产生各种类型的崩塌落石,其规模主要取决于褶皱轴向与临空面坡向的夹角。当褶皱轴向垂直于坡面方向,多产生落石或小型崩塌。当褶皱轴向与临空面平行时,高陡边坡可能产生大崩塌,褶皱两翼为单斜岩层,当岩层倾向临空面时,易产生滑移式崩塌,特别是岩层内有软弱夹层,岩体两侧又有构造节理切割时,陡边坡可能产生大型崩塌。褶皱核部由于岩层强烈弯曲,岩石破碎,地表水渗入,易于产生崩塌,其规模主要取决于褶皱轴向与临空面走向的夹角。

(4)当建筑物的延伸方向和区域构造线一致,而且采用深挖方案时,崩塌较多。

四、风化作用对崩塌的影响

由于风化作用能使斜坡前缘各种成因的裂隙加深、加宽,对崩塌的发生起着催化作用。此外,在干旱、半干旱气候区,由于物理风化强烈,导致岩石机械破碎而发生崩塌。高寒山区的冰劈作用也有利于崩塌的形成。

五、降雨和地下水对崩塌的影响

(1)崩塌有80%发生在雨季,特别是雨中和雨后不久;连续降雨时间越长,暴雨强度越大,崩塌次数就越多;阴雨连绵天气比短促的暴雨天气崩塌数量多;长期大雨比连绵细雨时崩塌数量多。

(2)边坡和山坡中的地下水往往可以直接从大气降水中得到补给,使其流量大大增加,地下水和雨水联合作用,进一步促进了崩塌的发生。

六、温度对崩塌的影响

温度变化对崩塌的发育有特殊的作用,主要有以下3点。

(1)构成坡体的地层都是由不同的导热性和膨胀系数的各种矿物所组成,这些矿物晶体的膨胀系数各有差异,引起温度变化的热源也不同。例如,由太阳辐射引起的日温变化、季节温差变化,以及年温差变化,主要是作用在坡的坡面上,而火山、地下煤层自燃等热源主要是作用于坡体的内部。这些作用的差异,都会使坡体处于受热不均匀状态,尤其是收缩应力的交替作用,更加快了坡体的风化过程,这种作用对软质岩体和裂缝中的充填特别显著。

(2)处在坡体上的块体,在温度变化过程中所产生的热胀冷缩效应,始终保持朝着坡下位移的总体趋势。

(3)温度变化对裂缝中水的影响非常明显。水由液态变为固态,其体积将增大 9.1%,1L 水所产生的膨胀力可达 6MPa。充满裂缝的水凝结成冰之后,会对坡体产生“冰劈作用”,这无疑加快了崩塌的发育。

七、地震对崩塌的影响

地震时由于地壳强烈震动,边坡岩体各种结构面的强度会降低;同时,因有水平地震力作用,边坡岩体的稳定性会大大降低,导致崩塌的发生。山区的大地震都伴随有大量崩塌的产生,汶川地震就诱发了大量崩塌,毁坏了房屋和公路。

第三节　崩塌的危害

崩塌是山区常见的一种地质灾害现象。它来势迅猛，常使斜坡下的农田、厂房、水利水电设施及其他建筑物受到损害，有时还造成人员伤亡。铁路、公路沿线的崩塌常可摧毁路基和桥梁，堵塞隧道洞门，击毁行车，对交通造成直接危害，造成行车事故和人身伤亡。有时因崩塌堆积物堵塞河道，引起壅水或产生局部冲刷，导致路基水毁。为了保证人身安全、交通畅通和财产不受损失，对具有崩塌危险的危岩体必须进行处理，从而增加了工程投资。整治一个大型崩塌往往需要几百万甚至上千万元的资金。

长江三峡库区三斗坪至重庆长约1380km的两岸岸坡内，已查明的滑坡、崩塌和变形体263个，总体积约$16\times 10^4 m^3$，平均线变形破坏模数约为$16\times 10^4 m^3/km$。奉节以东的瞿塘峡、巫峡和西陵峡两岸岸坡变形破坏较为强烈，平均线变形破坏模数约为$16\times 10^4 m^3/km$。其中，崩塌和变形体数目占变形体总数的90%，体积占总体积的99%。著名的白鹤坪等4个大型崩塌均位于这一地段，链子崖变形体与新滩滑坡隔江对峙，距三斗坪25km，变形体总体积$330\times 10^4 m^3$左右，链子崖历史上曾多次发生崩塌，造成堵江毁船事件。

1980年6月3日晨5时30分，湖北省远安县盐池河磷矿发生崩塌，16秒钟内摧毁矿务局机关全部建筑物和坑口设施，致死307人，经济损失2500万元。崩塌发生在由震旦系石灰岩组成的高差达400m的陡壁部位，磷矿即在石灰岩层之下。崩塌块石堆积于V形河谷中，形成体积$130\times 10^4 m^3$、最大厚度40m的堆积体。9个地震台记录到崩塌产生的地震，震级为1.4级。山体压力、采空区悬臂变形效应使上覆山体发生张裂和剪裂是导致崩塌的主要原因。崩塌前最大裂缝长180m，最宽达0.8m，深160m。崩塌时，前缘块体率先滑出倾倒，产生气垫浮托效应；高压作用下产生的高速气流使地表堆积物高速自下而上撞击对面陡壁后产生回弹。崩塌块石以此运动形式越过山脊，毁灭了河谷下游的所谓“安全区”，大部分人员在此遇难。

第四节　崩塌的治理措施

在稳定性评价、危险性分析和灾情预评估的基础上，对崩塌灾害防治的必要性和可能性进行分析论证，进行地质灾害防治的初步决策分析，为防治决策提供依据。

“防”是指防御灾害的产生，包含防止受灾对象与致灾作用遭遇和增强受灾对象抗灾能力两重含义。崩塌的防灾途径是主动撤离躲避灾害或在条件许可的情况下，采用拦挡工程措施，限制崩塌体的运动方向或范围，防止崩塌成灾。

“治”是指利用工程措施或其他手段，对孕灾地质体进行治理，稳定孕灾地质体或减缓其生成速度，制止灾情发生或扩大。一般认为，基于受灾对象不撤离情况下，对崩塌体动用工程措施和其他措施，均属“治”的范畴。

一、崩塌防治基本原则

1.优先考虑防灾躲避的原则

人类认识自然、改造自然的能力尚不足与大规模的强烈的山崩等重大地质灾害抗衡或大量耗资。应以防灾为主，以主动撤离、躲避为主，应优先考虑躲避。

2.及时把握防治时机

地质灾害的生成发展具有阶段性，经历着从生成、发展到暴发的过程。因此，防治工作一定要把握时机。防治过晚或过早都是不利的。崩塌的根治性防治，应在其慢速蠕动变形阶段进行。

3.系统分析和针对性原则

地质灾害系统内部的相互有机联系原则、整体性原则、有序性原则和动态原则。应具体地系统分析崩塌灾害的形成机制和成灾因素，确定地质模型和力学模型，并分析其与环境地质体之间的相互作用，分析环境地质体及持力地质体的工程能力。针对变形破坏的主要力学机制、致灾因素、环境岩土体和持力岩土体的具体情况，进行工程方案选择。

将要施工的防治工程和其他措施放置于孕灾地质体及环境地质体组成的

稳定系统中进行系统分析，分析其设置过程中对稳定性的影响及设置后可能形成的后果，力求在不产生负面效应的前提下达到最佳防治效果。

4.综合防治原则和整体最优的原则

孕灾地质体是十分复杂的多因素的集合体，地质灾害防治应是综合性的，应立足整体考虑，综合治理。不局限于对孕灾地质体采取支护、抗滑等工程措施，应投入一定的辅助手段和措施，如生物措施、环境措施和对致灾因素(降雨、地下水等)的措施，进行综合性治理。

整体最优原则是要求地质灾害防治诸措施组合作用的整体防治效益最优，而不追求每项局部措施水平都达到最优状态。多种措施巧妙组合，综合应用，力争以最低投入获得最佳防治效果。

5.技术上可行性和经济上合理性原则

防治工程的方案能否成立，很大程度上取决于防治工程技术上的可行性。技术可行性包括施工技术方法、施工技术水平、施工机械的能力、施工设备和材料、施工条件、施工安全等因素的可行性，应针对防治工程的具体方案和具体施工条件进行详细调研论证。

经济上合理性包括投资水平的承受能力和减灾效益两个方面，我国地质灾害防治的投人与取得的效益比值一般为1∶10～1∶20。基于政治上的原因和以社会效益、环境效益为主时，则另行考虑。

6.力求根治的原则

对于地质灾害的治理，一般应一次性根治，不留后患。待工程竣工后发现问题再进行补强和再治理，往往造成很大困难且产生不良的社会影响。但对某些巨大的、地质条件复杂的崩塌体，在地质认识尚不清楚时，需通过一些监测才能作出正确评价时，应全面规划、分期整治、力求根治。

二、崩塌治理技术

(一)主动防治技术

对危岩单体进行工程治理以避免其失稳的技术类型定义为主动防治技术，包括支撑、锚固、封填、灌浆、排水及清除等技术类型。

1.清除技术

危岩体是指已有拉裂变形的陡坡或陡崖。危岩上有的岩块已出现松动，称为危岩松动体。陡坡上的拉裂变形和岩块松动都是危岩的主要特征。危岩一旦出现，考虑的首要工程措施就是清除危岩体，因为这是崩塌发生的时间往后推迟而已。对规模较小，便于清除的危岩，应及时清除，并做好坡面加固，防止崩塌落石的产生。在危岩体下方地表坡度比较平缓(20°以内)、具有0.5～1.0倍陡崖高度的地形平台且平台上无重要建、构筑物及居民居住或危岩下方具有有效防御措施条件下，可采用清除处理。可对整个危岩体或危岩体的局部进行清除。清除危岩时，可采用风枪凿眼、人工凿石、静态爆破剂、控制爆破等方法使危岩解体，化整为零，逐步清除。具备条件时，还可进行爆破清除。危岩清除过程中应加强施工监测，并避免暴露出的清除面存在不稳定危岩体残体或新生危岩体。危岩实施清除处理前应充分论证清除后对母岩的损伤程度，对于停留于坡表的孤立式危岩体，采用清除技术可达到根除危岩灾害的目的，但应注意清除后危岩体运动过程中可能存在的灾害风险，在条件许可情况下，可以对该类危岩体就地挖坑掩埋。常见的清除危岩体措施的具体办法如下：

(1)人工削方清除。若危岩松动带为强风化岩层，岩体破碎，无大岩块，可用此法清除危岩松动带。先从危岩松动带上缘逐层清除，直至危岩松动带全部清完。清除后的斜坡面最好呈阶梯状，以利稳定。平均坡度β的角度是岩质边坡在60°以下、土质边坡在45°以下。

(2)爆破碎裂清除。若危岩体前方无房屋和其他地面易损建筑，岩体坚硬、块体大，可用此法清除。仍从危岩松动带上缘开始，按设计打炮孔，用炸药碎裂逐层清除。应控制药量，尽量用小爆破，注意施工人员和环境的安全，避免飞石伤人。

(3)膨胀碎裂清除。若危岩体前方有房屋和其他地面易损设施，可用此法清除危岩松动带。具体做法是：在危岩松动带的上缘，垂直或微斜向下打若干炮孔，在孔中装约2/3孔深的静态膨胀炸药，上部1/3孔深用纯黏土填实密闭。当膨胀炸药吸湿后剧烈膨胀，使岩体碎裂，然后用人工将碎裂的石块清除到指定的位置。如此一层一层地剥下去，使清除的新鲜斜坡面也呈阶梯形。

膨胀碎裂清除危岩松动带，具有施工简单、安全、对环境无明显影响等优点;不足之处是投资略高于以上两种方法。

2.支撑技术

当危岩体下部具有一定范围向内凹陷的岩腔、岩腔底部为承载力较高且稳定性好的中风化基岩、危岩体重心位于岩腔中心线内侧时,宜采用支撑技术进行危岩治理。支撑技术主要适用于坠落式危岩;倾倒式危岩及基座具有岩腔的滑塌式危岩,在保证抗倾性能的条件下也可采用。危岩支撑包括墙撑和柱撑,墙撑可分为承载型墙撑和防护型墙撑两类。支撑体底部应分台阶清除至中风化岩层,确保支撑体的自身稳定性。支撑体与危岩体底部接触区域的一定厚度应采用膨胀混凝土。一般情况下,具有支撑条件时优先使用支撑技术。

铁路岩质边坡防崩支撑建筑物根据其结构形式可划分为一般高支墙、明洞式支墙、柱状支墙、支撑挡土墙和支护墙 5 种。

(1)一般高支墙。为防止高陡山坡上的悬岩崩塌,常常修建高支墙。其设计原则是根据可能崩落石块重量、下坠力和支墙本身的重量对基础的压力而定,经常是地基允许承载力控制支墙的高度。支墙需与山坡密贴,在相当高度时,结合断面加一横条形成整体圬工,并用钢筋与山坡岩层锚固,以承担悬岩下坠时的水平推力,使墙身与山体构成一体,可增大支托能力。

(2)明洞式支墙。在高陡边坡上部有大块危岩倒悬在边坡之上时,如果修建一般支墙,其断面要求较大,需要将线路外移,当外移无条件时,可建拱形明洞,其上设支墙以支撑大块危岩。

(3)柱状支墙。对高陡边坡上的个别大块危岩,如果不便清除,在其他条件允许的情况下,可采用柱状支墙。

(4)支撑挡土墙。当山坡或路堑边坡上有明显不同的两种地层时,上层为较坚硬和节理发育的岩石,下层为软质岩石,且当山坡坡度较大时,下部软质岩石易于坍塌,上部岩体则发生崩塌落石,为保证山坡和路堑边坡的稳定,若采用下部修筑护墙,上部刷方,则无法保证山坡或路堑边坡的稳定,因为所修筑的护墙只能防止山坡或边坡岩石风化,但山坡和边坡的稳定仍无法保证。同时,由于边坡开挖高度增大,致使坡面暴露范围加大,如原山坡的植物保护层大量被砍伐,就更无法保证边坡的稳定;反之,若采用支撑拦挡墙情况就完全不同了。因为这样既可挡住下部软质岩石不致坍塌,又可支撑上部破碎岩石,从而使边坡稳定性得到保证。

(5)支护墙。支护墙的主要作用是防止边坡岩体继续风化,同时还兼有对上部危岩的支撑作用。这种墙必须和边坡岩体密贴。

3.锚固技术

锚固技术是指采用普通(预应力)锚杆、锚索、锚钉进行危岩治理的技术类型,包括预应力锚杆、非预应力锚杆、自钻式预应力锚杆及预应力锚索。正确选用锚固材料,设计锚固力。采用锚杆治理危岩时,对于整体性较好的危岩体外锚头宜采用点锚,对于整体性较差的危岩体外锚头,可采用竖梁、竖肋或格构等形式以加强整体性;对于规模较大、裂隙较宽的倾倒式危岩体,宜采用预应力锚索锚固;合理控制预应力锚杆和锚索的预应力施加。施工过程中,对每个危岩体应钻取3～5个超深孔,深度在地勘认定主控结构面基础上增加8.0～9.0m。取出岩芯,判别危岩体内裂隙的发育密度,最内侧一条裂隙作为主控裂隙面,据此调整治理方案。同时还应考虑锚杆(索)的耐久性问题。

当岩体上部开裂,有向临空方向倾倒的危险,但岩体脚部较好,未风化成倒V形,在此情况下,可用预应力锚索(杆)加固。目前预应力锚索单根锚固力达3000kN以上,锚索长度达80m。由于该工程的预应力锚固体系设计较为复杂,施工时还要有专门的锚杆钻机,所以不太适合广大农村推广应用。对于小型危岩体,有施工条件的乡村,由专家现场调查确定后,也是可以应用该技术的。

锚固工程应用十分广泛,适用面广,施工简便快捷,对崩塌体扰动小,补偿快,而且能主动施加不同方位、不同程度的抗力,在地质灾害防治中具有很大优势。缺点是其服务年限、防腐技术和应力松弛等问题需进一步解决。此外,囿于目前的施工能力,对于厚度大于60m的崩塌体,其应用受到一定限制。

4.封填及嵌补技术

当危岩体顶部存在大量较显著的裂缝或危岩体底部出现比较明显的凹腔等缺陷时,宜采用封填技术进行防治。顶部裂缝封填的目的在于减少地表水下渗进入危岩体的速度及数量,底部凹腔封填的目的在于显著减慢危岩体基座岩土体的风化速度;封填材料可以用低标号高抗渗性的砂浆、黏土或细石混凝土;对于采用柱撑、拱撑、墩撑等技术治理的危岩体,支撑体之间的基座壁面也应进行嵌补封闭,封闭层厚度宜为30～40cm;在对顶部裂缝封填时,若裂缝宽度在

2cm 以上时，应采用具有一定强度的砂浆或坍落度超过 200mm 的细石混凝土使其入渗裂缝内进行固化。若顶部表面裂缝宽度小且广泛发育时，用细石混凝土或黏土全面浇筑，厚度为 20～30cm。

5.灌浆技术

危岩体中破裂面较多、岩体比较破碎时，为了增强危岩体的整体性，宜进行有压灌浆处理。灌浆技术应在危岩体中、上部钻设灌浆孔，灌浆孔宜陡倾，倾角不大于 45°，并在裂缝前后一定宽度(一般为 3.0～5.0m)内按照梅花桩形布设，灌浆孔应尽可能穿越较多的岩体裂缝面，尤其是主控结构面；灌浆材料应具有一定的流动性，锚固力要强。灌浆孔倾角为 10°～90°，孔径直径为 60～110mm，灌浆压力为 50～100kPa 即可，灌浆材料中加入适量的缓凝剂。经过灌浆处理的危岩体不仅整体性得到提高，而且主控结构面的抗剪强度参数得以提高，裂隙水压力减少。灌浆技术宜与其他技术联合使用。

对于危岩体四周的裂缝，可以采用灌浆技术进行加固。对于顶部出现显著裂缝，且稳定性差的危岩体，应谨慎采用灌浆技术，防止灌浆产生的静、动水压力造成危岩体的破坏失稳。若需采用灌浆技术，可采用分段无压灌浆，灌浆过程中注意检测危岩体的变形。通过灌浆处理的危岩体不仅整体性得到提高，而且也使主控裂隙面的力学强度参数得以提高、裂隙水压力减少。灌浆技术宜与其他技术共同使用。

对于危岩四周的裂缝，可以采用灌浆法进行加固，以提高它的稳定性。这种方法常和其他加固措施相配合。在使用上述加固措施的地段，所有危岩裂缝都应用水泥砂浆灌注并勾缝。

6.排水技术

根据实际工程经验，降雨量与崩塌落石次数有明显的关系。这就说明降雨和地表水渗入不稳定的岩体，将降低其稳定性，诱发崩塌落石的产生。滑塌式危岩和倾倒式危岩的稳定性主要受控于裂隙水压力。排水技术包括危岩体周围的地表截水、排水和危岩体内部排水。地表截水、排水沟应根据危岩体周围的地表汇流面积确定，通常采用地表明沟，其断面尺寸由地表汇流面积计算确定，由浆砌石或浆砌条石构成，底部地基填土体时压实度不小于 85%，也可在危岩体侧部稳定岩体内凿槽作排水沟。危岩体中地下水较丰富时，宜在危岩体中、下部适当位置钻设排水孔，排水孔应在较大范围内穿越渗透层结构面。

(1)地表排水工程。包括：防渗工程，即疏干并改造崩塌体范围内的地表水塘和积水洼地，封闭地表裂缝，对易渗入地段进行坡面防渗（喷浆、抹面等）；排水工程，即修筑集水沟和排水沟，拦截并排出地表水；生态工程，即通过增加地表植被，减缓雨水的直接冲刷。

①降雨与崩塌体变形有密切关系时，应立即进行地表排水工程。一般情况下，土体崩塌、暴雨型滑坡式岩崩、降雨型滑坡式岩崩、倾倒式岩崩、膨胀式岩崩应设置地表排水工程。

②对于地表形成的裂缝，均应封闭式回填，不使地表水注入其中形成静水压力。对于近临空面的高倾角张裂缝，不宜注浆，尤其是高压注浆，稍有不慎将造成严重变形甚至崩塌。

③地表排水首先设置外围截水沟拦截崩塌体以外的地表水，使之不能流入崩塌体。截水沟应修建在崩塌体可能发展的边界以外 5m 处，其断面大小应根据其拦截地坡面的汇水面积和洪峰流量进行设计。在覆盖层内的截水沟，其迎水面沟壁应设置泄水孔。

④崩塌体内集水沟、排水沟的设置可参考下列原则：

a.斜坡上陡下缓处。

b.上部斜坡入渗系数大，下部斜坡入渗系数小的交界处。

c.泉水等地下水出露点的下方，使出露的地下水迅速排走而不能再次入渗。

d.排水沟应充分利用天然沟谷加以改造，以利于地表水的尽快排泄。

(2)地下排水工程。包括：地下防渗工程（用防水帷幕截断地下水）；地下排水工程（水平排水孔、水平排水隧洞、竖直集水井、泄水洞、洞孔联合、井洞联合）等。

①根据勘查查明的地下水情况以及形成机制分析和稳定性检算，当地下水作用对崩塌体的稳定性有一定影响时，根据定性一定量分析决定地下排水工程的设置。一般来说，对滑坡式崩塌均应采取一定的地下排水措施。对于倾倒式崩塌、鼓胀式崩塌、洞掘式崩塌，当勘查表明其有地下水在崩滑带赋存时，宜进行一定的地下排水工程。当勘查表明由于给水度很小而地下排水效果不佳时，亦可以不设置地下排水工程。

②地下排水工程的目的应是迅速降低崩塌体内地下水水位，尽量疏干崩塌带，提高抗剪强度和有效应力，从而提高其稳定性。排水工程设计应充分依据勘查资料，分析崩塌带内含水层的性质、分布、地下水的补、运、排及运移富集情况以及工程服务年限内最大地下次水量进行设计。

③地下排水工程要考虑自身的安全性和可靠性。在排水功能上要求应满足服务年限内功能可靠，因为一旦排水孔被堵塞等失效则修复往往很困难。在自身安全上应有足够保证，若地下排水平（斜）洞破裂而造成地下水集中泄漏，很可能造成负效应并产生严重后果。因此，地下排水平（斜）洞一般应使洞底低于崩塌面，洞口应尽可能在稳定基岩内。

7.钢轨插别与串联技术

实用圆钢和钢轨插别对加固陡坡上的分散的中、小型危岩起很大作用，是我国山区铁路常采用的加固措施之一。与其他圬工支护加固技术相比，它具有造价低、工程量小、操作简单、与行车无干扰的特点，其适用条件如下：

（1）被插别的危岩体必须是体积不甚大的中、小型危岩体，且为不易风化的坚硬岩石，如未风化和风化轻微的花岗岩、大理岩、石灰岩、坚硬的砂岩等。

（2）岩质边坡本身是稳定的，只是由于一组和几组节理，把岩层局部切割成块状，形成不稳定的危岩体，而危岩体本身是完整或基本完整的；或者由于软硬岩层互层，不厚的软岩层置于底层，因分化剥落的关系形成悬挂式危岩体，危岩体本身是完整或基本完整的。

（3）危岩体有错动缝，或有层理面倾向坡外的断脚节理。

（4）陡崖上的危岩体，往往距离危害区有一定的高度，其下方又常常是无支撑基础，为了避免清除危岩体时引发灾害，或影响上部岩层的稳定，采圆钢、钢轨或钢筋混凝土桩插别危岩体具有更好的技术经济效果。有时虽然有条件采用其他加固方案，但不如插别方案经济。

当整个岩质边坡是稳定的，只是因为层理、节理把边坡岩层切割成厚度不大的板状，且节理、层理或构造面倾向坡外，其上覆岩层有顺层面下滑的可能而下方受地形限制，没有设置支撑结构的基础，或虽有设置支撑结构的条件，但工程艰巨、造价高，在这种情况下，采用圆钢或钢轨串联加固危岩体是经济合理的。

钢轨插别的长度、根数,可根据危岩的体积大小、边坡陡度、节理切割程度、控制危岩的结构面的产状要素等,经过近似计算确定。一般情况下,钢轨外露长度不宜小于危岩厚度的 2/3(见图 3－1),埋入完整岩体的深度不得小于(0.4～0.5)l,外露部分为(0.5～0.6)l。插别孔眼位置的分布,可根据危岩的重心进行布置。插别的钢轨必须保持与危岩密贴,不能使钢轨扭曲。应将钢轨四周的空隙和危岩的裂缝用 1∶2～1∶2.5 水泥砂浆灌注捣实,勾缝封闭。钢轨外露部分除锈后,应涂刷防锈油漆。

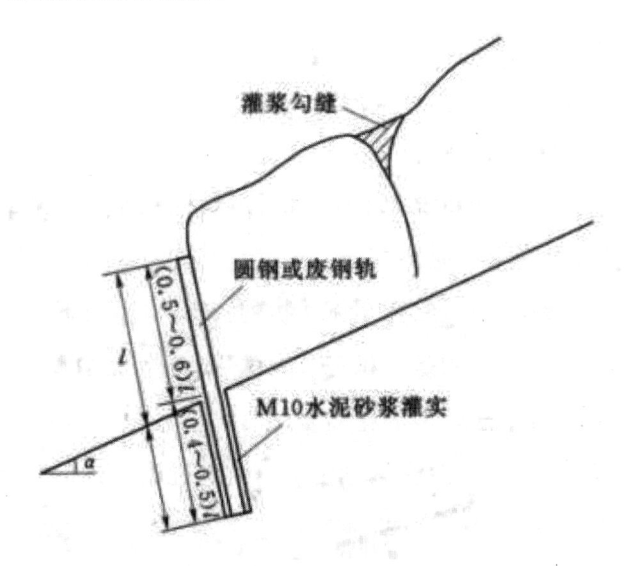

图 3－1　危石插别示意图

钢轨串联危岩体的施工顺序,先在岩层的适当位置凿出一些深度、形状、大小符合要求的孔眼(平面上孔眼宜交错布置),然后插入圆钢或钢轨,并灌注强度等级不低于 M7.5 的水泥砂浆或 C15 级素混凝土,使其与稳定的岩层连接成一个整体。采用圆钢或钢轨串联加固薄层危岩体,如果使用得当,其技术经济效益是显著的。

8.SNS 主动防护系统技术

SNS 主动防护系统主要由锚杆、支撑绳、钢绳网、格栅网、缝合绳等组成,通过固定在锚杆或支撑绳上施以一定预紧力的钢丝绳网和(或)格栅网对整个边坡形成连续支撑,其预紧力作业使系统紧贴坡面并形成阻止局部岩土体移动或在发生较小位移后,将其裹缚于原位附近,从而实现其主动防护功能。该系统的显著特点是对坡面形态无特殊要求,不破坏或改变原有的地貌形态和植被生长条件，广泛用于非开挖自然边坡，对破碎坡体浅表层防护效果良好。对于不能采用清除或被动拦截措施进行治理的孤立式或悬挂式危岩体，采用 SNS 主动防护系统技术往往是非常有效的。

9.钢筋（铁丝）捆扎

当坚硬的危岩体具有垂直的、张开的节理或裂缝时可以采用钢筋（铁丝）捆扎法处理危岩体。一般将危岩拴在母岩上。钢筋（铁丝）的直径、根数和锚入母岩的深度，应根据危岩的下滑力经计算确定。钢筋（铁丝）应做防锈处理。

10.刷坡及护面技术

对于边坡坡度不大，裂隙发育，表层岩土体破碎且有危岩体突出坡面，但整体稳定性较好的边坡，可先对表层破碎岩土体进行刷坡，然后采用浆砌条石、混凝土或插筋挂网喷混凝土保护坡面，防治坡表落石和表层岩土体继续风化。

常用的护面技术有护墙和护坡，两种均适用于易风化剥落的边坡地段。对陡边坡可以采用护墙，对缓坡可以采用护坡。

采用刷坡来放缓边坡时，必须注意以下几点：

（1）如危岩体位于构造破碎带、边缘接触带或节理裂隙极度发育的陡山坡地带，一触带或节理裂隙极度发育的陡山坡地带，一般不宜刷方。

（2）刷方边坡不宜高于 30～40m。

（3）刷坡时对边坡上或坡顶的大孤石、危岩可采用局部爆破清除。

（4）对于位于已建好工程附近的大孤石，宜采用火烧办法，使岩石（指石灰岩、大理岩、石英岩等）熔解破裂，而后加以清除。

（二）被动防护技术

当山坡上的岩体节理裂隙发育，风化破碎，崩塌落石物质来源丰富，崩塌规模虽不大，但可能频繁发生者，则宜根据具体情况采用从侧面防护的拦截措施（如落石平台或落石槽、拦石堤或拦石墙、钢轨栅栏等）。对危岩失稳可能出现的崩塌及落石灾害进行工程结构防治的技术类型定义为被动防护技术。其主要作用是把崩落下来的岩体或岩块拦截在线路的上侧，使其不能侵入限界。这些措施的设计，必须根据崩塌落石地段的地形、地貌情况，崩落岩体的大小及其位置进行落石速度、弹跳距离的计算，然后进行设计。

1.遮挡建筑物

在崩塌落石地段常采用的遮挡建筑物就是明洞。按结构形式的不同,明洞可分拱形明洞和棚洞两类。分述如下:

(1)拱形明洞。拱形明洞由拱圈和两侧边墙构成。这是一种广泛使用的明洞形式,其结构较坚固,可以抵抗较大的崩塌推力,适用于路堑、半路堑及隧道进出口处不宜修建隧道的情况。洞顶填土,土压力经拱圈传于两侧边墙。因此,两侧边墙均须承受拱脚传来的水平推力、垂直压力和力矩。其中外边墙所承受的压力更大,故截面较大,基底压应力也大。要求线路外侧有良好的地基和较宽阔的地势,以便砌筑截面较大的外边墙。在一般情况下,开采用钢筋混凝土的拱圈和浆砌石边墙。但在较大崩塌地段或山体压力较大处,则拱圈和内外边墙以采用钢筋混凝土为宜。

(2)板式棚洞。板式棚洞由钢筋混凝土顶板和两侧边墙构成。顶部填土及山体侧压力全部由内边墙承受,外边墙只承受由顶板传来的垂直压力,故墙体较薄。适于地形较陡的半路堑地段。由于侧压力全部由内边墙承受,强度有限,故不适用于山体侧压力较大处。因而只能抵抗内边墙以上的中、小崩塌,所以一般是使内边墙紧贴岩层砌筑,有时在内边墙和良好岩层之间加设锚固钢筋。

(3)悬臂式棚洞。悬臂式棚洞,其结构形式与板式棚洞相似,只因外侧地形狭窄,没有可靠的基础可以支承,故将顶板改为悬臂式。其主要结构由悬臂顶板和内边墙组成,内边墙承担全部洞顶填土压力及全部侧向压力,故应力较大。适用于外侧没有基础,内侧有良好稳固不产生侧压力的岩层。这种明洞的优点是结构简单,施工较方便;缺点是稳定性较差,不宜用于较大的崩塌之处。

2.落石平台

落石平台是最简单、经济的拦截建筑物之一。落石平台宜设在不太高的山坡或路堑边坡的坡脚。当坡脚有足够的宽度,或者对于运营线可以将线路向外移动一定距离时,在不影响路堑边坡稳定,不增加大量土石方的条件下,也可以扩大开挖半路堑以修筑落石平台。当落石平台标高与路基标高大致相同或略高时,宜在路基侧沟外修拦石墙和落石平台联合起拦截崩塌落石的作用。当落石平台标高低于路肩标高时,通常在路堤边缘修路肩挡土墙。

落石平台的宽度可根据落石计算确定,也可以据现场试验确定。

3.落石槽

当路堤距离崩塌落石山坡坡脚有一定距离,且路堤标高高出坡脚地面标高较多(大于2.5m)时,宜在坡脚修筑落石槽,或者当落石地段堑顶以上的山坡较平缓,则在路基和有崩落物的山坡之间,宜修筑带落石槽的拦石墙,或带落石槽的拦石堤。

4.拦石堤和拦石墙

当陡峻山坡下部有小于30°的缓坡地带,而且有较厚的松散堆积层,当落石高程不超过60～70m时,在高出路基不超过20～30m处,修筑带落石槽的拦石堤是适宜的。

拦石堤通常使用当地土筑成,一般采用梯形断面,其顶宽为2～3m。其外侧可以根据土的性质,采用不加面的较缓的稳定边坡,也可以采用较陡的边坡,予以加固。其内侧迎石坡可用1∶0.75的坡度,并进行加固。若山坡坡度大于30°,落石高度超过60～70m时,则以修筑带落石槽的拦石墙为宜。拦石墙按材料组成分为土堤、浆砌石、混凝土结构等类型。土堤式拦石墙由加筋土堤或素填土堤、落石槽及堤顶的防撞栏三部分组成。墙体基础埋入较稳定的地基中的深度:基岩不小于0.5m。墙背填土采取分层填筑,分层厚度为30～50cm,压实度不小于80%;落石槽断面为倒梯形,槽底铺设不小于60cm后的缓冲土层,墙体迎石面坡比为1∶0.5～1∶0.8,并用块石护坡,山体面坡比一般为1∶1左右,在不具备放坡条件的地段可将坡比增大为1∶0.5,并用锚钉或块石护坡;拦石墙的高度及距离陡崖脚步的水平距离应根据落石运动路径确定;拦石墙体的厚度应根据落石冲击力确定。

5.钢轨栅栏

采用钢轨栅栏可以代替拦石墙起拦截落石的作用,它可以用浆砌片石或混凝土作基础,用废钢轨作立柱、横杆。立柱一般高3～5m,间隔3～4m,基础深1～1.5m。横杆间距一般为0.6m左右。立柱、横杆用直径20mm的螺栓连接,栅栏背后留有宽度不小于3.0m的落石沟或落石平台。

钢轨栅栏基本克服了拦石墙的圬工量大、工程费用高、劳动强度大的缺点。但是,当落石太大时(超过$2m^3$),虽然也能拦住落石,常常把立柱、横杆打断,打弯或打倾斜。为此，可以采用双层钢轨栅栏给予加强。

6.拦石网及拦石栅栏

当陡崖或山坡下部坡度大于35°且缺乏一定宽度的平台而不具备建造拦石墙的条件时，可采用拦石网及拦石栅栏。拦石网包括半刚性和柔性两大类，前者主要由钢轨作立柱，钢轨或角钢、型钢作横梁相互焊接而成，一般称为拦石栅栏；后者由角钢作立柱、缓冲钢索和柱间钢绳网组成，为一般所指的狭义拦石网，缓冲钢索一端与立柱顶部相连，另一端锚固在稳定岩土体中；拦石网的能级应根据落石冲击动能选用，当落石动能超过800kJ时应以主动防治为主。

7.SNS被动防护系统技术

SNS被动防护系统是一种能拦截和堆存落石的柔性拦石网，其显著特点是系统的柔性和强度足以吸收和分散所受的落石冲击动能，并使系统受到的损失趋于最小，改变传统系统的刚性结构为高强度柔性结构。

该系统由钢丝网（和铁丝格栅）、固定系统（拉锚、基座、支撑绳）、减压环和钢柱4个主要部分组成。系统的柔性主要来自钢丝绳网、支撑绳、减压环等结构。减压环是迄今为止所能实现的最简单、有效的消能元件。它为一在节点处按预先设定的力箍紧的环状钢管。实用钢丝绳顺钢管内穿过，当与减压环相连的钢丝绳受到拉力达到一定程度时，减压环启动并通过塑性位移来吸收能量。当冲击能量在设计范围内时，能多次接受冲击功产生位移，从而实现过载保护功能。

8.生态防护

当陡崖或斜坡坡脚的斜坡不太陡峻，并有一定厚度的覆土，且崩塌体威胁不太严重时，可以通过植树造林防治危岩崩塌。但在种植初期，防护效果尚未显示，须依靠其他防护设施。森林防护的根本出发点在于增大地表下垫面的粗糙度，减缓落石体在林中的运动速度。森林类型应为乔木，尽可能构建乔、灌、草相结合的生态系统。乔木成林后可用建筑纽扣将钢绳织网固定在树木主干上，将森林防护系统构成整体，提高防护有效性。

（三）主动—被动防护技术

崩塌体的防治是一项复杂的系统工程，即使对单个崩塌体的防治而言，单一的防治技术往往不能取得令人满意的防治效果。因此，在崩塌体防治过程要两种或两种以上的防治技术联合使用。多种防治技术的联合可以是主动治理技术与主动治理技术的联合或被动防治技术与被动防护技术的联合，也可以是主动与被动防治技术的联合，如锚固－支撑联合技术、锚固－灌浆联合技术、护面－排水联合技术、落石平台－拦石墙联合技术和主动与被动防治技术的联合等。因此，在危岩崩塌防治工程中，存在主动－被动联合防治问题。以下介绍锚固－拦挡联合技术和锚固－支撑技术。

1.锚固－拦挡联合技术

锚固－拦挡联合技术主要针对整个危岩防治工程而言，体现了危岩治理与拦挡相结合的防治理念。将危岩单体的锚固防治和危岩单位之间漏勘危岩防治共同考虑，弥补了目前危岩勘查精度不高而可能造成灾害的不足。将危岩单体和拦挡结构之间的区域界定为地质灾害危险区，宜植树造林，杜绝人类工程活动。拦挡结构可以采用拦石墙、拦石网或面状森林防护。

2.锚固－支撑联合技术

锚固－支撑联合技术主要针对复合危岩体，在采用单一防治技术效果较差时，可采用本技术，锚固－支撑联合技术尤其适用于同时具有滑塌和倾倒性能的危岩体。防治设计过程中，应将锚固力和支撑力联合考虑，使二者有机组合；当支撑体在危岩滑动力作用下存在滑移失稳的可能性时，为了确保支撑体的稳定，应在支撑体上布设锚杆。对于仅采用支撑技术便能基本达到有效防治目的的坠落式危岩或倾倒式危岩，为了提高危岩治理的效果，也可在危岩体上布设一定数量的锚杆，作为安全储备，防止其在随机荷载作用下失稳。当危岩体后部裂缝断续贯通且地下水比较发育时，宜在支撑体内设置直径为 60～110mm 的 PVC 排水管。

值得重视的是，应将危岩工程的治理视为一个有机体综合考虑，切勿将拦石墙、拦石网等被动防护措施作为可有可无的辅助措施。对于危岩单体而言，同时具有滑塌与倾倒性能的复合型危岩体，应坚持微观尺度的主动—被动联合防治。

主动与被动防治技术的联合在崩塌防治工程中有着重要的地位。主动防治技术是针对单个崩塌体或具有相同特点的崩塌体群采用的防治措施。被动防护技术是对整个片区的崩塌体进行整体的防护措施。由于地质条件和崩塌体的复杂性,不可能对研究区所有潜在失稳的崩塌体进行主动加固治理,也可能由于漏勘或主动加固技术施工难度大而没能进行主动加固治理,此时,被动防护技术就显得尤为重要。

总之,崩塌体防治措施的选择需要综合考虑各种影响因素,防治措施的选择也可以是多种多样的,但最终采取的防治措施应该是技术可行、安全可靠、经济合理、环保实用的。

三、崩塌防治实例——危岩稳定性评价与防治

(一)危岩稳定性评价

1.稳定性评价

(1)定性评价

主要运用工程地质类比法,对危岩体形态、地形坡度、崖腔深度、岩体结构,结构面分布、产状、闭合、填充及变形等情况进行调查,并与附近崩塌区已有危岩或崩塌体对比,判断产生崩塌的可能性及其破坏力。

(2)定量计算

在分析可能产生崩塌的危岩体受力情况下,运用块体平衡理论对危岩体抗力(矩)与作用力(矩)进行计算,在此基础上求得危岩体抗力(矩)与作用力(矩)的比值,即为危岩体的稳定系数。荷载主要考虑危岩的自重、裂隙水压力和地震力。

根据危岩体的不同破坏模型,选择适当的方法进行稳定性验算。

①滑移式危岩。滑移式危岩的滑动面有平面、弧形面、楔形双滑面三种,这类危岩崩塌的关键在于危岩的破坏是否沿潜在滑面滑移(见图3-2)。因此,可进行滑坡稳定性的验算,按后缘是否有陡倾裂隙,其计算方法又有所不同。

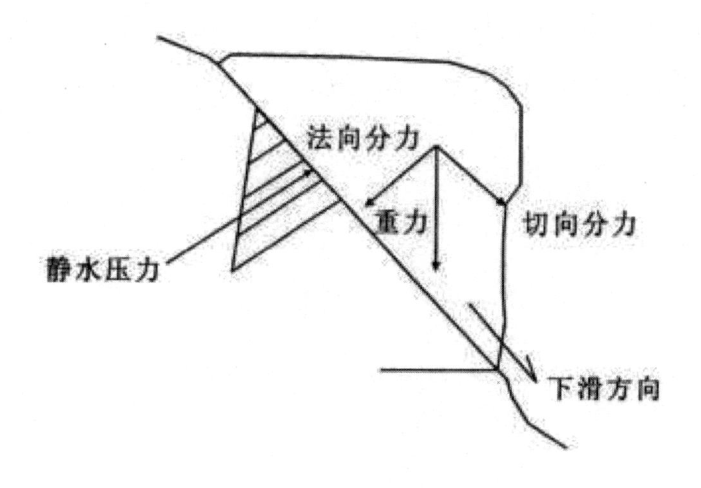

图 3－2　滑移式危岩示意图示

②倾倒式危岩。倾倒式危岩的基本图示如图 3－3 所示。从该图可以看出，不稳定岩体的上下各部分和稳定岩体之间均有裂隙分开，一旦发生倾倒将以 A 点为转点发生转动，稳定性验算时应考虑各种附加力的最不利组合。在雨季张开的裂隙可能被暴雨充满，应考虑静水压力；IV 度以上地震区，应考虑水平地震力的作用。

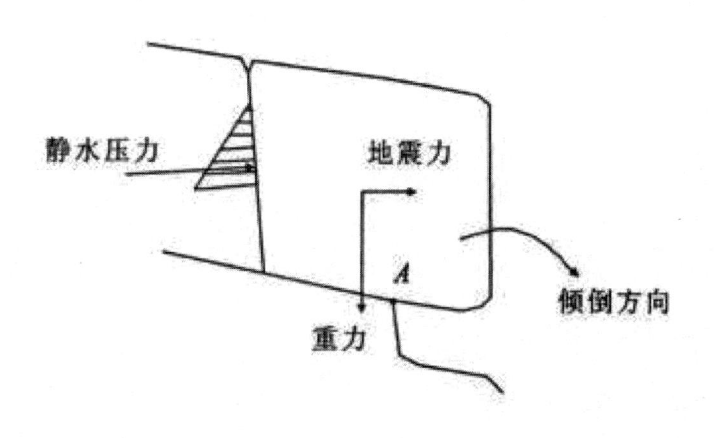

图 3－3　倾倒式危岩图示

(3)坠落式危岩。坠落式危岩的典型情况如图 3－4 所示。以悬臂梁形式突出的岩体，在 AC 面上承受最大的弯矩和剪力，在层顶部受拉应力，底部受压力，A 点附近拉应力最大。通常拉应力主要集中在尚未裂开的部位，一旦拉应力超过岩石的抗拉强度时，上部突出的岩体就会发生崩塌。这类危岩崩塌的关键是最大弯矩截面 AC 上的拉应力是否超过岩石的抗拉强度，故可以用拉应力与岩石的抗拉强度的比值进行稳定性验算。

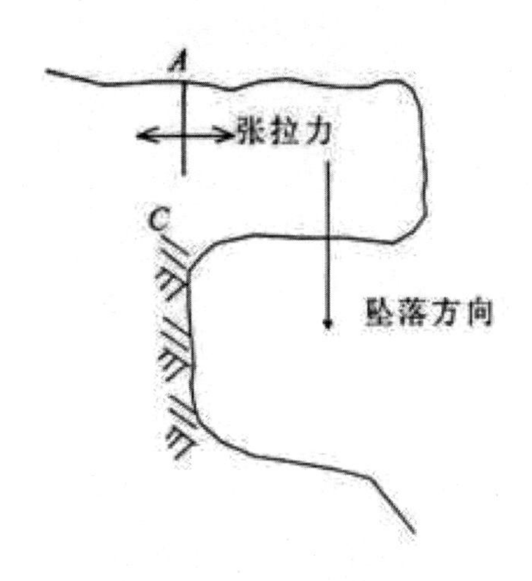

图 3—4　坠落式危岩图示

(二)稳定性标准

危岩稳定状态应根据定性分析和危岩稳定性计算结果综合确定，稳定性验算按表 3—5 进行判定。

表 3—5　危岩稳定状态

危岩类型	危岩稳定状态			
	不稳定	欠稳定	基本稳定	稳定
滑移式危岩	$F<1.0$	$1.00\leqslant F<1.15$	$1.15\leqslant F<F_t$	$F\geqslant F_t$
倾倒式危岩	$F<1.0$	$1.00\leqslant F<1.25$	$1.25\leqslant F<F_t$	$F\geqslant F_t$
坠落式危岩	$F<$L0	$1.00\leqslant F<1.35$	$1.35\leqslant F<F_t$	$F\geqslant F_t$

注：F_t 为危岩稳定性安全系数；F 为危岩稳定性系数。

四、动能与落点预测

1.动能预测

崩塌运动学特征的研究，对进一步研究它的破坏力和制定防治对策有一定意义。这里主要讨论两个问题，即崩塌块体的破坏力(能量)有多大？崩落有多远？

崩塌运动的特点是其质点位移矢量中垂直分量大大超过水平分量，而且崩塌体完全与母体脱离。在悬崖峭壁的情况下，块体位移服从自由落体运动规律，则运动速度为：

$$v=\sqrt{2gH} \quad (式3-1)$$

式中：H—峭壁的高度。

但事实上，经常的情况是坡角小于90°，若是单一斜坡，则运动速度为：

$$v=\sqrt{2gH(1-Kctg\alpha)} \quad (式3-2)$$

式中：g—重力加速度；

H—坡高；

α—坡角；

K—决定于石块大小、形状、岩石性质、石块运动状况等的综合影响系数，一般采取现场实验统计方法取得。

需要指出的是，大型山崩在崩塌过程中，位移体附近的空气因承受临时压缩而产生气垫效应，其实际运动速度将会大于理论计算值。

运动速度获得后，即可求得其动能大小（破坏力大小）。崩塌块体沿斜坡运动的主要形式是跳跃和滚动。如果崩塌块体为跳跃形式，则其动能为：

$$E=\frac{1}{2}mv^2 \quad (式6-3)$$

如果崩塌块体为滚动形式，则其动能为：

$$E=\frac{1}{2}mv^2+\frac{1}{2}I\omega^2 \quad (式6-4)$$

式中：m—崩塌块体的质量；

v—块体具有的线速度；块体具有的转动惯量；

I—块体具有的角速度。

ω—块体具有的角速度。

2.落点预测

由于各种因素的制约，崩塌的运动过程是相当复杂的，所以其运动学特征最好通过实验观测来确定。当质点运动呈跳跃运动时，轨迹方程可按向下抛物体的运动规律进行推导，然后求得崩塌块体的落点，为设防范围提供依据。

五、危岩的防治

在采取防治措施之前，必须首先查清崩塌形成的条件和直接诱发的原因，有针对性地采取防治措施。常用的防治措施有如下几种。

1.清除危岩体

对于规模小、危险性大的危岩体可采用爆破或开挖的方法全部清除，消除隐患。对于难以全部清除的危岩体，可以将其上部岩土体部分清除，降低临空面高度，减小坡度和减轻上部荷载，提高坡体的稳定性。

2.防护工程

如在坡面采用喷浆、抹面、砌石铺盖等，崖腔采用填充措施进行防治，以防止软弱岩层进一步风化；对于裂隙可采用灌浆、勾缝、镶嵌、锚栓以恢复和增强岩体的完整性。

3.支撑加固

采用锚杆、锚索、抗滑桩或挡土墙等支挡结构加固危岩体，或在危岩的下部采用支撑墩、支撑墙等支撑措施。

4.拦挡工程

当线路工程或建筑物与坡脚有足够距离时，可在坡脚或半坡设置落石平台、落石网、落石槽、拦石堤、挡石墙或拦石网，以拦截危岩崩塌体的冲击。

5.遮挡工程

在危岩下方修筑明洞、棚洞等遮挡建筑物使线路通过。

6.排水防渗

该防治措施有修筑截水沟，堵塞裂隙，封底加固附近的灌溉引水、排水沟渠等，防止水流大量渗入岩体而恶化斜坡的稳定性。

第四章　地裂隙、地面塌陷与地面沉降

第一节　地裂隙

一、地裂隙的定义

地裂隙是地表岩、土体在自然或人为因素作用下，产生开裂，并在地面形成一定长度和宽度裂隙的一种地质现象，当这种现象发生在有人类活动的地区时，便可成为一种地质灾害。地裂隙的形成指因自然或人为因素致使地下断层错动，岩层发生位移或错动，并在地面上形成断裂，其走向和地下断裂带一致，规模大，常呈带状分布。

二、地裂隙的危害

地裂隙是一种独特的地质灾害，地裂隙可使地面及地下各类建筑物开裂，路面破坏，地下供水、输气管道错断，危及文物古迹的安全，不但会造成较大经济损失，而且也给居民生活带来不便。

三、地裂隙的成因

地裂隙的形成原因复杂多样。地壳活动、水的作用和部分人类活动是导致地面开裂的主要原因。按地裂隙的成因，常将其分为以下几类：

(1)地震裂隙。各种地震引起地面的强烈振动，均可产生这类裂隙。

(2)基底断裂活动产生的裂隙。因基底断裂的长期蠕动，使岩体或土层逐渐开裂，并显露于地表而成。

(3)隐伏裂隙开启裂隙。发育隐伏裂隙的土体，在地表水或地下水的冲刷、潜蚀作用下，裂隙中的物质被水带走，裂隙向上开启、贯通而成。

(4)松散土体潜蚀裂隙。因地表水或地下水的冲刷、潜蚀、软化和液化作用等，使松散土体中部分颗粒随水流失，土体开裂而成。

(5)黄土湿陷裂隙。因黄土地层受地表水或地下水的浸湿，产生沉陷而成。

(6)胀缩裂隙。由于气候的干、湿变化，使膨胀土或淤泥质软土产生胀缩变形发展而成。

(7)地面沉陷裂隙。因各类地面塌陷、过量开采地下水、矿山地下采空引起地面沉降过程中的岩土体开裂而成。

(8)滑坡裂隙。因斜坡滑动造成地表开裂而成。

可将地裂隙的形成归纳为两类，即张裂隙发育成地裂隙和不均匀沉降引起地裂隙。

西安地裂隙为张裂隙发育成地裂隙，西安地裂隙分布面积约 155km^2，由 11 条地裂隙组成，其中最长的有 20km 以上。河北沧州地裂隙长 4km。

无锡市东亭镇，地裂隙错断无锡—上海公路，两侧高差达 15～20cm，威胁行驶安全；苏州、无锡、常州地区发生地裂隙，并对房屋造成严重破坏。

与不均匀沉降引起地裂隙有关的三种地质条件为埋藏深度、构造转折线、埋藏断层台阶。

四、地裂隙的防治措施

第一，加强地裂区的工程地质勘察工作。

第二，采取各种行政、管理手段限制地下水的过量开采。

第三，对已有裂隙进行回填、夯实等，并改善地裂区土体的性质。

第四，改进地裂区建筑物的基础形式，提高建筑物的抗裂性能。

第五，对地裂区已有建筑物进行加固处理。

第六，设置各种监测点，密切注视地裂隙的发展动向。

第二节　地面塌陷

一、认识地面塌陷

地面塌陷是指天然洞穴或人工洞室、巷道上覆岩土体失稳突然陷落，导致地面快速下沉、开裂的现象和过程。

地面塌陷造成的地面变形量大，变形速度快，且具有突然性，事前往往很难准确判断发生的时间，加之其发生过程可导致地面建筑物开裂、倒塌，甚至整体陷落，公路、桥梁扭曲错断，农田肢解以及大量的人员伤亡，所以，地面塌陷是人类面临的一种地质灾害。

地下存在空洞是地面塌陷发生的先决条件，地下空洞可分为天然洞穴和人工洞室两类。

天然洞穴是由自然地质作用形成的，包括岩溶洞穴、土洞（黄土洞穴、红土洞穴、冻胀丘融化形成的土洞）和熔岩洞穴。

人工洞室是人工采掘活动所形成的，包括人防工程、地铁、隧道、涵洞和采矿形成的地下巷道系统。

（一）地面塌陷的特征

地面塌陷灾害主要体现为以下特征：

（1）隐伏性。其发育发展情况、规模大小、可能造成地表塌陷的时间及地点具有极大的隐伏性，发生之前很难被人意识到。

（2）突发性。一次完整的塌陷过程可能就是1min左右，往往使人们在塌陷发生时措手不及，造成财产损失和人员伤亡。

（3）群发性和复发性。地面塌陷灾害往往不是孤立存在的，常在同一地区或某一时段集中形成灾害群。

（4）损害的严重性。

（二）地面塌陷危害

地面塌陷的产生，一方面使发生区的工程设施，如工业与民用建筑、城镇设施、道路路基、矿山及水利水电设施等遭到破坏；另一方面造成发生区严重的水土流失，自然环境恶化，同时影响各种资源的开发利用。

1.破坏地面建筑、造成人员伤亡

地面塌陷首先直接危害人身安全。由于塌陷一般发生突然，处于塌陷区中的人在发生塌陷时往往来不及反应就已被埋入土中被压伤或窒息。同时地面塌陷对房屋建筑的危害也很大，可造成塌陷区房屋的大面积损坏，特别是在岩溶地区和采空的煤矿附近。

2.损毁铁路、公路和水利设施

地面塌陷还会对塌陷区内的交通设施、地下管线和其他建筑造成严重损坏。

3.引发矿井水患

地面塌陷会导致矿井中产生水患。2009 年 7 月 22 日，黑龙江省鸡西市鑫永丰煤矿发生采空区地面塌陷，形成面积约 3000m^2、深逾 10m 的塌坑，由于正值降雨，水与流沙大量涌入坑内，使矿井淹没，23 名当班矿工被困井下。

4.破坏农田

地面塌陷还造成大面积的农田毁坏。据推算，我国每年因煤矿开采塌陷的土地面积就有 70km^2，造成直接经济损失 3.17 亿元。如果在开采之前未能事先保存好表土，会因无处取土而无法复垦，导致耕地资源的永久性丧失。

（三）地面塌陷分类

由于地面塌陷的形成原因比较复杂，所以不同领域的专家、学者对地面塌陷的分类也不尽相同。主要分类如下。

1.按照成因分类

地面塌陷按照成因可分为自然塌陷和人为塌陷两大类。自然塌陷是自然因素引起的地表岩石或土体向下陷落，如地震、降雨下渗、地下潜水、蚀空、地面重物压力等。人为塌陷是因人为作用所引起的，如地下采矿、坑道排水、施工突水、过量开采地下水、水库蓄水压力、人工爆破等。

2.按照地质条件分类

按照地质条件可分为岩溶地面塌陷和非岩溶地面塌陷。岩溶地面塌陷分布在存在地下岩溶现象的地区，隐患分布广，数量多，发生频率高，诱发因素多，具有较强的隐蔽性和突发性，一旦发生，规模较大，危害严重。非岩溶地面塌陷根据岩土体性质又可分为黄土塌陷、溶岩塌陷、冻融塌陷等类型，除黄土塌陷外，规模都较小，危害较轻。

3.按照塌陷规模分类

根据地面塌陷形成的塌陷坑数量和大小可分为4个等级。小型塌陷：塌陷坑洞1～3处，合计影响面积小于1km²；中型塌陷：塌陷坑洞4～10处，合计影响面积1～5km²。大型塌陷：塌陷坑洞11～20处，合计影响面积5～10km²。特大型塌陷：塌陷坑洞超过20处，合计影响面积大于10km²。

(四)地面塌陷的形成条件

1.岩土体的内部条件

(1)地下存在空洞(先决条件)。具备一定规模的地下无岩土的空间，即空洞。地下空洞的存在有着两方面的意义：

其一，它是洞体顶板、侧壁局部冒落物以及塌陷发生时坠落物的储容空间，在地下岩溶发育区，地下洞穴以及溶蚀裂隙还起着将洞穴暂时堆积物输移到远处或深处溶洞的通道作用。

其二，地下空洞为具有多个临空面的空腔，空洞的顶、底板和侧壁在周围岩压的作用下极易发生应力集中，而处于稳定性很差的状态，一旦受到外力干扰，容易失稳而发生覆岩的冒落，甚至发生波及地表的塌陷。

地下空洞的形成，可以是自然力，也可以是人工挖掘的结果。

①岩溶系统。在可溶盐岩分布区的岩溶洞穴包括各种形态的溶洞、溶隙、管道等。一般而言，当可溶岩岩性较纯，岩层厚度较大，出露分布广，断层较发育、岩层较破碎时，岩溶较易发育。

岩溶洞隙的发育一般受岩溶地下水排泄基准面的控制，多发育于浅部，向深部逐渐减弱。浅部岩溶洞隙由于地下水活动频繁，交替强烈，一般连通性较好，成为塌陷物质的储集空间和运移通道。塌陷坑与开口洞隙存在着密切的垂向对应关系。洞穴越大，塌陷规模也越大；洞隙开口越大，塌陷速度越快。

②地下井巷系统是最易引发地面塌陷的一种人工洞室。人为针对某种专

门目的而挖掘,可出现在不同的岩性地层中,而不限于可溶盐岩地层,洞室规模可大可小、可深可浅。随施工进度或采矿计划不断扩大,即在施工完成或闭矿之前,洞室的面积和体积随时间而变,采掘区地应力的变化和调整一直在持续进行,处于宏观的不稳定状态。

人工洞室,尤其是长时间不间断采掘的矿山发生地面塌陷的概率最大。

(2)洞穴围岩状况。地下洞穴的受力状况如同梁的受力,洞的顶板相当于承载上覆岩土体自重的梁,洞的两侧如同位于梁端的两个支点。是否发生塌陷取决于顶板能够形成稳定的支撑拱。一般而论,当洞穴埋藏深度与洞穴高度之比小于 25∶1 时,洞顶上部就会形成 3 个变形特点不同的带,即冒落带、断裂带和弯曲带。

2.岩土体的外部条件

(1)自然影响因素

①大气降水。降雨人渗水可以使洞顶覆岩的含水层增大,自重加大;下渗水流会湿润裂隙面,降低岩石块体间的抗滑阻力,从而引起洞顶和洞壁的进一步变形而失稳;降雨强度大、历时较长时,入渗的水流进入围岩中的宽大裂隙,形成较大的动水压力和冲刷作用;在岩溶地区,降水入渗补给封闭的岩溶洞穴,快速上升的岩溶水会压缩洞内,形成上挤的压力,导致气爆发生,引发洞顶塌陷。

②河、湖近岸地带的侧向倒灌作用。河、湖近岸地带普遍分布着孔隙潜水与岩溶水组成的双层含水介质。

汛期洪水位急剧上升的情况下,河、湖水将向地下水产生侧向倒灌,地下水位随之上升。这时岩溶地下水对洞隙上覆盖层土体产生正压力或使浮托力增大。

在洪水位迅速回落时,岩溶地下水位回落快于潜水位,对洞隙上覆盖层的浮托力很快削减,通过洞隙开口处从潜水含水层向岩溶洞隙产生垂向的渗透潜蚀作用,在盖层中形成土洞进而扩展形成塌陷。这种现象称为洪水倒灌潜蚀塌陷,简称为洪水塌陷。

③地震。一是地震力可使洞顶覆岩以及洞壁的裂隙进一步扩大,引起岩层破裂、位移加剧;二是洞隙上覆松散饱水细粒物质发生“液化”,而形成地面

塌陷。

(2)人为活动的影响

①矿山采空区地面塌陷。人为激发活动主要表现在地面施加荷载、人为爆破和车辆振动、水库蓄放水的人工调节等。

②岩溶地面塌陷。除上述人为活动外，地下水的抽排、回灌，尤其是快速、大降深的抽水活动往往是引发地面塌陷最普遍的原因。

(五)地面塌陷成因

引起地面塌陷的动力因素主要有地震、降雨以及地下开挖采空、大量抽水、黄土地区黄土陷穴引起的塌陷，玄武岩地区其通道顶板产生的塌陷等多方面原因形成的。一般地面塌陷的前兆主要为：泉、井的异常变化；地面变形；建筑物作响、倾斜、开裂；地面积水引起地面冒气泡、水泡、旋流等；植物有变化；动物惊恐。

二、岩溶地面塌陷

岩溶地面塌陷是岩溶地区因岩溶作用而产生的地面变形现象，是岩溶洞隙上方的岩土体在自然或人为作用下发生变形破坏，并导致地面形成塌陷坑(洞)的一种岩溶地质现象。

岩溶地面塌陷可以产生在灰岩裸露区，更多的产生于隐伏灰岩区。灰岩裸露区岩溶地面塌陷，其主体是灰岩，即塌陷体及其围岩都是灰岩；而隐伏区岩溶地面塌陷，塌陷体全部或其上部为第四系松散沉积物。隐伏灰岩区指的是灰岩上覆第四系松散沉积物的地区。通常，如果灰岩上覆地层为已经固结成岩的沉积岩时，称为灰岩埋藏区。隐伏灰岩区一般灰岩岩溶发育，岩溶水丰富，地势低洼处容易形成泉或泉群，因而宜于人类的居住生活，常常是人口密度较大、工农业较为发达的区域。

自然条件下产生的岩溶地面塌陷一般规模小、发展速度慢，不会给人类活动带来太大的影响。但在人类工程活动中产生的岩溶地面塌陷不仅规模大、突发性强，且常出现在人口密集地区，对地面建筑物和人身安全构成严重威胁。

岩溶地面塌陷造成局部地表破坏，是岩溶发育到一定阶段的产物。因此，岩溶地面塌陷也是一种岩溶发育过程中的自然现象，可出现于岩溶发展历史的不同时期，既有古岩溶地面塌陷，也有现代岩溶地面塌陷。岩溶地面塌陷也是一种特殊的水土流失现象，水土通过塌陷向地下流失，影响着地表环境的演变和改造，形成具有鲜明特色的岩溶景观。

（一）岩溶地面塌陷的分布规律

岩溶地面塌陷主要分布于岩溶强烈到中等发育的覆盖型碳酸盐岩地区。全球有 16 个国家存在严重的岩溶地面塌陷问题。中国可溶岩分布面积约为 363 万 km^2，是世界上岩溶地面塌陷范围最广、危害最严重的国家之一。

我国岩溶塌陷分布广泛，从南到北、从东到西都有发生。目前已见于除天津、上海、甘肃、宁夏以外的 26 个省（自治区、直辖市），但主要分布于辽宁、河北、江西、湖北、湖南、四川、贵州、云南、广东、广西等省（自治区、直辖市）。据统计，全国岩溶塌陷总数为 2841 处，塌陷坑 33192 个，塌陷面积约 332km^2。

北方岩溶地面塌陷区。长江以北，由于华北地台大多为大型宽缓的褶皱和断块构造，气候较干旱，降水量少，岩溶发育程度不高，除古代的岩溶洞穴系统有部分残留外，现代岩溶主要以溶蚀裂隙为主。岩溶地面塌陷大多集中在山区与平原的过渡地带，如辽宁省的南部，山东的泰安、枣庄、莱芜，河北的唐山、秦皇岛柳江盆地，江苏的徐州，安徽的淮南、淮北等地。分布有古代岩溶塌陷的痕迹——陷落柱。华北地台曾经历过多次构造运动，地下水的区域排泄基准面也多次变迁，致使碳酸盐岩地层形成大量的洞穴。洞穴坍塌使上覆石炭一二叠纪煤系地层随之下陷，从而形成大小分散的陷落体，即陷落柱。古代岩溶塌陷主要分布在晋、冀、鲁、豫、陕等省，太原西山、汾河沿岸、河北太行山一带的煤田中较为常见。现代已发现地面塌陷点 1252 个，占全国岩溶塌陷总数的 3.5%，北方岩溶对地面塌陷的影响并不突出。

南方岩溶塌陷区。位于长江以南的广大地区，是我国碳酸盐岩分布最集中、面积最大的区域，总面积约 176.08 万 km^2。气候温热湿润，植被茂密，地质构造多为紧密的褶皱和密集的断块，现代岩溶十分发育。裸露岩溶区和半裸露岩溶区的面积占碳酸盐岩总面积的 41.3%，主要分布于云南、贵州、四川、广西、湖南、江西、湖北等省（自治区）。湖南省岩溶塌陷居全国之首，其次为广东省和广西壮族自治区，再次为贵州省、云南省、四川省。矿山排水、开采地下水、水库蓄水等人为干扰岩溶水流场的活动，是诱发岩溶地面塌陷的主导力量。

岩溶地面塌陷的分布规律主要有以下几个方面：

(1)多产生在岩溶强烈发育区。

(2)主要分布在第四系松散盖层较薄地段。

(3)多分布在河床两侧及地形低洼地段。

(4)常分布在降落漏斗中心附近。

(二)岩溶塌陷的物质基础及发育特点

岩溶塌陷的物质基础是岩溶塌陷产生的物质载体和基本前提，因地质环境不同，岩溶塌陷发育具有复杂性，但一般易发场地仍具有一定的规律性。岩溶塌陷实质上是“水－土－岩－气”多相体系从一种平衡向另一种平衡动力调整的结果，其发育和分布受到特定的地质、水文地质条件的控制。岩溶塌陷产生的物质基础包括以下内容：

(1)基岩具有溶洞、竖井、深裂隙、溶缝等开口岩溶形态，这是地下水和塌陷物质的存储场所或通道。

(2)覆盖层为松散土层或软弱岩层，这是产生岩溶塌陷的基础。

(3)岩溶系统渗流场中地下水动力条件的改变，这是产生岩溶塌陷的主导因素。

岩溶塌陷多产生于浅部隐伏岩溶发育地段，特别是开口型岩溶形态发育地区。岩溶塌陷多受地质构造控制，分布于上覆盖层较薄部位。据湖南、广东、广西地区的统计资料，临界土层厚度一般为30m，而浙江某地为35m。岩溶塌陷多发生在岩溶洼地及河谷低洼地段，这里有利于地表水的汇集及地下水的补给，使地下水的潜蚀作用增强。岩溶塌陷随地下水抽排量的增加和地下水位的降低而发展，多位于地下水的疏干漏斗内，并随漏斗的扩展而变大。降水入渗使土体强度降低，动水压力增大，加剧了岩溶地面塌陷的发育。

(三)岩溶地面塌陷的成因机制

岩溶地面塌陷是在特定地质条件下，因某种自然因素或人为因素触发而形成的地质灾害。由于不同地区地质条件相差很大，岩溶地面塌陷形成的主导因素也有所不同。因此，对岩溶地面塌陷成因机制的认识也存在着不同的观点。目前主要存在以下几种观点。

1.地下水潜蚀机制

潜蚀论是1898年俄国学者巴甫洛夫提出的。

地下水位下降时，水力梯度也随之增大，地下水流速加快，动水压力增强，当动水压力大于土体凝聚力与颗粒间摩擦力时，土颗粒开始被渗流带动迁移，这一现象称为潜蚀或管涌。

在覆盖型岩溶区，下伏存在溶蚀空洞，地下水经覆盖层向空洞渗流（或地下水位下降时，水力梯度增大）。在一定的水压力作用下，地下水对土体或空隙中的充填物进行冲蚀、掏空。从而在洞体顶板处的土体开始形成土洞，随着土洞的不断扩大，最终引发洞顶塌落。当土层较厚或有一定深度时，可以形成塌落拱而维持上伏土层的整体稳定。当土堆较薄时，土洞不能形成平衡。综上所述，地下水潜蚀的理想过程如下：

(1)水位下降前的平衡状态。

(2)水位下降，随着向上侵蚀过程使通道被排空，出现活跃的地下侵蚀（潜蚀进入开阔的洞穴）。

(3)洞穴的顶部逐渐坍陷，可能短期内受钙化砾石层的抑制。

(4)最后的拱顶坍陷，形成了被同心球状张力裂缝包围的落水洞。潜蚀致塌论解释了某些地面塌陷事件的成因。按照该理论，岩溶上方覆盖层中若没有地下水或地面渗水以较大的动水压力向下渗透，就不会产生塌陷。但有时岩溶洞穴上方的松散覆盖层中完全没有渗透水流仍会产生塌陷，表明潜蚀作用还不足以说明所有的岩溶地面塌陷的机制。

2.真空吸蚀机制

根据气体的体积与压力关系的玻意尔－马略特定律，在密封条件下，当温度恒定时，随着气体的体积增大，气体压力则不断减小。在相对密封的承压岩溶网络系统中，由于采矿排水、矿井突水或大流量开采地下水，使地下水水位大幅度下降。当水位降至较大岩溶空洞覆盖层的底面以下时，岩溶空洞内的地下水面与上覆岩溶溶洞洞穴顶板脱开，出现无水充填的岩溶空腔。随着岩溶水水位持续下降，岩溶空洞体积不断增大，空洞中的气体压力不断降低，从而导致岩溶空洞内形成负压。岩溶顶板覆盖层在自身重力及溶洞内真空负压的影响下，向下剥落或塌落，在地表形成岩溶塌陷坑。

以下为两个实例分析：

(1)地下溶洞坍塌引起的地面塌陷。四川宜宾市长宁县硐底镇红旗村和石埂村属于岩溶的喀斯特地貌，地下溶洞发育，在2009年10月持续干旱，一方面由于地下水得不到有效补给；另一方面，为满足工农业生产和居民生活的需要，大量抽取地下水，引起水位的过量急速下降，地下水付托力突然过量减少，诱发岩溶顶盖岩石垮塌，形成“天坑”。地下溶洞埋藏深度和坍塌的程度，决定地面塌陷规模的大小。

(2)地下水位急剧变化引起的地面坍塌。成都附近的大邑位于成都平原的西部，在坚硬的早寒武纪结晶花岗岩基底之上覆盖了一层由黏土和砂砾、乱石组成的陆相碎屑沉积，一般厚度5m以上，最大厚度达8000m。因持续干旱和地下水过量开采，引发地下水位大量下降，发生局部地面塌陷形成“天坑”。目前其塌陷的规模一般较小，但是存在一定危害。

3.重力致塌模式

重力致塌模式是指因自身重力作用使岩溶洞穴上覆盖层逐层剥落或者整体下陷而产生岩溶地面塌陷的过程和现象。它主要发生在地下水位埋藏深、溶洞及土洞发育的地区。

4.冲爆致塌模式

冲爆致塌模式的形成过程是岩溶通道、空洞及土洞中蓄存的高压气团和水头，随着地下水位上涨压力不断增加。当其压强超过岩溶顶板的极限强度时，就会冲破岩土体发生“爆破”并使岩土体破碎；破碎的岩土体在自身重力和水流的作用下陷人岩溶洞穴，在地面则形成塌陷。冲爆致塌现象常发生于地下暗河的下游。

5.振动致塌模式

振动致塌模式是指由于振动作用，使岩土体发生破裂、位移和砂土液化等现象，降低了岩土体的机械强度，从而发生岩溶塌陷。在岩溶发育地区，地震、爆破或机械振动等经常引发地面塌陷，如辽宁省营口地震时，孤山乡第四系松散覆盖层岩溶区，由于地震引起砂土液化，出现了200多个岩溶塌陷坑。

6.荷载致塌模式

荷载致塌模式是指溶洞或土洞的覆盖层和人为荷载超过了洞顶盖层的强度，压塌洞顶盖层而发生的塌陷过程和现象。例如，水库蓄水，尤其是高坝蓄水，可将库底岩溶洞穴的顶盖压塌，造成库底塌陷，库水大量流失。

应当指出，岩溶地面塌陷实际上常常是在几种因素的共同作用下发生的。例如，洞顶的土层在受到潜蚀作用的同时，往往还受到自身的重力作用。

（四）岩溶地面塌陷治理措施

岩溶塌陷的防治应统一规划，针对病根，有的放矢，避免盲目治理，防止单打一，应采取“以防为主、及时治理”的综合治理措施。

1.岩溶塌陷的预防

（1）查明洞穴分布。调查工作应在查明区域地质、水文地质背景的基础上，运用钻探和物探手段确定浅表洞穴的分布情况，并从危险性的角度进行分区。对松散堆积物厚度不大，且直接覆盖在溶洞和隙宽较大溶隙开口处的那些地段，要予以高度重视，不应布设任何建筑物。

（2）对已出现地面变形，但尚未塌陷的地点，要圈围出警戒区，及时撤离人员。

（3）拟建的以岩溶水为开采对象的供水源地布设地点，场地选择时，应事先进行致塌危险性的充分论证，并尽可能远离村镇和人口密集区。

（4）对分散开采的农村井机，应强调小流量、小降深逐渐过渡到预定开采量的操作方法，以避免洞穴负压的形成。

（5）在可能出现塌陷的地段，要防止地表水的进入，对严重漏水的河溪、库塘进行铺底防漏或人工改道。

（6）加强对岩溶水位，尤其是地面变形的监测，要注意宣传，加强群测群报的工作。

2.岩溶塌陷的治理

（1）岩溶塌陷治理原则

①对于土洞和塌陷，除已充分论证其确属稳定不再发展的以外，都需要进

行治理，未经治理不能作为建筑物天然地基。

②治理措施应针对“病根”，因地制宜。如由于岩溶地下水位升降波动引起的塌陷，一般应阻截地下水流通管；对于表水渗漏引起的塌陷，应注意完善地表排水系统，防止地表水渗漏等。

③由于岩溶塌陷影响因素很多，且主次因素在条件变化时可以转化。因此，一般应采取综合治理措施，如填堵结合灌浆、灌浆结合排水等，以符合既经济又可靠的原则。

④在治理阶段，应结合进行监测工作，以验证治理措施的效果，以便发现问题及时补救。

(2)岩溶地面塌陷的治理

①清除填堵法。常用于相对较浅的塌坑或埋藏浅的土洞。清除其中的松土，填入块石、碎石形成反滤层，其上覆盖以黏土并夯实。如广西桂林榕城回填堵塞法治理岩溶地面塌陷。

②跨越法。用于较深大的塌陷坑或土洞。对建筑物地基而言，可采用梁式基础、拱形结构，或以刚性大的平板基础跨越、遮盖溶洞，避免塌陷危害。对道路路基而言，可选择塌陷坑直径较小的部位，采用整体网格垫层的措施进行整治。

③强夯法。把10～20t的夯锤起吊到一定高度(10～40m)，让其自由下落，造成强烈的冲击对土体强力夯实。一方面是夯实松软的土层和塌陷坑或土洞内的回填土体，以提高土体的强度；另一方面可消除隐伏土软弱带，是一种处理结合预防的措施。

④钻孔充气法。随着地下水位的升降，溶洞空腔中的水气压力产生变化，经常出现气爆或冲爆塌陷，设置各种岩溶管道的通气调压装置，破坏真空腔的岩溶封闭条件，平衡其水、气压力，减少发生冲爆塌陷的机会。

⑤灌注填充法。在溶洞埋藏较深时，通过钻孔灌注水泥砂浆，填充岩溶孔洞或缝隙，隔断地下水流通道，达到加固建筑物地基的目的。灌注材料主要是水泥、碎料(砂、矿渣等)和速凝剂(水玻璃、氧化钙)等。

⑥深基础法。对于一些深度较大，跨越结构无能为力的土洞、塌陷，通常采用桩基工程，将荷载传递到基岩上。

⑦旋喷加固法。旋喷技术是利用旋转提升、高压喷射水泥浆凝结成旋喷桩或不旋转只定向提升喷射成板墙。在浅部用旋喷桩形成—“硬壳层”,在其上再设置筏板基础。“硬壳层”厚度根据具体地质条件和建筑物的设计而定,一般为10～20m 即可。

三、采空区地面塌陷

采空区地表在开始时多形成较浅的凹地,随着采空区的不断扩大,凹地不断发展成为凹陷盆地,也常称为移动盆地。自移动盆地的中心向边缘,变形特征可划分为 3 个区:①均匀下沉区,即盆地中心的平底部分,其特点是地表下沉均匀、地面平坦,一般无明显裂缝;②移动区,区内地表变形不均匀,变形种类较多,对建筑物破坏作用较大,如地表出现裂缝时,又称裂缝区;③轻微变形区,地表变形值较小,一般对建筑物不起损坏作用;该区与移动区的分解,一般是以建筑物的容许变形值来划分的。

矿山开采形成地下采空区,或在矿井坑道排水疏干,或大量抽取地下水,都有可能使采空区的地面失去支撑或支撑力不够,在重力作用下发生塌陷。采空塌陷的面积一般都在几百平方米以上,最大的如湖南杨梅山煤矿塌陷,长2000m、宽 1000m、深 12m。

(一)影响塌陷区地表变形的因素

(1)矿层因素。矿层埋深越大,地表变形值越小,变形较平缓均匀,但地表移动盆地的范围增大;矿层厚度大,地表变形值大,矿层倾角大,水平移动值大。

(2)岩性因素。上覆岩层强度高、分层厚度大时,地表变形所需采空面积要大,破坏过程所需时间长,厚度大的坚硬岩层,可长期不产生地表变形;强度低、分层薄的岩层,常产生较大的地表变形,其速度快,变形均匀,地表一般不出现裂缝;脆性岩层地表易产生裂缝;当厚的塑性大的软弱岩层覆盖于硬脆的岩层上时,硬脆岩层产生的破坏,常会被前者缓冲或掩盖,使地表变形平缓;一旦上覆软弱岩层较薄,则地表变形很快,并出现裂缝;弱岩层软硬相间且倾角较陡时,接触处常出现层离现象,地表出现变形。另外,地表第四纪堆积物越厚,地表变形越大,但变形平缓均匀。

(3)地下水因素。地下水活动可加快变形速度，扩大变形范围，增大地表变形值，特别是抗水性弱的岩层。

(4)开采条件因素。矿层的开采和顶板处置方法以及采空区的大小、形状，工作面推进速度等，都影响地表变形值、变形速度和变形的形式。

(二)矿山采空区地面塌陷的分布

矿山采空区地面塌陷是我国地面塌陷的另一种重要形式。其中煤矿开采造成的地面塌陷比例最大。

目前我国采矿业造成的地面塌陷主要分布在全国 20 个省(自治区、直辖市)，几乎在全国的采煤、采矿区均有出现，尤其是个体采矿比较发达而法律法规执行不力的地区，更容易发生。

(三)矿山采空区地面塌陷的机理

第一阶段为掘进和回采的初期，存在冒落带、裂隙带和弯曲带；第二阶段为地裂缝发展阶段，仅存在冒落带和裂隙带；第三阶段为地面塌陷阶段，仅存在冒落带。

(四)采空区地面塌陷防治措施

1.采空区地面塌陷的预防

(1)矿山开采前应结合开采方式、开采进度，运用采动理论估算不同开采期地面变形的范围和程度，作出风险评估。

(2)要明确禁采区和限采区，对地表重要建筑物、水库和城镇所在地要结合采深采厚和地质条件分析，给出危害后果最小的开采方案。

(3)开采过程中要对不同区块的地面变形进行监测预报，及时撤离人员。

(4)矿坑排水设计必须考虑地面塌陷的可能地点、规模，避免单纯追求疏干工期的做法。

(5)改进井巷顶板管理方法，在条件允许的情况下，尽可能采用充填法。在一般情况下，为减少地面变形造成的损失，应留有足够数量的保安矿柱，而且禁止对矿柱的回采。

2.采空区地面塌陷的治理

(1)对破坏的土地应进行整理、平复,以防滑坡、崩塌的出现。

(2)危房改造必须到位,严重损毁的房屋必须拆除。

(3)对进入充分采动阶段(冒落带发育到地表)的地段,土地整理工作至少应在塌陷后两年进行,由于残余变形将持续很长时间,这些地段短期内一般不宜建造永久性建筑物。对仍处于非充分采动阶段的地段,不宜开展正规的土地整理,以免前功尽弃,或采用钻孔灌注法,填充地下空腔,使之达到稳定状态。

第三节　地面沉降

一、地面沉降成因

(一)地面沉降概述

1.地面沉降定义

地面沉降是地壳表面在内力地质作用、外力地质作用与人类活动的作用下,地壳表面某一局部范围内或大面积的、区域性的沉降活动,其垂直位移一般大于水平位移。

地层在各种因素的作用下,造成地层压密变形或下沉,从而引起区域性的地面标高下降。

地面沉降的发展比较缓慢,无仪器观测难以察觉,一旦发生,即使除去地面沉降的原因也难以完全恢复。不同地区由于其地质结构与影响因素不同,导致其地面沉降的范围与沉降速率不同。一般而言,地面沉降的面积较大,沉降速率多在 80mm/a 以上。

2.地面沉降的危害

地面沉降是一种累进性地质灾害,会给滨海平原防洪排涝、土地利用、城市规划建设、航运交通等造成严重危害,其破坏和影响是多方面的。

地面沉降会造成地面标高损失,继而造成雨季地表积水,防泄洪能力下降;沿海城市低地面积扩大、海堤高度下降而引起海水倒灌;海港建筑物破坏,装卸能力降低;地面运输线和地下管线扭曲断裂;城市建筑物基础下沉脱空开裂;桥梁净空减小而影响通航;深井井管上升,井台破坏,城市供水及排水系统失效;农村低洼地区洪涝积水使农作物减产等。

地面沉降对环境的危害:防洪能力降低,洪涝危害加剧;雨季地面积水扩大,乃至大面积农田抛荒。

(二)地面沉降的原因

1.自然因素引起的地面沉降

新构造运动以及地震、火山活动引起的地面沉降;海平面上升导致地面的相对下降(沿海);土层的天然固结(次固结土在自重压密下的固结作用)造成地面沉降。

自然因素所形成的地面沉降范围大、速率小。自然因素主要是构造升降运动以及地震、火山活动等。一般情况下,把自然因素引起的地面沉降归属于地壳形变或构造运动的范畴,作为一种自然动力现象加以研究。

2.人为因素引起的地面沉降

抽取地下气、液体引起的地面沉降。抽取地下水而引起的地面沉降,是地面沉降现象中发育最普通、危害性最严重的一类;大面积地面堆载引起的地面沉降;大范围密集建筑群天然地基或桩基持力层大面积整体性沉降——工程性地面沉降。

人为因素引起的地面沉降一般范围较小,但速率和幅度比较大。人为因素主要是开采地下水和油气资源以及局部性增加荷载。将人为因素引起的地面沉降归属于地质灾害现象进行研究和防治。

(1)地面沉降的地质原因

地表松散地层或半松散地层等在重力作用下,在松散层变成致密的、坚硬或半坚硬岩层时,地面会因地层厚度的变小而发生沉降,因地质构造作用导致地面凹陷而发生沉降,地震也会导致地面沉降。

(2)地面沉降的人为原因

近几十年来,人类过度开采石油、天然气、固体矿产、地下水等直接导致了全球范围内的地面沉降。在我国,由于各大中城市都处于巨大的人口压力之下,地下水的过度抽采更为严重,导致大部分城市出现地面沉降,地坪降低后,民房建设需要加大填土工程量。地坪降低,需重新加高,形成“加空层”,在沿海地区还造成了海水入侵;地面沉降导致了地表建筑和地下设施的破坏。

据统计,我国每年因地面沉降导致的经济损失达数亿元人民币。值得庆幸的是,我国已开始重视这个问题,控制人口增长、合理开采地下水等一系列政策的出台使我国很多地区的地面沉降现象已经或将得到控制。

(3)地面沉降的地质环境

地质沉降的地质环境主要和近代河流冲积环境模式、近代三角洲平原沉积环境模式、断陷盆地沉积环境模式、临海式断陷盆地和内陆式断陷盆地相关。

(4)地面沉降的产生条件

①厚层松散细粒土层的存在

厚层松散细粒土层的存在主要是抽采地下流体引起土层压缩而引起的。厚层松散细粒土层的存在构成了地面沉降的物质基础。

易于发生地面沉降的地质结构为砂层、黏土层互层的松散土层结构。随着地下水的抽取，承压水位降低，含水层本身及其上、下相对隔水层中孔隙水压力减小，地层压缩导致地面发生沉降。

②长期过量开采地下流体

由于抽取地下水，在井孔周围形成水位下降漏斗，承压含水层的水压力下降，即支撑上覆岩层的孔隙水压力减小，这部分压力转移到含水层的颗粒上。因此，含水层因有效应力加大而受压缩，孔隙体积减小，排出部分孔隙水。这就是含水层压缩的机理。

地面沉降与地下水开采量和动态变化有着密切联系：地面沉降中心与地下水开采漏斗中心区呈明显一致性。地面沉降区与地下水集中开采区域大体相吻合。

地面沉降量等值线展布方向与地下水开采漏斗等值线展布方向基本一致，地面沉降的速率与地下液体的开采量和开采速率有良好的对应关系。

地面沉降量及各单层的压密量与承压水位的变化密切相关。

许多地区已经通过人工回灌或限制地下水的开采来恢复和抬高地下水位的办法，控制了地面沉降的发展，有些地区还使地面有所回升。这就更进一步证实了地面沉降与开采地下液体引起水位或液体沉降之间的成因联系。

③新构造运动的影响

平原、河谷盆地等低洼地貌多是新构造运动的下降区，因此，由新构造运动引起的区域性下沉对地面沉降的持续发展也具有一定的影响。

④城市建设对地面沉降的影响

城建施工造成的沉降与工程施工进度密切相关，沉降主要集中于浅部工程活动相对频繁和集中的地层中，与开采地下水引起的沉降主要发生在深部含水砂层有根本区别。

3.地面沉降的特征与分布规律

(1)地面沉降的特征

地面沉降的特点是波及范围广,下沉速率缓慢,往往不易察觉,但对建筑物、城市建设和农田水利危害极大。

地面沉降灾害在全球各地均有发生。由于工农业生产的发展、人口的剧增以及城市规模的扩大,大量抽取地下水引起了强烈的地面沉降,特别是在大型沉积盆地和沿海平原地区,地面沉降灾害更加严重。石油,天然气的开采也可造成大规模的地面沉降灾害。

(2)地面沉降的分布规律

地面沉降主要发生于平原和内陆盆地工业发达的城市以及油气田开采区。

从成因上看,我国地面沉降绝大多数是因地下水超量开采所致。从沉降面积和沉降中心最大累积降深来看,以天津、上海、苏锡常、沧州、西安、阜阳、太原等城市较为严重,最大累积沉降量均在1m以上,我国地面沉降的地域分布具有明显的地带性,主要位于厚层松散堆积物分布地区。我国地面沉降可以分成以下四个区:

①大型河流三角洲及沿海平原区。这些地区的地面沉降首先从城市地下水开采中心开始形成沉降漏斗,进而向外围扩展,形成以城镇为中心的大面积沉降区。

②小型河流三角洲区。地面沉降范围一般比较小,主要集中于地下水降落漏斗中心附近。

③山前冲洪积扇及倾斜平原区。地面沉降主要发生在地下水集中开采区,沉降范围由开采范围决定。

④山间盆地和河流谷地区。地面沉降范围主要发生在地下水降落漏斗区。

4.抽水作用引起的地面沉降机理

因抽水而引起地面沉降的地区,地层主要由各含水层及其相对隔水的黏性土层相叠组成,各层间在一定的水压下有着水力联系,抽水使含水层的水头(或水位)下降,并牵动相关的水头下降,导致孔隙水压力减小,有效应力增加。

有效应力的增加,等同于给土层施加一附加压应力,使土层产生压缩变形,各土层的变形叠加,导致地面的整体下沉。

对于开采地下水引起地面沉降的防治，可减少地下水开采量和水位降深；调整开采层次，合理开发地下水资源；当地面沉降发展剧烈时，应禁采；对地下水进行人工补给，回灌时应控制水源的水质标准，以防止地下水被污染。

二、地面沉降的监测与预测

（一）地面沉降的监测

地面沉降的监测方法主要有大地水准测量、地下水动态监测、地表及地下建筑物设施破坏现象的监测等。根据地面沉降的活动条件和发展趋势，预测地面沉降速度、幅度、范围及可能产生的危害。

监测的基本方法是设置分层标、基岩标、孔隙水压力标、水准点、水动态监测网、水文观测点、海平面预测点等，定期进行水准测量和地下水开采量、地下水位、地下水压力、地下水水质监测及地下水回灌监测，同时开展建筑物和其他设施因地面沉降而破坏的定期监测等。

（二）地面沉降的预测

虽然地面沉降可导致房屋墙壁开裂、楼房地基下沉而脱空和地表积水等灾害，但其发生、发展过程比较缓慢，属于渐进性地质灾害，因此，对地面沉降灾害只能预测其发展趋势。目前地面沉降预测计算模型主要有基于释水压密理论的土水模型和生命旋回模型。

（三）地面沉降防治措施

地面沉降与地下水过量开采紧密相关，只要地下水位以下存在可压缩地层，就会因过量开采地下水而出现地面沉降，而地面沉降一旦出现就很难处理。因此地面沉降主要在于预防，其主要措施包括：

(1)建立全面地面沉降监测网络，加强地下水动态和地面沉降监测工作。

(2)开辟新的替代水源，以地表水代替地下水资源；实行一水多用，充分综合利用地下水。

(3)调整地下水开采布局，控制地下水开采量。

(4)对地下水开采层位进行人工回灌。上海市自1966年采用了“冬灌夏用”方法，大量人工补给地下水，水位大幅度回升，常年沉降转为“冬升夏沉”。

(5)实行地下水开采总量控制，计划开采和目标管理。地面沉降的主要原因是地下水的集中开采(开采时间集中、地区集中、层次集中)，因此适当调整地下水的开采层和合理支配开采时间，可以有效地控制地面沉降。

(6)加强宣传，增强防灾意识。不断提高全民的防灾减灾意识，依法严格管理地下水资源，要合理开发利用地下水资源。

除上述措施外，还应查清地下地质构造，对高层建筑物的地塞进行防沉降处理。在已发生区域性地面沉降的地区，为减轻海水倒灌和洪涝等灾害损失，还应采取加高固防海堤、防潮提。

第五章 滑 坡

在自然地质作用和人类活动等因素的影响下，斜坡上的岩土体在重力作用下沿一定的软弱面整体或局部保持岩土体结构而向下滑动的过程及其形成的地貌形态，称为滑坡，俗称“走山”“垮山”“地滑”“土溜”等。

滑坡的特征表现为：一是发生变形破坏的岩土体以水平位移为主，除滑动体边缘存在为数较少的崩离碎块和翻转现象外，滑体上各部分的相对位置在滑动前后变化不大。二是滑动体始终沿着一个或几个软弱面（带）滑动，岩土体中各种成因的结构面均有可能成为滑动面，如古地形面、岩层层面、不整合面、断层面、贯通的节理裂隙面等。三是滑坡滑动过程可以在瞬间完成，也可能持续几年或更长的时间。规模大的滑坡一般是缓慢地、长期地往下滑动，其位移速度多在突变阶段才显著增加，滑动过程可以延续几年、十几年甚至更长的时间。

第一节 滑坡的形态与识别标志

一、滑坡的形态

一个发育完全的典型滑坡，一般具有下面一些基本的组成部分。

1.滑坡体

脱离斜坡母体、发生移动的那部分岩土体，称为滑坡体，简称滑体。岩土体内部相对位置基本不变，还能保持原来的层序和结构面网络，但由于滑动作用，在滑坡体中有时出现褶皱和断裂现象，岩土体结构也会松动。

2.滑坡床

滑坡体以下未滑动的稳定岩土体称为滑坡床，简称滑床。它保持原有的结构而未变形，只是在靠近滑坡体部位有些破碎。

3.滑动面(带)

滑坡体与滑坡床之间的分界面称为滑动面(带)。由于滑动过程中滑坡体与滑坡床之间相对摩擦,滑动面附近的土石受到揉皱、碾磨作用,可形成厚数厘米至数米的滑动带。所以滑动面往往是有一定厚度的三维空间。根据岩土体性质和结构的不同,滑动面的形状是多种多样的,大致可分为圆弧状、平面状和阶梯状等。一个多期活动的大滑坡体,往往有多个滑动面,一定要分清主滑面与次滑面、老滑面与新滑面,尤其要查清高程最低的那个滑动面。

4.滑坡周界

在斜坡地表上,滑坡体与周围不动体的分界线,称为滑坡周界。它圈定了滑坡的范围。

5.滑坡壁

滑坡体后缘由于滑动作用所形成的母岩陡壁,其坡角多为35°～80°,平面上往往呈“圈椅状”。滑坡壁上经常可以见到铅直方向的擦痕。

6.滑坡台阶

滑坡体下滑时各部分运动速度不同而形成的一些错台。大滑坡体上可见到数个不同形状的台面和陡坎。

7.滑坡舌和滑坡鼓丘

滑坡体前部伸出如舌状的部位。它往往深入沟谷、河流,甚至对岸。如果滑坡舌受阻,形成隆起的小丘,则称为滑坡鼓丘。

8.滑坡洼地与滑坡湖

滑坡洼地形成于滑坡鼓丘后缘、滑坡阶地之间和滑坡阶地与滑坡壁之间,可集水成湖——滑坡湖。滑坡切穿潜水面形成滑坡泉,泉水流入滑坡洼地形成滑坡湖。陕西宝鸡卧龙寺滑坡壁上形成滑坡悬挂泉,泉水形成10m深的滑坡湖。

9.滑坡主轴线

通过滑坡体两侧边界之间的中点所连成的一条看不见的连线,称为滑坡主轴线。此线上的各点通常是滑坡体运动速度最快的位置。有的滑坡主轴线为直线形,其方向与坡向平行或斜交。因受到滑床的制约,有的滑坡主轴线为折线形或弧形。

10.滑坡裂缝

由于滑坡体在滑动过程中各部位受力性质和大小不同，滑速也不同，因而不同部位会产生不同力学性质的裂缝。滑坡裂缝是滑坡发育过程中最早出现的地表特征，它能及时提供滑坡信息，为人们避灾自救赢得宝贵时间。

(1)拉张裂缝。由滑坡体向前、向下移动而在滑坡后缘形成的主要裂缝，称为拉张裂缝。拉张裂缝最早是断续出现，继而连成一整条裂缝(带)。它是发生滑坡的标志，又称主裂缝。岩质滑坡的后缘裂缝呈直线形或锯齿形，土质滑坡的后缘裂缝呈弧形。后缘裂缝的长度因滑坡宽度而不同，后缘裂缝的宽度因滑坡的移动距离而异。而且，因滑坡体的滑动方向偏移，使后缘裂缝两端的宽度相差较大。后缘裂缝的深度只能是可见深度，其深浅因滑坡体的厚度和移动距离的不同而各有差异。在主裂缝前后的岩、土体上，也常见到拉张裂缝，位于主裂缝前方的拉张裂缝为滑坡体分级解体的标志。位于主裂缝后方的拉张裂缝通常是滑坡后壁上的岩、土体松动、失稳的标志。

(2)剪切裂缝。剪切裂缝位于滑坡体的中部和前部的两侧，是因滑坡体的移动呈X形、雁行状排列。随着滑坡的发展，最终在滑坡体两侧各发育成一条剪切裂缝(带)。

(3)鼓张裂缝。滑坡体经过剪出口时，因地形坡度变化和地表摩阻增大而发生上拱断裂所造成的横向裂缝。

(4)扇形裂缝。扇形裂缝位于滑坡体舌部，是因前部岩土体向两侧扩散而产生的，做放射状分布呈扇形。

二、滑坡的识别标志

斜坡滑动之后，会出现一系列的变异现象。这些变异现象，为我们提供了在野外识别滑坡的标志，其中主要有以下几个方面。

1.地形地物标志

滑坡的存在，常使斜坡不顺直、不圆滑而造成圈椅状地形和槽谷地形，其上部有陡壁及弧形拉张裂缝；中部坑洼起伏，有一级或多级台阶，其高程和特征与外围河流阶地不同，两侧可见羽毛状剪切裂缝；下部有鼓丘，呈舌状向外突出，有时甚至侵占部分河床，表面多鼓张扇形裂缝；两侧常形成沟谷，出现双沟同源现象;有时内部多积水洼地,喜水植物茂盛,有“醉林”及“马刀树”和建筑物开裂、倾斜等现象。

2.地层构造标志

滑坡范围内的地层整体性常因滑动而破坏,有扰乱松动现象,层位不连续,出现缺失某一地层、岩层层序重叠或层位标高有升降等特殊变化;岩层产状发生明显的变化;构造不连续(如裂隙不连贯、发生错动)等,都是滑坡存在的标志。

3.水文地质标志

滑坡地段含水层的原有状况常被破坏,使滑坡体成为单独含水体,水文地质条件变得特别复杂,无一定规律可循。如潜水位不规则、无一定流向,斜坡下部有成排泉水溢出等。这些现象均可作为识别滑坡的标志。

上述各种变异现象,是滑坡运动的统一产物,它们之间有不可分割的内在联系。因此,在实践中必须综合考虑几个方面的标志,互相验证,准确无误,绝不能根据某一标志,就轻率地作出结论。例如,某地段从地貌宏观上看,有圈椅状地形存在,其内并有几个台阶,曾误认为是一个大型古滑坡,后经详细调查,发现圈椅范围内几个台阶的高程与附近阶地高程基本一致,应属同一期的侵蚀堆积面,圈椅范围内的松散堆积物下部并无扰动变形,基岩产状也与外围一致,而且外围的断裂构造均延伸至其中,未见有错断现象,圈椅状范围内,仅见一处流量微小的裂隙泉水,未见有其他地下水露头。通过这些现象的分析研究,判定此圈椅状地形应为早期溪流流经的古河弯地段,而并非滑坡。

第二节　滑坡分类与成因

一、滑坡的分类

出于不同的研究目的，滑坡有不同的分类。

与滑坡防治工程有关的分类可以按规模、滑体物质组成、发生年代、滑动方式、具体厚度、古老滑动面被利用情况、引发因素和纵横长度比进行分类。

1.按规模分类

(1)特大型滑坡：体积大于 1000 万 m^3。

(2)大型滑坡：体积为(100～1000)万 m^3。

(3)中型滑坡：体积为(10～100)万 m^3。

(4)小型滑坡：体积小于 10 万 m^3。

2.按滑体物质组成分类

滑坡按滑体物质组成可分为土质滑坡和岩质滑坡。

(1)土质滑坡：土质滑坡是滑动面位于土层内或土层与基岩交界面的滑坡。

(2)岩质滑坡：岩质滑坡是滑动面位于基岩内部的滑坡。

岩质滑坡按滑动面与层面的关系可分为顺层滑坡(以岩层面为滑动面)和切层滑坡(滑动面与岩层层面相切)。

3.按发生年代分类

滑坡按发生年代可分为以下三类。

(1)新滑坡(近 50 年内)。

(2)老滑坡(大于 50 年的全新世)。

(3)古滑坡(晚更新世及其以前)。

4.按滑动方式分类

滑坡按滑动方式可分为松脱式滑坡和推移式滑坡两类。

(1)松脱式滑坡(前部先滑动，逐次向后发展)，松脱式滑坡即多数人习惯称谓的“牵引式”滑坡。

(2)推移式滑坡(先滑坡，推动前部发生滑动)。

5.按具体厚度分类

滑坡按具体厚度可分为以下几类。

①浅层滑坡(滑体厚度 $h \leqslant 10m$)。

②中层滑坡($10m < h \leqslant 25m$)。

③深层滑坡($25m < h \leqslant 50m$)。

④超深层滑坡($h > 50m$)。

6.按古老滑动面被利用的情况分类

滑坡按古老滑动面被利用的情况可分为以下三类。

(1)复合型滑坡(古、老滑坡滑动面被新滑坡全面利用)。

(2)部分复活型滑坡(古、老滑坡滑动面被新滑坡部分利用)。

(3)非复合型滑坡(古、老滑坡滑动面未被新滑坡利用)。

7.按引发因素分类

滑坡按引发因素可分为:

(1)工程滑坡:由在滑坡或潜在滑坡体上及边缘附近进行的工程活动引发。

(2)非工程滑坡:由自然因素和其他人为因素引发。

8.按纵横长度比分类

滑坡按纵横长度比可分为以下三类。

(1)纵长式滑坡(纵横长度比 $h \geqslant 1.5$)。

(2)等长式滑坡($1.5 > h \geqslant 0.5$)。

(3)横长式滑坡($h < 0.5$)。

二、滑坡产生的主要条件

1.地质条件和地貌条件

(1)岩土类型

岩、土体是产生滑坡的物质基础。通常,各类岩、土都有可能构成滑坡体,其中结构松软,抗剪强度和抗风化能力较低,在水的作用下其性质易发生变化的岩、土,如松散覆盖层、黄土、红黏土、页岩、泥岩、煤系地层、凝灰岩、片岩、板岩、千枚岩等及软硬相间的岩层所构成的斜坡易发生滑坡。

(2)地质构造

斜坡岩、土只有被各种构造面切割分离成不连续状态时,才可能具备向下滑动的条件。同时,构造面又为降雨等进入斜坡提供了通道。故各种节理、裂隙、层理面、岩性界面、断层发育的斜坡,特别是当平行和垂直斜坡的陡倾构造面及顺坡缓倾的构造面发育时,最易发生滑坡。

(3)地形地貌

只有处于一定地貌部位、具备一定坡度的斜坡才可能发生滑坡。一般江、河、湖(水库)、海、沟的岸坡,前缘开阔的山坡、铁路、公路和工程建筑物边坡等都是易发生滑坡的地貌部位。坡度大于10°、小于45°、下陡中缓上陡、上部成环状的坡形是产生滑坡的有利地形。

(4)水文地质条件

地下水活动在滑坡形成中起着重要的作用。它的作用主要表现在:软化岩、土,降低岩、土体强度,产生动水压力和孔隙水压力,潜蚀岩、土,增大岩、土容重,对透水岩石产生浮托力等,尤其是对滑坡(带)的软化作用和降低强度作用最突出。

2.内外营力和人为作用的影响

在现今地壳运动的地区和人类工程活动的频繁地区是滑坡多发区,外界因素和作用可以使产生滑坡的基本条件发生变化,从而引发滑坡,主要引发因素有:地震;降雨和融雪;地表水的冲刷浸泡,河流等地表水体对斜坡坡脚的不断冲刷;不合理的人类活动,如开挖坡脚、坡体堆载、爆破、水库蓄(泄)水、矿山开采等都可引发滑坡。此外,还有如海啸、风暴潮、冻融等许多作用也可引发滑坡。

3.滑坡发育阶段划分及其特征

滑坡在不同阶段会有各种特征,如井泉水质变浑、出现地裂隙房屋拉裂、井水位下降、醉汉林、地面下沉等。

第三节　滑坡危险性评估

一、滑坡危险性评价的基本要求

1.滑坡危险性评估执行的技术标准和评估程序

(1)滑坡危险性评估执行的技术标准

滑坡的地质测绘与调查(勘察)及评价是滑坡危险性评价必不可少的工作内容,应选择恰当的技术标准作为依据。

(2)滑坡危险性评估程序

滑坡危险性评估的工作程序:在初步查明滑坡地质环境和滑坡的地质背景的基础上,通过滑坡危险性现状评估、预测评估和综合评估,对评估区征地范围内的建设适宜性作出结论并提出防治措施建议等。

具体的工作则是在充分收集已有资料和现场调查与地质测绘(必要时可辅以少量的勘察和测试工作)的基础上进行的。根据收集、调查及勘察结果对滑坡的稳定性进行以定性为主,定量为辅的综合评价。按照滑坡稳定性的差别可以得出滑坡失稳可能性的大小,根据滑坡发生后的损失大小就可以确定危险性大小,再依据地质灾害危险性大小,结合防治费用就可以对适宜性作出结论。并应根据滑坡的规模、类型、变形特征及稳定性等提出防治措施建议。

2.滑坡危险性评价总体技术要求与基本任务

滑坡危险性评价评估等级分为一级评估、二级评估和三级评估,滑坡危险性评价总体技术要求如下所述。

(1)一级评估:滑坡的评价必须查明评估区内地质环境条件、滑坡的构成要素及变形的空间组合特征,确定其规模、类型、主要引发因素、对工程的危害。在斜坡地区的工程建设必须评价工程施工引发滑坡的可能性及其危害,对变形迹象明显的,应提出进一步的建议。

(2)二级评估:应将滑坡对建设项目的影响或危害以及建设项目是否会引发滑坡进行分析或专项分析。应基本查明评估区内存在滑坡的类型、分布、规模以及对拟建项目可能产生的危害及影响。预测评价工程建设可能引发滑坡的危险性。

(3)三级评估:对建设工程范围内是否存在滑坡灾害及其危险性进行定性分析确定。初步查明评估区滑坡分布与特性;工程建设可能引发滑坡的性质、规模、危害以及对评估区地质环境的影响

滑坡危险性评价基本任务查明地质环境条件、现状评估、预测评估、综合评估四项,具体说明如下。

(1)查明地质环境条件:①气象、水文;②地形地貌;③地层岩性;④地质构造与区域地壳稳定性;⑤工程地质条件;⑥水文地质条件;⑦工程活动对地质环境影响。

(2)现状评估:现状评估是对已有滑坡的危险性评估。任务是根据评估区滑坡类型、规模、分布、稳定状态、危害对象进行危险性评价;对稳定性或危险性起决定性作用的因素作较深入的分析,判断其性质、变化、危害对象和损失情况。

(3)预测评估:预测评估指对工程建设可能引发的滑坡的危险性评估。任务是依据工程项目类型、规模,预测工程项目在建设过程中和建成后,对地质环境的改变及影响,评价是否会引发滑坡灾害及其范围、危害。

(4)综合评估:综合评估任务是根据现状评估和预测评估的情况,采用定性、半定量的方法综合评估滑坡危险性程度,对土地的适宜性作出评估,并提出防治引发滑坡和另选场地的建议。

二、滑坡调查要求

滑坡调查一般包括滑坡的形成背景调查、滑坡体特征的地质测绘与调查,引发滑坡的因素调查、滑坡危害性调查和当地防治经验调查。

滑坡地质测绘与调查的范围应包括滑坡及其邻区。后部分包括滑坡后壁以上一定范围的斜坡,不超过第一斜坡带或一级分水岭或积水洼地;前部分包括剪出口以下稳定地段,两侧应达滑坡体以外一定距离或邻近沟谷。涉水滑坡尚应包括河(库)心或对岸。

当采用地质测绘手段时,成图比例尺不应过小,可根据滑坡面积、滑坡地质环境复杂程度和评估级别分别选择,一般不宜小于1∶2000。

1.滑坡调查的主要内容

(1)地质环境条件调查

搜集当地滑坡史、易滑地层分布、水文气象、工程地质图和地质构造图等资料,并调查分析山体地质构造。

调查微地貌形态及其演变过程,沟谷发育情况,河流冲刷、堆积物及地表水汇聚情况和植被发育情况,滑坡发生与地层、岩性、断裂构造、水土地质条件、地震和人类活动因素的关系,找出引起滑坡或滑坡复活的主导因素。

(2)滑坡基本特征调查

调查微地貌形态及其演变过程;圈定滑坡周界、滑坡壁、滑坡平台、滑坡舌、滑坡裂隙、滑坡鼓丘等要素表部特征并用地质测绘方法将其标注在平面图上。

查明滑动带部位、滑痕指向、倾角,滑带的组成和岩土状态,裂隙的位置、方向、深度、宽度、产生时间、切割关系和力学属性。

(3)水文地质条件调查

调查滑带水和地下水的情况,泉水出露地点及流量,地表水体、湿地分布及变迁情况。气象水文资料主要应收集河流的水位变化,常年及重现期 20 年、50 年的最高、最低水位,常年的水位高度(重点是水位降的高度和时间垮度);年均降水量和降水强度,重现期 20 年、50 年的最大降水量和降水强度。

(4)稳定性调查

调查滑坡带内外建筑物、树木等的变形、位移及其破坏的时间和过程;残留滑体的稳定状况,滑体后缘壁、两侧壁有无不稳定的牵引块体及其危险性等。分析滑坡一旦失稳的最大规模、危害范围和损失,以及可能产生的派生的灾害类型与范围等。

必要时应通过少量勘察及测试工作,确定滑坡的内部特征(主要包括滑面埋深、滑面层数、连通性,滑石产状和滑体物质组成和状态)及滑面特征(包括形态、力学性质等)。为滑坡稳定性、定量评价提供依据。

(5)引发滑坡的因素调查

调查滑坡的发生及发展与地震、降雨、侵蚀、崩坡积加载等自然因素的关系和人类活动(如森林植被的破坏、不合理开垦、建筑加载、不合理的切坡、渠道渗漏和水库蓄水等)对滑坡的发生及发展的影响。

(6)灾情调查

调查了解滑坡危害及成灾情况。包括历史情况和近期活动造成的损失，当地地面工程及环境工程或人员伤亡、经济损失情况；以及堵河、涌浪等作用造成的远程损失和次生灾害损失，并对滑坡失稳可能造成的范围及损失进行预测。

(7)滑坡防治调查

滑坡防治调查包括已采取的应急预防减灾措施、防治工程及其投资金额与效果、经验；当地整治滑坡的经验教训等。

2.滑坡调查的范围与观察点布置

(1)滑坡评价范围。滑坡评价范围应以第一斜坡带为限。

(2)滑坡调查采用观察点、观察线控制法。观察点的布置应重点控制下列内容：

a.滑坡周(边)界和滑坡要素。

b.滑体及其影响带的地质特征和界线。

c.与滑体形成有关的自然与地质环境条件，包括地形地貌和地层岩(土)性界线、地质构造线(各类结构面)和地下水露头等。

d.与评价滑体形成与稳定性有关的其他现象。

(3)观察线路应采用横穿地质体和界限追索相结合的全面测绘与调查法，观察点密度见表5—1。与滑体形成及稳定性有重要意义的地质现象，如滑坡要素、软弱层、结构面等的观察点应加密。

表5—1 滑坡调查观察点密度

评估等级	观察点在图上的距离(cm)
I级	1.5～3.0
II级	2.0～3.5
III级	2.5～4.0

(4)滑坡调查应充分利用天然露头和已有人工露头，当露头较少时，可布置一定数量的坑、槽探。

(5)图上宽度大于2mm的地质现象应测绘到图上，对评价滑体形成和稳定性有重要意义的地质现象，如崩滑体要素、各类结构面等，在图上宽度不足2mm时，应扩大比例尺表示，并注明实际数据。

(6)观察点记录应认真、全面,重要地质现象应素描、照相和录像。

3.滑坡灾害危害程度

滑坡灾害危害程度指滑坡灾害造成的人员伤亡、经济损失与生态环境破坏的程度。一般划分为以下四个等级。

特大:威胁人数在1000人以上,或者可能造成的经济损失在1亿元以上的。

大:威胁人数在500人以上1000人以下,或者可能造成的经济损失在5000万元以上1亿元以下的。

较大:威胁人数在100人以上500人以下,或者可能造成的经济损失在500万元以上5000万元以下的。

小:威胁人数在100人以下,或者可能造成的经济损失在500万元以下的。

4.综合评估

(1)综合评估

综合评估是在现状评估和预测评估基础上,对建筑场地的不同区段(功能区或自然单元)的滑坡危险性和建设工程适宜性作出逐一评判。

(2)评估方法

确定判别区段危险性的量化指标时,应根据“区内相似,区际相异”“就大不就小”“分区相对独立、完整”的原则,采用定性或半定量分析方法进行危险性和建筑适宜性评判。

(3)常用的半定量方法

常用的半定量方法包括综合指数法、参数叠加法、模糊数学评判法、信息量法和人工神经网络法等。

(4)防治措施建议原则

①前提性:立足于减轻灾害,服务于工程建设。

②针对性:既要考虑滑坡现状和发展趋势,又要充分考虑到各种措施可能会带给工程建设的影响,尽力降低负面影响。

③有效性:充分考虑各种方法的局限性,使提出的措施不仅具有抢险性,更具有长期安全性。

④经济性:在确保安全的前提下,经济实用的措施应该首先加以考虑。

5.滑坡边界的野外圈定方法

(1)崩滑体边界:滑动面与地面的交线。多级滑动时,为最外围滑面与地面的交线。

(2)滑面的确定是崩滑体周界确定的前提。滑面多为控制性结构面,但结构面不等于滑面。野外调查时,可采用排除法进行滑面识别,技术路线为:找结构面→找控制性结构面→找具有非构造滑动的特征→确定滑面。

(3)崩滑面发育完善时,多有明显的剪切面(带)或岩土体挤压(前部)或拉张痕迹(后缘)、泥化夹层、岩体摩擦镜面、擦痕等形迹,这种情况下滑面及其周界位置可以据此直接圈定。

(4)通常情况下,先期形成的滑面多遭受后期改造或处于滑动初期并无明显变形,这时,滑面的地表发育迹象十分模糊,找不到明确的滑面,因此,崩滑体的周界只能借助于如下现象加以综合的判定。

后缘:后缘往往发育有陡坎,整体上呈座椅状或新月状,坡面植被较少,坡度比前后坡为大,可见顺坡擦痕;后壁可见近于平行坡面的拉张裂隙;地表水常沿陡坎坡脚渗入地下。崩滑体边界应圈定于陡坎的下界。

前缘:前缘常呈陡坎状、鼓丘状或舌丘状。剪出口(带)常位于阶地的下缘,且岩土体呈挤压或挤出状态,显示剪切变形特征。地表树木、植物、地物等可有撕裂、向下歪斜等迹象。岩石产状或岩性可与下部存在较大差异,并常伴有柔皱、褶曲或断裂等现象。可见地下水溢出或成泉井),上下岩土体的含水程度差异较大。若无明显的剪出口(带),可以陡坎或阶地的下界为崩滑体的前缘边界。

两侧:往往沿冲沟或陡坎发育,常有双谷沟同源现象。也可能沿岩层界线或密集裂隙带发育。边界附近往往有泥化层、羽裂状剪裂隙,边界两侧地物、树木等可发育剪性裂隙或出现剪断现象;两侧植被发育状况有所差异,内侧树木可有倾斜现象。沿途可有地表水渗入或渗出现象,两侧岩土体产状、岩性、含水性差异较明显。

6.滑坡厚度的估测方法

(1)崩滑运动多沿软弱层或裂隙、层面等结构面进行,这是确定滑面及其厚度(深度)的一条基本原则。

(2)一般情况下,坚硬岩质崩滑体厚度的确定要符合如下一些原则:

①顺向时,滑面多沿岩层面展布,其厚度可由后缘或前缘被剪岩层的倾角加以估计,即为该地层层面埋深。

②反向坡或切向坡时,主要受控制性结构面制约。可由该结构面的产状加以估算。

③主滑带两侧厚、中部应比前后缘厚;两侧及前后缘厚度的推测应根据推测的滑面产状,成比例(减少)来确定。

(3)对于风化岩质滑坡或岩土质滑坡(即上部为松散土体、下部为岩体者),滑动面常发育于土体与岩体之界面处。当岩、土界面不够清楚时,可以中风化带的上界为滑面位置。崩滑体厚度可根据出露岩土界线及其变化趋势加以估计。

(4)对于厚层土体滑坡,其滑面一般可按圆弧形处理,其半径最大可取坡长的1/2,两侧应成比例的减少。

7.滑坡滑面(带)判识

(1)滑面的定义及其判识的意义

①滑面定义

滑坡是斜坡上岩土体沿着内在的软弱结构面(层)或最大剪应力带产生的剪切破坏,并向斜坡倾斜方向产生较大的水平位移的滑移现象,该剪切滑移面(带)称为滑面(带)。

②滑面判识的意义

滑面(带)的存在与否是滑坡存在与否的极其重要的依据。

滑面(带)的埋深位置、形态、规模、贯穿程度以及土石的物质组成、结构特性、物理性质及其力学强度等是评价滑坡稳定性的重要因素,也是防治方案选择和治理工程设计的重要依据。不存在滑面(带)或将其他的结构面(层)误判为滑面(带),而采取防治措施,将导致极大的浪费;而漏判滑面(带)将可能导致滑坡灾害,危害人民生命财产,造成重大的经济损失。

(2)滑面的主要类型

①岩质滑坡滑面(带)

滑面(带)多追踪和沿着斜坡岩体中软弱结构面(层)或软弱结构面(层)组

合面(层)发育,形成单一平面滑面(带)或折线形滑面(带)。

②堆积体下伏基岩面滑面(带)

滑面(带)追踪和沿着堆积体与下伏基岩界面发育,形成以该界面形态为主的非线形的滑面(带)。

③土质滑面(带)

在厚层似均质土层或全强风化层的斜坡中,沿最大剪应力带产生圆弧形滑面(带)。在厚层破碎岩斜坡中,可能沿最大剪应力带产生追踪破碎裂隙似圆弧形滑面(带)。在斜坡土层中赋存有软弱夹泥层和其他明显结构面时,其滑面(带)也可能追踪夹层(面)发育。

(3)滑面的识别方法

①地质认别方法

通过取样或现场原位测试,以滑坡形成的力学原理为基础,以地质力学和工程地质学的方法,对滑面(带)的滑动形迹和滑动现象进行定性定量的宏观观察和微观鉴定,以确定其滑面(带)的存在和赋存状态,通过地层滑坡的变形形迹,分析推测滑面(带)的分布位置和形态。

②力学判识方法

在分析确定了斜坡力学边界条件基础上,采用库仑强度理论为基础的力学判别方法,确定可能的滑面(带)。

③钻探、井、槽、洞探和地球物理方法

在滑面(带)特征和特性确定基础上,采用钻探,井、槽、洞探和地球物理方法,确定滑面(带)的存在及其分布高程、位置、形态和厚度。

④位移观测方法

通过对滑坡位移观测,尤其对滑坡地下位移观测资料来分析确定滑面(带)的存在、分布高程、位置和形态。

⑤数值模拟方法

通过数值反演和搜索,推测和复核滑面(带)的分布高程和形态。

在上述诸多判识方法中,地质判识方法和位移观测方法属于确定性方法,可以较准确的确定滑面(带)存在,其余方法均属于可能性方法,只能确定相对软弱夹层(面),或可能的潜在滑面(带);只有在采用确定性方法在对滑面(带)

的确定基础上，确定滑面（带）的特征或与滑面（带）相匹配的相应于各种可能性方法的技术指标和技术标准后，这些可能性方法，就转化为确定性方法，才能正确地判识滑面（带）的存在、分布高程、位置、形态和厚度。

（4）钻孔和试坑中滑面的鉴定

确定滑动面是滑坡勘探中最主要的任务，但因滑带一般很薄（2～10cm），在钻孔中不易觉察。因此，在钻探过程中（尤其取样时）要仔细地观察各有关特征的变化，随时分析比较。一般可根据以下几方面进行分析鉴定：

①滑动面预测

根据不同类型的滑坡，预测滑动面的可能位置。如堆积土滑坡，其滑面大都位于堆积物和基岩的分界面上；破碎岩石滑坡其滑面大多位于破碎岩体与完整基岩的交界面上；层状地层常沿某些泥化夹层分布；当黏土与砂层互层时，黏土常被泥化成软弱夹层，易于形成滑面。除此，某些渗透性明显不同的界面，如黄土层中的古土壤层面；黄土与其他黏土的交界面等，均易于构成滑动面。

②滑动面的主要特征是滑动擦痕和滑动带，并常有地下水和过湿带

擦痕所指的方向（走向）即滑坡的滑动方向，滑带一般不厚，常由软黏土组成。滑带附近常有地下水或含水量逐渐增大，又逐渐变小的过湿带，含水量最大处一般就是滑面位置。

③区分滑坡擦痕和构造擦痕

一般都认为找到擦痕就是滑坡滑动面的明显证据，这对土质滑坡多数是对的。而对岩石滑坡和破碎岩石滑坡，则要慎重区别是滑坡擦痕还是构造擦痕。前者擦痕面新鲜，条痕松软，倾角较缓；后者倾角较陡，条痕坚硬，已石化，并常附有铁锈色薄膜。

④区分滑动带或软弱夹层

滑坡的滑带是软层，但软层不一定就是滑带，两者肉眼不易区分。尤其越松软的滑带，擦痕越不易找到。因此，野外工作要根据预测滑面位置和相邻钻探资料进行综合分析。

⑤在试坑或基坑中鉴定滑动面，能取得准确的滑面位置、滑动方向和滑面产状。但鉴定过程要注意以下几个问题：

a.在试坑、探槽或基坑中找到滑动擦痕才能确定出滑面的准确位置。当滑

面位于松软土层中时，擦痕不易保存，这时可先找到湿度最大的部位，用小刀扒开，仔细观察。有时滑面上可看到两组擦痕互相交叉，它代表两个时期的滑动形迹，此时就应注意区分新、老滑动擦痕；一般新擦痕不胶结，老擦痕微胶结。新擦痕压在老擦痕之上比较明显，代表新近滑动形迹，近期滑动方向应以新擦痕为准。在探坑中量测擦痕方向和滑面深度时，应同时量测坑的四角或四壁。

b.注意区分滑动面与滑带中的张裂面。当滑带较厚时，由于滑带上下受到力偶的作用，而使滑带产生一组发育的张裂面。其特征为坡度陡于滑面，夹角小于45°，裂面表面平滑无擦痕。探坑中遇到此类结构面时，表示已接近滑面，但不是主滑面。只有见到有明显滑坡擦痕的面，才是真正的滑动面。

三、滑坡稳定性的野外评价

1.评价方法

判定的方法采用定性的地质分析法，即根据调查取得的主要地质环境要素、主要动力因素，结合滑体宏观变形形迹，建立稳定性地质判别指标，进行初步判定。

2.主要评价要素

(1)主要地质环境要素

该要素包括坡面平均坡度、斜坡类型、前缘临空状况、沟谷切割程度、岩土体结构、结构面特征、岩土性质等。

(2)主要动力因素

该要素包括地下水作用、河流作用及淹没情况、后缘加载、暴雨强度及降雨过程、地震影响、人为工程活动强度与方式等。水库水位变化对崩滑体稳定性的影响，应作为重点加以考虑。

(3)滑体宏观变形形迹

该要素主要包括裂隙、位错、陷落、膨胀等，是其不稳定的直接标志，应充分重视。

3.定性分级

稳定性分为稳定、基本稳定、潜在不稳定和不稳定四级。

(1)稳定

稳定指在一般条件(自重)和特殊工况条件(地震、暴雨、库水)下均是稳定的。

(2)基本稳定

基本稳定指在一般条件下是稳定的,在特殊工况条件下其稳定性有所降低,有可能局部产生变形,但整体仍是稳定的,但安全储备不高。

(3)潜在不稳定

潜在不稳定指在目前状态下是稳定的,但安全储备不高,略高于临界状态。在一般条件下其向不稳定方向发展,在特殊工况条件下有可能整体失稳。

(4)不稳定

不稳定指在目前状态下即近于临界状态,且向不稳定发展。在特殊工况下将整体失稳,且失稳引发临界值较低。

第四节　滑坡防治措施

一、滑坡防治原则

滑坡的防治，要贯彻以预防为主、整治为辅的原则，力求做到防患于未然，在以预防为主的前提下，尚须遵循以下几条具体原则：

（一）预防与治早、治小相结合的原则

对大型滑坡或滑坡群，因防治工程费用大，根治困难，工期过长，应和绕避迁建方案进行比较，在确认有整治可能且经济合理时，方可采用治理措施。在滑坡的早期阶段，就应注意观测，及时采取截、排地下水以及整平坡面、夯实裂缝、防止条件恶化等简单预防措施，使其逐步稳定，或将建设物适度外移，减少在坡体前缘的开挖量。对老滑坡复活或工程活动可能引起滑坡的地段要有相应的预防措施。在选择建设场地、路线、厂址、坝址等工程设计的初期阶段，当勘查区域内存在滑坡隐患时，如果进行绕避，在技术上允许，经济上又合理时，则应尽量绕避。

整治滑坡要采取综合治理措施，治早治小，宜早（治）不宜晚（治），防患于未然。一般滑坡滑带土都有随着变形发展而强度逐渐降低的过程，早治因强度大，则可治小，工程投资小而效益大。

（二）根治与分期治理相结合的原则

对于中、小型滑坡，必须做到彻底解决，不留后患。对于规模大且成因复杂的滑坡，采取一次根治和分期整治相结合的原则，对于短期内不宜查清楚的滑坡，可以分轻重缓急次序，做出全面的整治规划，有计划地采用分期整治的方案进行治理。这样可以在前期过程中继续收集资料，为全面查清滑坡性质并最终提出彻底的根治方案提供基础资料。

（1）因地制宜、讲求实效，治标与治本相结合的原则。要针对滑坡的特点，从实际出发，因地制宜，特别是对整治措施的选择，要考虑到当地的场地条件、

材料来源、施工手段、施工技术等条件。同时要根据危害对象及程度,正确选择并合理安排治理的重点,保证以较少的投入取得较好的治理效益。

(2)全面规划、统筹考虑的原则。施工组织安排、施工方法、步骤、取土、弃土、施工季节等对治理工程都会带来不同的影响,既要统筹考虑、照顾全面,又要严格要求、保证质量。

(3)精心管理、加强观测的原则。对于已经治理的工程,仍然要精心管理,加强观测工作,观察工程效果及其新的变化动向,正确判断滑坡的演变规律,避免恶化发展。如果发现问题,应及时采取整治措施。对被损坏的工程设施应及时进行修补,使其始终处于完好状态。

总之,对于滑坡灾害应以预防为主,治理要早,措施得力,对治理后的工程仍要进行精心管理,保证治理的长期效果。

二、滑坡的预防

1.地质灾害高发区居民点的避险准备

为紧急避险,地质灾害高发区的居民要在专业技术人员的指导下,在县、乡、村有关部门的配合下,事先选定地质灾害临时避灾场地、提前确定安全的撤离路线、临灾撤离信号等,有时还要做好必要的防灾物资储备。

2.临时避灾场地的选定

在地质灾害危险区外,事先选择一处或几处安全场地,作为避灾的临时场所。避灾场所的选定,一定要选取绝对安全的地方,绝不能选在滑坡的主滑方向、陡坡有危岩体的坡脚下或泥石流沟沟口。在确保安全的前提下,避灾场地距原居住地越近越好,地势越开阔越好,交通和用电、用水越方便越好。

3.撤离路线的选定

撤离危险区应通过实地踏勘选择好转移路线,应尽可能避开滑坡的滑移方向、崩塌的倾崩方向或泥石流可能经过的地段。尽量少穿越危险区,沿山脊展布的道路比沿山谷展布的道路更安全。

4.预警信号的规定

撤离地质灾害危险区,应事先约定好撤离信号(如广播、敲锣、击鼓、吹叫笛等)。制定的信号必须是唯一的,不能乱用,以免误发信号造成混乱。

5.滑坡避险

滑坡发生时，应向滑坡边界两侧之外撤离，绝不能沿滑移方向逃生。如果滑坡滑动速度很快，最好原地不动或抱紧一棵大树不松手。

三、滑坡防治技术体系

可从绕避、排水、力学平衡和滑带土改良等方面进行滑坡防治技术分类，其中排水技术包括地表排水和地下排水两大类。基于力学平衡可将滑坡防治技术分为削方减载、坡脚回填反压和抗滑支挡三大类，进一步可将抗滑支挡技术分为抗滑挡墙、挖孔抗滑桩、锚索抗滑桩、锚索框架（地梁）、抗滑键、排架桩、钢架桩、钢架锚索桩、微型群桩和支撑盲沟等类型。

四、治理措施

滑坡灾害的防治工程非常多，本节针对广大的山区农村的实际情况，介绍几种滑坡防治的简易工程方法。

（一）排水工程

1.地表排水沟

山坡若为汇水的圈椅地形，大雨或暴雨时大量地表水流向屋后，会严重影响房屋的安全。此时，可采用地表排水沟的措施来排除地表水或雨水。排水沟的大小，应根据可能的雨水多少而定。一般排水底宽 0.3～0.5m，高 0.3～0.5m，上口宽 0.6～1.0m。排水沟可用浆砌片石做成，也可挖成土沟，土沟底和两侧墙用黏性土夹小碎石压实。若原土为黏性土夹碎石，挖沟时只需用铁铲背拍打压实沟底和两侧即可。用同样的方法可排除滑坡后缘山坡的来水和滑体内的洼地集水。

2.地下排水工程

（1）排水渗沟（盲沟）。老滑坡的中部和后部多有积水洼地，斜坡上也有汇水槽型地，排除的简单方法就是修地下排水渗沟（盲沟）。地下排水渗沟的埋深一般不小于 1.5m，底宽 0.6～0.8m，顶宽 1～1.2m。沟底填实 0.2m 厚的黏土，其下填实 1m 厚的不含泥的优质碎石（砾石），碎块石上用两屋土工布隔水、防渗，其上面盖 0.3～0.4m 厚的原地碎石土，压实，与原地面平。

(2)集水井抽排地下水工程。在湿地中，挖集水井抽排地下水，抽出的地下水还可用于浇地，起到一举两得的作用。集水井一般深 2m 左右，四周(壁)用空心砖浆砌制成，井底若为黏性土隔水屋，可不做防渗处理；若井底为块石和碎石夹砂性土，则有明显的渗漏现象，可在井底填实 0.3m 厚的黏性土夹小碎石，以防止渗漏。

(二)抗滑工程

1.抗滑挡土墙

抗滑挡土墙是利用自身的重量压在基础上，用产生的抗滑力来平衡滑坡的下滑力，达到稳定滑坡的目的。抗滑挡土墙适于浅屋和表层滑坡的防治。

依据墙体使用的材料和结构，抗滑挡土墙分为块石浆砌挡土墙、钢筋混凝土挡土墙、钢筋石笼挡土墙、木质石笼挡土墙和拉筋土挡土墙。

(1)块石浆砌挡土墙

①建筑材料：普通水泥、河砂、优质坚硬块石(或毛条石)。

②基本尺寸：挡墙基础应埋于滑动面之下 1m 以上，若滑动面剪出口高出坡脚地面 1～2m，挡墙基础位置在地面以下 1.5m 以上；否则，挡土墙抗倾覆稳定性满足不了设计规范的要求。滑动面剪出口高于坡脚地面 2m 以上和深入坡脚地面 2m 以下都不适宜用抗滑挡土墙。针对乡村实际，挡土墙的高度一般在 5m 以下。挡土墙的底宽与墙高为正相关，即墙高增加，底宽也相应增加。挡土墙的内侧一般为垂直坡，也可做成微向内倾的反坡，坡率一般不能小于 1∶0.3～1∶0.5，挡土墙的外侧一般做成向内倾的陡坡，坡率一般 1∶0.5～1∶ 0.75。

③基本结构图：以墙高 5m(含基础高 1m)、坡率 1:0.5、底宽 2.5m、顶宽 0.7m 为例，画出块石浆砌抗滑挡土墙示意图供使用者设计时参考。

(2)钢筋石笼抗滑挡土墙：

①建筑材料：ϕ 8 的钢筋、ϕ 3 的镀锌铅丝，各种级配的块石。

②钢筋笼制作：钢筋笼尺寸一般长 1～2m，宽和高均为 0.5～1m 的长方体，根据实际可以大于此设计尺寸。将设计好的尺寸交工厂制作，也可自己制作。

③钢筋石笼安装：安装前按设计的底宽进行清基，基础应置于滑动面剪出

口以下 1m 左右，第一排石笼纵向(平行滑坡主滑方向)平放，笼与笼间紧靠，并用 ϕ 1 铅丝固箍连接，而后向笼中装石块，大小配合挤压密实，使空洞最少；第二排横向平放长轴与第一排垂直；第三排又纵向平放。以此类推，直到设计高度。每层内侧收 0.20m 左右。

④钢筋石笼抗滑挡土墙设计要求：除钢筋石笼的结构设计与块石浆砌抗滑挡土墙不同外，其他完全相同。因石笼内的块石为散体结构，笼体强度依赖钢筋强度，所以钢筋石笼抗滑挡土墙为临时性工程。钢筋将在 8～10 年内锈蚀断掉，因此钢筋石笼的使用年限为 8 年。多用于抢险救灾工程。

若滑坡规模不大，估计推力也不会大，可不用稳定性推力和结构计算，依据经验设计，若墙高 5m，底宽可取 2.5～3m，顶宽取 0.7～0.8m，坡率内侧坡 1∶0.2，外侧坡 1∶0.5～1∶0.75。

2.抗滑桩

抗滑桩是垂直地面穿过滑体伸入滑床一定深度用以平衡滑坡推力的柱状构筑物。抗滑桩是目前应用较广泛的一种抗滑工程，具有施工方便、组合形式多样、抗滑性能好、投资也不很大等多种优点，可用于滑动面埋藏较深的滑坡防治。按桩柱横截面的形态分为方形、圆形、梯形和异形四类；按桩体的构筑材料分为混凝土桩、钢筋混凝土桩、钢管桩和木桩等；按施工工艺分为锤入桩、机械成孔桩、人工挖孔桩三类。

(1)抗滑桩的平面布置。据滑坡体地表特征、滑坡推力大小，设计抗滑桩的平面布置有以下几种情况：

①单排群桩。滑坡推力很小时可选用小桩，滑坡推力较大时可选用大桩。

②双排群桩。当单排群桩平衡不了滑坡推力时，可设计成双排群桩。

③多排群桩。多排群桩可用于较大滑坡推力的滑坡防治。

④抗滑桩。桩间距的经验数据根据多年的实际工作经验，考虑施工方便，抗滑桩间距最小距离不得小于 1.5m，8 排间距在 2m 以上。据研究，两桩之间内存在土拱效应，桩间距大于这个范围，土拱效应就不成立，两桩之间的土就要产生滑移。据数值分析并结合实际经验，软塑状态的黏性碎石土，桩间距一般取 2～3m；硬塑状态的黏性碎石土桩间距一般取 6～7m。排距可分别取 3m、4～5m 和 6～7m。

抗滑桩群灌注完成后,顶端最好用盖梁(联系梁)连接,这样可使抗滑桩群形成一个整体,以增强抗滑能力。

(2)抗滑桩施工。以人工挖孔桩为例,采用沉井混凝土护壁施工方法。

①先预制钢筋混凝土沉井靴和混凝土沉井壁,每节长1～1.2m。

②按设计图到现场放线定孔位。

③开孔施工,第一节安放沉井靴,孔壁要修平、直、光滑,将沉井靴放进去,用软盘测定沉井靴内壁是否垂直。然后开挖第二节放装第一节沉井护壁,检查沉井护壁内侧是否垂直,依次向下推进,直至完成。

④清孔检查验收,下放安装钢筋笼,若未设计钢筋笼,可直接灌注毛石混凝土,用振动棒充分振匀,不留空洞气眼。

⑤施工钢筋混凝土盖梁(联系梁)。

(三)削坡减载压脚工程

1.削坡减载

削坡减载是利用减小滑坡主动部分的推力原理达到下滑力与抗滑力平衡的目的。为此目的,削方减载的位置就选在滑坡中部和后部产生滑坡下滑力较大的部位。

2.压脚

压脚是在滑坡前部剪出口附近夯实部分土石,增大滑体前部被动土压力,达到下力与抗滑力的平衡,阻止滑坡滑动。

在实际工作中,往往把削坡减载与压脚结合进行,这样能充分应用削坡减载下来的碎石土,全部压在滑坡前缘剪出口附近,达到稳定滑坡的目的。

削坡减载多少,压脚多少,才能达到下滑力与抗滑力的平衡,是要用极限平衡法进行计算后得出的。

削坡减载和压脚还可以单独使用,20世纪80年代重庆市万州区胜利路老滑坡,因河水浸泡冲刷而产生缓慢滑移,滑动面就在沙河边上,沿下伏缓倾砂岩和泥岩滑动。经专家建议,向沙河抛块石压脚治理,阻止了滑坡的滑动。

削坡减载压脚工程,是滑坡防治中设计施工最简单、投资省的工程,在滑坡防治中早已广泛应用。只要施工场地许可,是滑坡防治中的首选工程。

(四)护坡工程

斜坡开挖后，除少数斜坡会产生崩塌以外，大部分边坡不会马上产生滑坡、崩塌，但这些开挖在斜坡外力的作用下，会加快卸荷变形和风化剥落，甚至产生表部坍塌，对这类斜坡必须进行加固防护。护坡工程是紧贴在开挖坡面上的工程，基本不承担坡体产生的推力。若坡体有明显的推力产生，就不适宜用护坡工程，而应用抗滑工程。

1.干砌块石(条石)护坡挡土墙

由于干砌块石间无胶结材料，自身的稳定性受到影响，所以干砌块石护坡只适用于低矮的开挖土质边坡，护坡高度一般在 3m 以内，若用条石相嵌护坡，护坡高度可达 5m。坡率不能太小，也不能太大，一般在 1∶0.30～1:0.50 之间。

(1)梯地护坡工程。在山区地形坡度 25°以下的坡耕地改成梯地时，梯地的外侧就做成干砌块护坡挡土墙。

干砌块石护坡工程结构虽然很简单，但若施工工艺很差也会引起墙体本身垮塌。墙体垮塌的原因主要有 3 点：

①块石重量很差。如用易风化的泥岩、泥质砂岩、页岩和千枚岩等块石做墙体，2～3 年就会风化垮塌。

②无挡土墙基础。将块石直接平放在台地表面的松土上，当松土自身压缩时，干砌块石墙体会垮塌。

③砌石工艺很差。块石太小，简直就是小块石乱堆填，一下大雨或暴雨，此种墙必定垮塌。

干砌块石护坡挡土墙虽然投资很省，但施工工艺很严格，施工的好坏是挡土墙能否稳固的关键。

(2)低等级乡村道路内外边坡干砌块石护坡。在斜坡上修建乡、村简易公路时，仍会采用内挖、外填的施工方法，形成了内侧开挖边坡，外侧填土边坡，若不加保护，1～2 年后内边坡和外边坡就会坍塌。若开挖边坡高 3m 左右，仍可采用省钱的干砌块石护坡。

上挡土墙(内侧坡挡土墙)的设计、施工与前述的梯地护坡工程完全一样；下挡土墙(外侧坡挡土墙)因要承担行车时传来的部分作用力，所以墙体的几何尺寸应适当大一些;用料要好,最好是新鲜、抗风化的毛条石干砌;墙基础最好置于风化岩体界面上,或未曾变动过的密实老土上。开一个基槽砌石,不能把砌石直接放于原始斜坡面上;否则要产生滑塌。若下挡土墙墙体高3m左右(不含基础)。基础宽应2m左右,墙顶宽0.6～0.8m,坡率1∶0.30～1∶0.50。

2.浆砌块石护坡工程

人工开挖(或填土)边坡3m以下的,可用干砌块石护坡,也可用浆砌块石护坡(只要投资许可);3m以上人工边坡应全部用浆砌块石护坡,或选用其他更好的护坡方式;若人工斜坡高度已达10m左右,就不能统一按护坡工程设计,据前人研究,在坡高1/3～1/2处为应力集中段,所以下部5m段应按抗滑挡土墙设计,5m以上按一般护坡设计。

30m以上高陡坡的护坡需要专门的调查设计,并且乡、村简单工程也不多见,所以本书不做详细介绍。若有30m以上高边坡加固防护,请参考其他有关专业书籍,或请专业单位勘察、设计与施工。

3.钢筋石笼护坡工程

钢筋石笼护坡工程与钢筋石笼抗滑挡土墙基本相同,所不同的是,钢筋石笼护坡因不能承受推力,所以工程规模应小一些。例如,3～4m高的钢筋石笼护坡工程,墙底工程,墙底宽1.5m,顶宽0.5～0.6m即可。

钢筋石笼的结构比干砌块石的结构要好,笼与笼之间又有连接(捆扎或钢筋点焊),整个挡土墙可形成一个整体,所以不能看成是散体结构。但它有一个致命的弱点,就是使用期不长,一般为8～10年,因而是临时性护坡的好工程。

(五)锚固法

采用锚索或锚杆等,强制改变滑坡体内的应力状态,促使滑坡稳定。

1.锚索抗滑桩

对于大型、特大型尤其是岩体滑坡,滑坡推力较大,拟定治理工程方案时可采用锚索抗滑桩。锚索抗滑桩由钢筋混凝土抗滑桩和锚索组成,锚索布设在桩顶以下1.0～1.5 m处,滑坡推力较大时可布设多排锚索。锚索倾角不大于30°。布设多排锚索时,应防止锚索之间相互影响,尤其是锚固端应有适当的安全距离。锚索的锚固段长度应根据严密的计算确定,且不应小于5m。锚索设计时,尤其在地下水比较丰富、锚索处于周期性浸泡条件下，应高度重视防腐问题。锚索抗滑桩设计时应严格控制滑坡体在桩顶以上冒顶，形成次生滑坡。

2.锚索框架

对于大型及特大型滑坡，可采用锚索框架予以防治。锚索框架又称锚索格构，由锚索和钢筋混凝土格构组成。格构由C25及其以上标号的钢筋混凝土现场浇筑，形成不大于3.5 m×3.5m的框架，格构梁采用矩形断面，长边垂直于坡面。格构梁的作用包括两方面：一方面是将锚索与格构组成空间受力体系；另一方面是便于给锚索施加并锁定预应力。锚索倾角不大于30°。锚索的锚固段长度应根据严密的计算确定，且不应小于5m，多排锚索应选用相同的锚固段长度。格沟梁地基应整平，地表不平时采用混凝土填补整平，地基承载力应满足锚索预应力张拉需求，应不低于350kPa。该技术遵循现场定位→整平地基→浇筑格沟梁（预留锚索孔）→钻设锚索孔→清孔→下放钢筋→灌浆→有限凝固→张拉→锁定的施工工序。

3.钉一锚复合抗滑结构

滑坡规模较大且滑坡体物质松散时，可采用钉一锚复合抗滑结构进行滑坡治理。

钉一锚复合抗滑结构由锚杆、锚索和格构三部分组成。锚杆的作用在于增强表层滑坡体的整体性，锚索则将滑坡推力传递到滑坡体下部稳定岩体内，格构的作用主要是将锚杆、锚索组合成空间整体受力体系。滑坡推力遵循格构→锚索→围岩的传力顺序。格构设置成矩形构架，其地基应整平且承载力不小于350kPa，土体较软不能达到要求时，应进行地基加固或换填处理，格构孔不大于3.5 m×3.5 m；锚杆长度为3～5 m，属于非预应力构件；锚索属于预应力构件，但施加的预应力值不应超过120kN，为低预应力构件。该技术遵循地基整平→格构布设→锚杆→锚索→张拉的施工工序。

（六）注浆加固法

通过钻孔内滑动面或滑动带内注入水泥浆或其他化学浆液，增强抗滑效果。注浆加固是滑动带改良的一种技术，滑动带改良后，滑坡的安全系数评价应采用抗剪断标准。注浆前后进行注浆试验和效果评价，注浆后进行开挖或钻孔取样检验。

（七）生态防治措施

滑坡灾害是可以预防的，即当人们已认识到有可能发生滑坡的情况下，想办法在事前采取措施减少其下滑因素，增加其抗滑能力，以延缓或避开其危害；对稳定的斜坡或老滑坡，不实施有损于斜坡的人为活动。运用生态学原则，通过土木工程和生态工程的有机结合，充分改善山地的环境条件，减少滑坡产生的诱发因素，从根本上消除滑坡诱导因素。①加大宣传力度，普及与滑坡有关的知识，针对不同类型的人员举办不同类型的学习培训，推动全民参与防灾工作，加强人们的环境保护意识。②划定封山育林区，在区内种植适合当地特点的树种，并在区内禁止不合理的人类活动。③退耕还林，停用水渠，修建山坡截留沟。

（八）固化法

用物理、化学方法改善滑坡带土石性质。需要说明的是，运用物理、化学方法改善滑带土石性质借以提高滑坡稳定性的治理方法，目前尚处于试验阶段，在滑坡治理中并未被广泛采用。

1.焙烧法

焙烧法是利用导洞焙烧滑坡脚部的滑带上，使之形成地下“挡墙”而稳定滑坡的一种措施。利用焙烧法可以治理一些土质滑坡。用煤焙烧砂黏土时，当烧土达到一定温度后，砂黏土会变成像砖块一样，具有相同高的抗剪强度和防水性，同时地下水也可从被烧的土裂缝中流入坑道而排出。用焙烧法治理滑坡，导洞须埋入坡脚滑动面以下 0.5～1m 处。为了使焙烧的土体呈拱形，导洞的平面最好按曲线或折线布置。导洞焙烧的温度，一般土为 500～80℃。通常用煤和木柴作燃料，也可以用气体或液体作燃料。焙烧程度应以塑性消失和在水的作用下不致膨胀和泡软为准。

2.电渗排水

电渗排水是利用电场作用而把地下水排除，达到稳定滑坡的一种方法。这种方法最适用于粒径为 0.005～0.05mm 的粉质土的排水，因为粉土中所含的黏土颗粒在脱水情况下就会变硬。施工的过程是:首先将阴极和阳极的金属桩成行地交错打入滑坡体中,然后通电和抽水。一般以铁或铜桩为负极,铝桩为正极。通电后水即发生电渗作用,水分从正极移向由一花管组成的负极,待水分集中到负极花管之后,就用水泵把水抽走。

3.爆破灌浆法

爆破灌浆法是一种用炸药爆破破坏滑动面,随之把浆液灌入滑带中以置换滑带水并固结在滑带上,从而达到使滑坡稳定的一种治理方法。目前这种方法仅用于小型滑坡。施工步骤是:首先用钻孔打穿滑动带,在钻孔中爆破。使滑坡床岩层松动;再将带孔灌浆管打入滑动带下 0.15m,在一定的压力下将浆液压入,使其在滑动带中将裂缝充满,形成一个稳定土层,借以增大滑动带土的抗滑能力。在我国黄土区的一些滑坡,曾用石灰、水泥和黏土浆液压注裂缝的方法来加固滑带土,取得了一定的成效。

五、滑坡防治方案选择

(一)绕避滑坡的方案

贯彻“地质选线”的原则,详细查明滑坡的状况,尽量避开大型滑坡和滑坡连续分布地段,可以用桥梁跨河绕避,也可以用隧道绕避。但新改线路不应有新的大型滑坡。在可行性研究、初测和定测阶段都应加强地质工作,详细查明所遇到的滑坡的规模、性质、稳定状态、发展趋势和危害情况,尽量避开可能发生滑坡的地段,如顺层地段、大型厚层堆积层分布地段和大型断裂破碎带。绕避方案可以用桥梁跨河绕避,也可以用隧道绕避。

(二)线路通过滑坡的治理方案

当线路无法或不宜避开滑坡时,针对滑坡的不同情况可采用以下治理方案。

1.稳定性较高满足设计要求的滑坡

如某些崩塌性滑坡,滑动距离长,重心降低多,抗滑段较长,又无河(沟)水继续冲刷的,主要是控制人为作用因素,如填、挖工程位置和数量,灌溉水及生产、生活用水防渗等。完善地表排水系统,一般可不做支挡工程。当滑坡前缘有河沟水冲刷时,应做防冲刷工程。

2.稳定性不满足设计要求的滑坡

稳定性不满足设计要求的滑坡,如当滑坡尚处于稳定状态但在人类工程活动或自然因素作用下可能局部或整体失稳的古老滑坡、已经变形的新生滑坡等,可采用以下防治方案:

(1)当线路位于滑坡前缘且采用抗滑段以路堑挖方方式通过时,常因挖方削弱了滑坡抗滑力而引起老滑坡复活或新生滑坡。有条件时可局部调整线路平面位置,把线路向滑坡前缘移动,变挖方为填方,增加滑坡的稳定性。有条件调整线路纵坡时(如一些低级公路),可减少滑坡抗滑段的挖方深度,保持或恢复滑坡的抗滑力。不在滑坡的主滑段和牵引段填方,不在抗滑段挖方。稳定性不足时需设排水和支挡工程。

(2)当滑坡地下水发育时,应首先设置地下排水工程,降低滑坡地下水位和滑带土孔隙水压力,提高其稳定性,减少支挡工程量。

(3)桥梁通过滑坡的治理方案。桥梁是重要建筑物,一旦被破坏后果十分严重。因此,一般不以桥梁通过滑坡。但近年来山区高速公路受地形限制,也为减少填方对滑坡稳定性的影响,采用了一些桥梁通过古老滑坡的方案,如云南保山—龙陵高速公路有多处滑坡是桥梁通过的。但桥梁对滑坡移动比路基更敏感,为确保桥梁安全,可采用在桥墩山侧或河侧设一排抗滑桩或在每个桥墩前设 3 根抗滑桩以保桥梁安全。有条件时,也可在滑坡前缘填土反压以保滑坡稳定,并应先治滑坡后做桥梁墩台。

当桥梁位于上、下两级滑坡之间时,两级滑坡的滑动均可能危害桥梁,则需在桥梁山侧和河侧均设支挡工程。当填方高度不大时,不如将桥改为路基填方而设抗滑桩板墙更为经济。

(4)隧道通过滑坡的治理方案。隧道穿越滑坡体或距离滑动面太近时,易出现安全隐患。例如,成昆铁路东荣河 1 号隧道通车 20 年后,因河流冲刷古滑坡复活使隧道错断,不得不在滑坡上部减重,在隧道两侧做两排抗滑桩,保证隧道安全。隧道进、出口及主体均应布置在滑坡体后侧稳定岩体内。

(5)减重和反压方案。在滑坡的主滑段和牵引段挖方减重,在抗滑段及前缘反压是最经济有效的治理方案,尤其对已经有变形迹象的滑坡能取得快速稳定滑坡的效果。减重或反压与支挡工程结合,能减小滑坡推力,减少支挡工程量,节约投资,在有条件时应尽量采用。减重不能引起上部和两侧山体新的变形(如浅层滑坡滑动),对多牵引式滑坡不能因前级减重引起后级滑动。反压应有一定高度,不能造成滑坡“越顶”滑动。填土体下应做透水垫层或盲沟排水,不能堵塞地下水通道,造成自身失稳。

(6)只保工程安全而不处理整个滑坡的方案。当线路从滑坡后缘附近通过时,可在线路外侧做一排锚索抗滑桩或锚拉桩以保线路安全而不治理整个滑坡。因为滑坡上部范围小,推力小,可节约投资。在成昆铁路莫洛滑坡及316国道天水稍子坡3号滑坡均采用此方案,并取得成功。北京戒台寺滑坡也仅保寺庙在庙前做锚索抗滑桩而不处理整个滑坡。

(7)支挡工程方案的选择。支挡工程包括抗滑挡墙、抗滑桩、锚索抗滑桩、锚索框架(地梁)、微型桩群和反压土石堤等,其稳定滑坡见效快,是大多数滑坡治理采用的措施,也是造价最昂贵的工程,它的合理选择非常重要。

①支挡工程位置的选择。抗滑支挡工程一般设在滑坡的抗滑段滑体较薄处,充分利用滑坡自身的抗滑力而减少支挡工程量。但当被保护的对象如路基、桥梁、建筑物等位于滑坡的中、上部时,只能根据保护对象的需要选择支挡工程位置。高速公路沿线的抗滑桩为保护环境和视角及施工中的安全,将桩埋入一级或二级边坡平台。对于多级牵引式滑坡,当只有前级滑动时,及时设一排支挡工程稳定前级,后级即可稳定。但当两级或三级均已滑动时,因滑坡推力大,常需设置多排支挡工程。

②结构形式的选择。结构形式的选择取决于滑坡推力的大小、滑面埋深和施工条件。当滑坡推力小于300kN/m,滑动面埋深小于2～3m时,可用抗滑挡土墙。当滑体含水量较高时,可与墙后支撑盲沟一起使用。墙高应保证滑坡不会“越顶”滑出。

当滑坡推力为300～1000kN/m时,采用悬臂抗滑桩或锚索抗滑桩。滑坡推力为1000～2000kN/m时,可采用锚索抗滑桩。更大的滑坡推力则需设两排桩,或桩与锚索框架共同抗滑,或分级支挡。

当有多层滑面时,应分层计算滑坡推力,支挡工程应保证各层滑坡的稳定。

是抗滑桩的结构示意图。对于多层滑面的滑坡,各层的活动状态和复活的可能性不相同,可采用不同的安全系数计算滑坡推力。当深层滑面在排水后无滑动时,抗滑桩不一定要锚入深层滑面以下。

第六章　泥石流

第一节　泥石流形成条件与分类

泥石流是发生在山区的一种含有大量泥砂、石块等固体物质的暂时性急水流，是山区特有的一种突发性的地质灾害。泥石流是一种饱含大量泥砂石块和巨砾的固—液两相流体，系由黄土、黏土、松散岩石碎屑与水混合而成的泥浆，由于震动或在暴雨、冰雪融水等激发下，沿坡面或沟槽突然流动的现象。它是介于水流和土体滑动间的一种运动现象，亦称为山啸。

一、泥石流的形成条件

泥石流的形成必须同时具备 3 个基本条件，即地形条件、物源条件和气象水文条件。近年来，由于人类不合理的活动也加速了泥石流的形成。

1.地形条件

泥石流总是发生在陡峻的山岳地区，一般是顺着纵坡降较大的狭窄沟谷活动的，可以是干涸的嶂谷、冲沟，也可以是有水流的河谷。每一处泥石流自成一个流域。典型的泥石流流域可划分为形成区、流通区和堆积区 3 个区段。

(1)泥石流形成区(上游)。多为三面环山、一面出口的半圆形宽阔地段，周围山坡陡峻，多为 30°～60°的陡坡。其面积大者可达数平方公里至数十平方公里。坡体往往光秃破碎，无植被覆盖。斜坡常被冲沟切割，且有崩塌、滑坡发育。这样的地形条件，有利于汇集周围山坡上的水流和固体物质。

(2)泥石流流通区(中游)。泥石流流通区是泥石流搬运通过的地段，多为狭窄而深切的峡谷或冲沟，谷壁陡峻而纵坡降较大，且多陡坎和跌水。所以泥石流物质进入本区后具有极强的冲刷能力，将沟床和沟壁上的土石冲刷下来携走。流通区纵坡的陡缓、曲直和长短，对泥石流的破坏强度有很大影响。当纵坡陡长而顺直时，泥石流流动畅通，可直泄下游，造成很大危害；反之，则由于易堵塞停积或改道，因而削弱了能量。

(3)泥石流堆积区(下游)。泥石流堆积区是泥石流物质的停积场所，一般位于山口外或山间盆地边缘，地形较平缓。由于地形豁然开阔平坦，泥石流的动能急剧变小，最终停积下来，形成扇形、锥形或带形的堆积体，典型的地貌形态为洪积扇，其地面往往垄岗起伏，坎坷不平，大小石块混杂。由于泥石流复发频繁，所以堆积扇会不断淤高扩展，到一定程度逐渐减弱泥石流对下游地段的破坏作用。

以上所述的是典型泥石流流域的情况。由于泥石流流域的地形地貌条件不同，有些泥石流流域上述 3 个区段就不易明显分开，甚至流通区或堆积区有可能缺失。

2.物源条件

泥石流形成的物源条件系指物源区土石体的分布、类型、结构、性状、储备方量和补给的方式、距离、速度等，土石体的来源又决定于地层岩性、风化作用和气候条件等因素。

(1)岩性条件。就我国泥石流物源区的土体来说，虽然成因类型很多，但依据其性质和组成结构可划分为 4 种类型，即碎石土、砂质土、粉质土和黏质土。砂质土广泛分布于沙漠地区，但因缺少水源很少出现水砂流，而都在风力作用下发生风砂流；粉质土主要分布于黄土高原和西北、西南地区的山谷内，在水流作用下可形成泥流；黏质土以红色土为代表，广泛分布于我国南方地区，是这些地区泥石流细粒土的主要来源。

①松散堆积物。第四系以及新近系各种成因的松散堆积物最容易受到侵蚀、冲刷，因而山坡上的残坡积物、沟床内的冲洪积物以及崩塌、滑坡所形成的堆积物、火山碎屑堆积物、构造破碎带形成的构造角砾岩等都是泥石流固体物质的主要来源。厚层的冰碛物和冰水堆积物则是我国冰川型、融雪型泥石流的固体物质来源。

②易风化岩石。板岩、千枚岩、片岩等变质岩和喷出岩中的凝灰岩等属于易风化岩石，节理裂隙发育的硬质岩石、固结程度差的岩石(如砂岩、泥页岩等)

也易风化破碎。这些岩石的风化物质为泥石流提供了丰富的松散固体物质来源。

(2)构造条件。新构造活动强烈、地质构造复杂、断裂发育的地区,山高坡陡,山坡上松散堆积物多,风化强烈,滑坡、崩塌发育,为泥石流提供了大量的固体物质来源,因此我国西南地区是泥石流的多发区。

(3)植被条件。荒山秃岭,植被差或无植被,水土流失严重,为泥石流提供了大量的固体物质来源。

3.气象水文条件

泥石流形成必须有强烈的地表径流,它为暴发泥石流提供了动力条件。泥石流的地表径流来源于暴雨、冰雪融化和水体溃决等。

我国除西北、内蒙古外,大部分地区受热带、亚热带湿热气团的影响,由季风气候控制,降水季节集中。在云南、四川的山区,受孟加拉湿热气团影响较强烈,在西南季风控制下,夏秋多暴雨,降水历时短,强度大。又如,在云南东川地区,一次暴雨6h达180mm,最大降雨强度达55mm/h,形成了历史上罕见的暴雨型泥石流。

由上述可知,泥石流发生有一定的时空分布规律。在时间上,多发生在降雨集中的雨汛期或高山冰雪强烈消融的季节,主要是在每年的夏季。在空间上,多分布于新构造活动强烈的陡峻山区。

二、泥石流的分类

从地质地貌的角度进行泥石流类型划分的方法很多,依据主要是泥石流的形成环境、流域特征和流体性质等,各种分类都从不同的侧面反映了泥石流的某些特征。尽管分类原则、指标和命名等各不相同,但每一个分类方案均具有一定的科学性和实用性。下面介绍几种主要的分类方案。

(一)按水源和物源成因分类

1.暴雨型泥石流

泥石流一般在充分的前期降雨和当场暴雨激发作用下形成,激发雨量和降雨强度因不同沟谷而异。干旱、半干旱地区暴雨时常诱发泥石流。西藏东部山区，年降雨量超过1000mm，日降雨量达10mm，降雨强度3mm/h左右即可引发泥石流。暴雨型泥石流是我国最主要的泥石流类型。

2.冰川型泥石流

现代冰川区夏秋高热，大量冰雪融水冲蚀沟床、侵蚀岸坡而引发泥石流，西藏东部的波密地区、新疆的天山山区即属这种情况。

3.溃决型泥石流

由于水流冲刷、地震、堤坝自身不稳定引起的各种拦水堤坝溃决和形成堰塞湖的滑坡坝、终碛堤等溃决，造成突发性高强度洪水冲蚀而引发的泥石流。

4.混合型泥石流

(1)坡面侵蚀型泥石流。坡面侵蚀、冲沟侵蚀和浅层坍滑提供泥石流形成的主要土体。固体物质多集中于沟道中，在一定水分条件下形成泥石流。

(2)崩滑型泥石流。固体物质主要滑坡崩塌等重力侵蚀提供，也有滑坡直接转化为泥石流的。

(3)冰碛型泥石流。形成泥石流的固体物质主要是冰碛物。

(4)火山型泥石流。形成泥石流的固体物质主要是火山碎屑堆积物。公元79年维苏威火山喷发，掩埋了庞贝古城和埃尔科拉诺古城，前者被火山碎屑所埋，后者被火山喷发引起的暴雨产生的泥石流所埋。两名遇难者尸体被火山泥石流紧紧地顶在了天花板上。

(5)弃渣型泥石流。形成泥石流的松散固体物质主要由开渠、筑路、矿山开挖的弃渣提供，是一种典型的人为泥石流。

(二)按集水区地貌特征分类

1.坡面型泥石流

坡面型泥石流有以下特征：

(1)无恒定地域与明显沟槽，只有活动周界，轮廓呈保龄球形。

(2)限于30°以上坡面，下伏基岩或不透水层埋藏浅，物源以地表覆盖层为主，活动规模小，破坏机制更接近于坍滑。

(3)发生时空不易识别，成灾规模及损失范围小。

(4)坡面土体失稳，主要是在有压地下水作用下和后续强降雨诱发产生。

暴雨过程中的狂风可能造成林、灌木拔起和倾倒,使坡面局部破坏。

(5)总量小,重现期长,无后续性,无重复性。

(6)在同一坡面上可以多处发生,呈梳状排列,顶缘距山脊线有一定距离。

(7)可知性低,防范难。

2.沟谷型泥石流

沟谷型泥石流具以下特点:

(1)以流域为周界,受一定的沟谷制约。泥石流的形成区、流通区和堆积区较明显,轮廓呈哑铃形。

(2)以沟槽为中心,物源区松散堆积体分布在沟槽两岸及河床上,崩塌、滑坡、沟蚀作用强烈,活动规模大,由洪水、泥砂两种汇流形成,更接近于洪水。

(3)发生时空有一定规律性,可识别,成灾规模及损失范围大。

(4)主要是暴雨对松散物源的冲蚀作用和汇流水体的冲蚀作用。

(5)总量大,重现期短,有后续性,能重复发生。

(6)构造作用明显,同一地区多呈带状或片状分布,列入流域防灾整治范围。

(7)有一定的可知性,可防范。

(三)按流体性质分类

按流体性质可分为稀性泥石流和黏性泥石流。

1.稀性泥石流

稀性泥石流具有以下特征:

(1)容重:1.30～1.60t/m^3。

(2)流体的组成及特征:浆体由不含或少含黏性物质组成,黏度值小于0.3Pa·s,不形成网络结构,不会产生屈服应力,为牛顿体。

(3)非浆体部分的组成。非浆体部分的粗颗粒物质由大小石块、砾石、粗砂及少量粉砂黏土组成。

(4)流动状态。紊动强烈,固—液两相做不等速运动,有垂直交换,有股流和散流现象,泥石流体中固体物质易出、易纳,表现为冲、淤变化大。无泥浆残留现象。

(5)堆积特征。堆积物有一定分选性,平面上呈龙头状堆积和侧堤式条带状堆积,沉积物以粗颗粒物质为主,在弯道处可见典型的泥石流凹岸淤、凸岸冲的现象,泥石流经过后即可通行。

2.黏性泥石流

黏性泥石流流体具有以下性质:

(1)容重:1.60～2.30t/ m^3。

(2)流体的组成及特征。浆体是由富含黏性物质(黏土和小于0.01mm的粉砂)组成,黏度值大于0.3Pa·s,形成网络结构,产生屈服应力,为非牛顿体。

(3)非浆体部分的组成。非浆体部分的粗颗粒物质由大于0.01mm的粉砂、粗砂、砾石、块石等固体物质组成。固体物质含量高达80%以上。

(4)流动状态。呈层状流动,有时呈整体运动,无垂直交换,浆体浓稠,浮托力大,能顶托巨大块石前进,流体具有明显的辅床减阻作用和阵性运动,流体直进性强,弯道爬高明显,浆体与石块掺混好,石块无易出、易纳特性,沿程冲、淤变化小,由于黏附性能好,沿流程有残留物。

(5)堆积特征。呈无分选泥砾混杂堆积,平面上呈舌状,仍能保留流动时的结构特征。沉积物内部无明显层理,但剖面上可分辨不同场次泥石流的沉寂层面,沉积物内部有气泡,某些河段可见泥球,沉积物掺水性弱,泥石流过后易干涸。

(四)按固体物质成分分类

泥石流按固体物质成分可划分为泥流型、泥石型和水石型泥石流(见表6—1)。

表6—1 泥流型、泥石型、水石型泥石流的识别条件

分类指标	泥流型	水石(砂)型	泥石型
重度	≥1.60t/m^3	≥1.30t/m^3	≥1.30t/m^3
物质组成	粉砂、黏粒为主,粒度均匀,其中的98%小于2.0mm	粉砂、黏粒含量极少,多为大于2.0mm的各级粒度,粒度很不均匀(水砂流较均匀)	可含黏、粉、砂、砾、卵、漂各级粒度,很不均匀

续表

分类指标	泥流型	水石(砂)型	泥石型
流体属性	多为非牛顿体，有黏性，黏度大于0.3～0.15Pa·s	多为牛顿体，无黏性	多为非牛顿体，少部分可以是牛顿体；既有黏性的，也有无黏性的
残留表现	有浓泥浆残留	表面较干净，无泥浆残留	表面不干净，表面有泥浆残留
沟槽坡度	较缓	较陡(大于10%)	较陡(大于10%)
分布地域	多集中分布在黄土及火山灰地区	多见于岩浆岩及碳酸盐岩地区	广见于各类地质体及堆积体中

(五)按暴发规模分类

泥石流按一次性暴发规模分为特大型、大型、中型和小型4类(表6—2)。

表6—2　泥石流按暴发规模分类

分类指标	特大型	大型	中型	小型
泥石流一次堆积总量/万 m^3	＞100	10～100	1～10	＜1
泥石流洪峰量/(m^3/s)	＞200	10～100	50～100	＜50

(六)按暴发频率分类

高频泥石流：1年暴发多次至5年暴发1次；中频泥石流：5年暴发1次至20年暴发1次；低频泥石流：20年暴发1次至50年暴发1次；极低频泥石流：超过50年才暴发1次。

泥石流分类方法众多，本次推荐采用常用和适合现场勘查的分类方法，现叙述如下。

1.组成物质

(1)泥流

颗粒均匀，由粒径小于0.005mm的黏粒和小于0.05mm的粉粒组成，偶夹砂和圆砾有稀性和黏性，主要集中分布在黄土及火山灰地区。

(2)泥石流

颗粒差异性大,由黏粒、粉粒、砂粒、圆砾、碎块石等大小不同的粒径混杂组成,有黏性和稀性。

(3)水石流

堆积物分选性强,由圆砾、碎块石及砂粒组成,夹少量黏粒和粉粒,为稀性。

2.易发程度(危险)

(1)极易发(严重的)

松散固体物质丰富*植被破坏,水土流失严重,沟口堆积扇发育和河沟沿程堵塞现象严重,坍方面积率大于10%,松散物储量 W>10000m^3/km^2,泥沙补给长度比大于60%,泥石流沟综合评判总分不小于114。

(2)中等易发(中等的)

松散固体物质较丰富,植被部分遭到破坏,水土流失较严重,在河床局部地段形成较严重的坍塌堆积,坍方面积率大于5%~10%,松散物总量 W=0.5万~1.0万m^3/km^2,泥沙沿程补给长度比为30%~60%,泥石流综合评判总分为84~118分。

(3)轻度易发(轻微的)

流域内侵蚀情况明显减弱,河槽堆积物质甚少,植被良好,坍方面积率小于5%,松散物储量 W<0.5万m^3/km^2,泥沙沿程补给长度比=10%~30%,泥石流沟综合评判总分为40~90。

3.液体性质

(1)粘性

容重大于16kN/m^3,黏度大于0.3Pa·s(3P),层流,有阵流,浆体浓稠,承浮和悬托力大,流体直进性强,补给量大。

(2)稀性

容重大于16kN/m^3,黏度大于0.3Pa·s(3P),有股流及散流现象,浆体混浊,悬托力弱,堆积物松散,补给量小。

第二节　泥石流特性

泥石流的特征取决于它的形成条件。对其特征的研究,有利于搞清泥石流的活动规律,进行预测、预报,并采取有效的防治措施。

一、泥石流的径流特征

从运动角度看,泥石流是水和泥砂、石块、黏土等固体物质组成的特殊流体,属于一种块体滑动与携砂水流运动之间的颗粒剪切流。因此,泥石流具有特殊的流态、流速、流量及运动特征。

(一)流态特征

泥石流是固相、液相两相混合流体,随着物质组成及黏稠度的不同,流态也发生变化。细颗粒物质少的稀性泥石流,流体容重低、黏度小、浮托力弱,呈多相不等速紊流运动的石块流速比泥砂和浆体流速小,石块呈翻滚、跃移状运动。这种泥石流的流向不固定,容易改道漫流,有股流、散流和潜流现象。

含细颗粒多的黏性泥石流,流体容重高、黏度大、浮托力强,具有等速整体运动特征及阵性流动特点。各种大小颗粒均处于悬浮状态,无垂直交换分选现象。石块呈悬浮状态或滚动状态运动。泥石流流路集中,不易分散,停积时堆积物无分选性,并保持流动时的整体结构特征。

(二)流速、流量特征

泥石流流速不仅受地形控制,还受流体内外阻力的影响。由于泥石流挟带较多的固体物质,本身消耗动能大,故其流速小于洪流流速。稀性泥石流流经的沟槽一般粗糙度比较大,故流速偏小。黏性泥石流含黏土颗粒多,颗粒间黏聚力大,整体性强,惯性作用大,与稀性泥石流相比,流速相对较大。

泥石流流量过程线与降水过程线相对应,常呈多峰形。暴雨强度大、降雨时间长,则泥石流流量大;若泥石流沟槽弯曲,易发生堵塞现象,则泥石流阵流间歇时间长,物质积累多,崩溃后积累的阵流流量大。

泥石流流量沿流程是有变化的，在形成区流量逐步增大，流通区较稳定，堆积区的流量则沿程逐渐减少，直至产生堆积。

（三）泥石流的直进性和爬高性

与洪流相比，泥石流具有强烈的直进性和冲击力。泥石流黏稠度越大，运动惯性越大，直进性就越强；颗粒越粗大，冲击力就越强。因此，泥石流在急转弯的沟岸或遇到阻碍物时，常出现冲击爬高现象。在弯道处泥石流经常越过沟岸，摧毁障碍物，有时甚至截弯取直。

（四）泥石流漫流改道

泥石流冲出沟口后，由于地形突然开阔，坡度变缓，因而流速减小，携带物质逐渐堆积下来。但由于泥石流运动的直进性特点，首先形成正对沟口的堆积扇，从轴部逐渐向两翼漫流堆积；待两翼淤高后，主流又回到轴部。如此反复，形成支流密布的泥石流堆积扇。

（五）泥石流的周期性

在同一个地区，由于暴雨的季节性变化以及地震活动等因素的周期性变化，泥石流的发生、发展也呈现周期性的变化。

二、泥石流的浆体特征

泥石流的运动主要取决于其物质组成。黏粒的性质与含量决定着泥浆的结构、浓度、强度、黏性和运动状态。按泥石流浆体中黏粒含量变化，泥石流浆体可划分为塑性蠕动流、黏性阵流、阵性连续流和稀性连续流（吴积善等，1993），它们的运动特点各不相同。

（一）塑性蠕动流

塑性蠕动流的浆体中土水比大于0.8，石土比大于4.0，容重大于2.3t/m^3，黏度值大于0.3Pa·s，泥石流浆体具有极高的黏滞力。在运动中石块之间浆体变形所产生的阻力相当大，泥石流运动速度缓慢，流体中石块大体可保持相对稳定的状态。塑性泥石流流体中，细粒浆体的网状结构十分紧密，呈聚合状，不发生“压缩”沉降，所有的石块被“冻结”在细粒浆体内。静止时，石块既不上浮，也不下沉；运动过程中石块与浆体互不分离，等速前进。当沟床坡度较小、流速较慢时，流体呈蠕流形式前进，在流体边缘石块可发生缓慢转动；当沟床坡度较大、流速较快时，多以滑动流的形式运动，其底部有一层阻力较小的润滑层。因此，塑性泥石流可以认为是土体颗粒被水饱和并具有一定流动性的滑坡体。实际上，许多塑性泥石流是直接由滑坡体演变而来的。

（二）黏性阵流

黏性阵流浆体中土水比为0.8～0.6，石土比为4.0～1.0，容重为2.3～1.9t/m^3，流速一般为8m/s，最大可达15m/s。泥石流携带的石块数量不如黏性泥石流多，泥浆体的黏度值也比较小，因此运动能耗小。黏性阵流的细粒浆体呈蜂窝状或聚合状结构，水充填在结构体中，多呈封闭自由水。砂粒被束缚在结构体中，石块与浆体构成较紧密的格式结构，绝大部分石块悬浮在结构体内。

（三）阵性连续流

阵性连续流的土水比为0.6～0.35，石土比为1.0～0.2，容重为1.9～1.6t/m3。浆体更接近于流体性质，属过渡性泥浆体。黏度值进一步减小，启动条件降低，搬运力下降；流体中石块的自由度增大，相互间容易发生碰撞；流体具有一定的紊动特性，石块多呈推移运动。

（四）稀性连续流

稀性连续流的土水比小于0.35，石土比为0.2～0.001，容重为1.6～1.3t/m^3。浆体的黏度值小于0.3Pa·s，更接近水流特征，流态紊乱，石块翻滚并相互撞击。

（五）泥石流沟的发展阶段

泥石流沟的发展阶段可划分为形成期（青年期）、发展期（壮年期）、衰退期（老年期）和停歇或终止期。

第三节　泥石流的危害

一、危害对象

1.生态系统

泥石流灾害对生态系统影响的大小取决于泥石流在时间、空间和作用力的组合状况，它严重影响泥石流发生地的群落结构和物种多样性等。

泥石流灾害发生以后，景观的稳定立即被打破，最直接的体现就是自然植被受到不同程度的影响和破坏。例如，生物量主要集中在地上部分的灌－乔木群落，在泥石流发生以后，绝大部分地上部分的生物量均要被破坏，甚至被掩埋，乔木枯萎，直至死亡，原有群落结构受到很大影响，原有的优势种群由于不能适应其生存环境的巨大改变而死亡，被迫将其生存空间拱手相让。当然，不同地区泥石流灾害对群落结构的影响是不一样的，相比之下，生物量主要集中于地下部分的草原，受同等规模泥石流的影响就要小许多，同时，生物量主要集中于地下部分的草原在泥石流滩地的植被恢复过程要比生物量主要集中于地上部分的乔木群落快很多。另外，乔木群落对泥石流的阻碍作用在所有群落中是最大的，尤其在沟谷弯曲的河谷两侧的乔木群落更是如此，对泥石流的流动具有明显的阻碍作用。

在泥石流灾害发生以后，原有物种大多遭到破坏或毁灭，生物多样性降低或消除。但就周围地区整个物种而言，几乎没有受到什么影响，因为遭到破坏或毁灭的物种在周围地区基本上都是存在的。所以，泥石流灾害发生后形成的泥石流滩地会很快被新迁入的生物占据，这包括数量及种类众多的微生物和一年生草本植物及其他先锋植物群落，这又必然吸引各种昆虫及鸟类前来光顾，随着群落演替的进行，物种越来越丰富。这说明在泥石流滩地刚形成时，群落景观的异质性最大，有利于原始物种的迁入或侵入，从而增加了物种丰度。所以，泥石流灾害发生后，生态的自然恢复是可行的。

2.城镇及居民点

调查城镇及居民点在沟域分布位置（出山口、沟道台地、山坡等）、人群密度、人口数量。核查泥石流危害区(包括未来泥石流可能危害范围)当前人口数量(常住和流动),各类已建房屋及城市基础设施类型、面积和造价等,规划区或拟建工程(房屋、厂房等)类型、数量和预算投资。

3.工农业等各类设施

调查统计危害区各工厂、矿山等企业固定资产总值、年产值、利税等,农田面积、作物产量、产值,灌渠长度和保灌面积,铁路、公路和桥梁等级、长度及年通车量,水库库容、发电量和灌溉面积,防护河堤长度及保护对象,主要输电(通信)塔座等级、数量等。统计各类建筑物和主要设备的造价或估价,分类填制成表。

二、危害区

历次泥石流活动造成危害对象不同程度损失的范围应划定为危害区。危害区的范围通过调查泥石流痕迹、堆积物及各类设施的破坏痕迹、残留旧址,以及访问和查阅地方志等资料,进行标界并测绘。各次泥石流的危害一般限定在危害区内,但各次泥石流活动不一定对危害区所有对象都造成危害。各次泥石流的危害和造成的损失与其暴发的时间、规模泛滥部位等直接相关。根据泥石流发展趋势的综合研究成果,可将危害区划分为主要危害区和一般危害区。

三、危害形式

1.淤埋和漫流

淤埋主要发生于泥石流停淤地段(出山口、平坦宽阔河槽等)。泥石流分解后大量泥砂漂砾停积覆盖(其泥浆洪水漫流泛滥淹没、淤埋)建筑物、道路、农田、植被等,造成人员伤亡和各类设施完全损毁报废。勘查中测绘泥石流淤埋范围(面积)、勘探淤积物厚度、土体特征,分析淤埋地重新利用(建筑区、农田复耕等)的可能性。

2.冲刷和磨蚀

坡面泥石流造成坡土层冲刷减薄、植被剥光,成为难以利用的荒坡。沟道泥石流在形成和流通段内,揭底冲刷河床,冲刷河岸造成垮塌,对护岸河堤、水利工程、桥墩等冲刷引起掉块、局部崩塌等。勘查泥石流的主要冲刷磨蚀地段,观测其冲刷速度。了解被冲河岸土质和毁坏工程设施的结构及强度等。

3.撞击和爬高

沟道泥石流在其流速较大的河段(急滩、峡谷等),尤其是其中的巨石具有很大的动能,可以撞毁桥梁、堤坝等河道设施。泥石流运动有很强的直进性,在遇阻时(河弯、堤坝)泥石流超高甚至爬越河岸。勘查泥石流搬运的大漂(巨)石的尺寸及其在河道中的分布,分析计算其能量和撞击力,测量泥石流超(爬)高痕迹。

4.堵塞或挤压河道

支沟泥石流汇入主河道处或主河道在狭窄段形成堵塞坝,使上游水位抬高,沿河两岸设施被淹。堵塞坝使泥石流储存更大的能量,一旦溃决又形成更大规模的泥石流或洪水灾害。重点勘查常堵塞河道位置,堵塞段河谷地形及长度,泥石流堵塞时间长短,堵塞坝高度。

第四节　泥石流的防治

泥石流的综合防治，要全面规划、突出重点，具体问题具体分析，远近兼顾，因害设防、讲求实效，可采用坡面防护工程，防治山区、丘陵区、风沙区水土流失，保护、改良与合理利用水土资源，建立良好生态环境，以防治泥石流灾害的发生。

泥石流防治工程措施和生物措施在泥石流沟的全流域可综合采用，从治水措施和治土措施方面防治泥石流的工程可分为四种类型：山坡防护工程、沟道治理工程、河道治理与水土保持工程和泥石流综合防治措施。

一、山坡防护工程

山坡防护工程的作用在于用改变地形的方法防止坡地水土流失，将雨水及雪水就地拦蓄，使其渗入农地、草地或林地，减少或防止形成坡面径流，增加农作物、牧草以及林木可利用的土壤水分，防止泥石流灾害的发生。在有发生重力侵蚀危险的坡地上，可以修筑排水工程或支撑建筑物起到防止滑坡作用。

山坡防护工程包括坡面集水保水工程、梯田、沟头防护工程。

属于山坡防护工程的措施有：梯田、拦水沟、水平沟、水平阶、水簸箕、鱼鳞坑、山坡截留沟、水窖（旱井）、蓄水池以及稳定斜坡下部的挡土墙等。

（一）坡面集水保水工程

集水技术是在干旱地区充分利用降水资源为农业生产和人畜生活用水服务的一种技术措施，同时可以防止泥石流、滑坡的发生。

集水蓄水工程，包括水窖（又名旱井）、涝池（又名蓄水池）、山边沟渠工程、鱼鳞坑、水平沟和水平阶等。

1.水窖

（1）水窖的定义与功能

修建于地面以下并具有一定容积的蓄水建筑物叫作水窖，水窖由水源、管道、沉沙、过滤、窖体等部分组成。

水窖的功能主要是拦蓄雨水和地表径流，提供人畜饮水和旱地灌溉的水源，减轻水土流失。

水窖可分为井窖、窑窖、竖井式圆弧形混凝土水窖和隧洞形（或马鞍形）浆砌石窖等形式。可根据实际情况采用修建单窖、多窖串联或并联运行使用，以发挥其调节用水的功能。

井窖在黄河中游地区分布较广。主要由窖筒、旱窖、散盘、水窖、窖底等部分组成。窑窖与西北地区群众居住的窑洞相似，其特点是容积大，占地少，施工安全，取土方便，省工省料。窑窖容积一般为 300～500m^2。窑高 2m 以上，窖长 6～25m。上宽 2.0～3.5m，底宽 0.5～2.5m，根据其修筑方法不同又可分为挖窑式和屋顶式两种。

(2)水窖的规划与设计

修建水窖要根据年降水量、地形、集雨坪（径流场）面积等条件因地制宜进行合理布局。水源高于供水区的，采取蓄、引工程措施；水源低于供水区的，采取提、蓄工程措施；无水源的采取建塘库、池窖，分散解决的工程措施。

①水窖的设计

a.设计所需材料

气象资料：附近雨量站（气象站）的多年降雨量（以月为单位），年最大 24h 平均降雨量，以及年最低、最高气温，日照天数，最大蒸发量等。

水源的水位资料：包括枯流量、基流量、丰水期流量及最大洪水流量，干旱期实测值和水质化验报告。

水源工程、输水工程及窖体的地质地形图。

当地建材的分布调查。

当地的社会经济情况调查。

1∶10000 或 1∶50000 地形图。

灌溉面积（需水）分布情况及人畜饮用需水调查。

现有水利设施情况。

b.工程布置原则

水窖工程布置要以饮用水为主的窖池，应远离污染源，水源地（或调节池）应置于高位点，以便自压供水，应避开不良地质地段。

c.水源工程

水窖的水源有雨水、泉水、裂隙水、山沟水、库水以及提水入窖(池)等。

雨水作为水窖水源。可利用现有的房屋、晒坝(坪)、冲沟、道路等集水,也可修建集雨坪、拦山沟等工程拦截雨水,汇流入窖。

库水作为水窖水源时,水库就是水窖的调节池、沉淀池。

泉水、裂隙水、河水作为水窖水源。在水源处修建一集水池或取水口,将水集中起来,通过输水管或暗(明)渠进入水窖。

渠水作为水窖水源。一般来说,渠水水源均能满足水窖对水量的需求。输配水工程输水形式,一般采取暗渠、陡坡、管道三种形式输水。

净化设施利用自然山坡汇集雨水,必须经沉沙过滤后方能进入水窖。过滤池下方应设一集水沟,再用管道(或)进入窖内。

②水窖总容积的确定

水窖总容积是水窖群容积的总和,应与其控制面积相适应。水窖群的布置形式有以下几种:

a.梅花形:将若干水窖按梅花形布置成群,用暗管连通,从中心水窖提水灌溉。

b.排子形水窖群:这种水窖群布置在窄长的水平梯田内,顺等高线方向筑成一排水窖群,窖底以暗管连通,在水窖群的下一台梯田地坎上设暗管直通窖内。

③窖址的选择

a.有足够的水源。

b.有深厚而坚硬的土层;水窖一般应设在质地均匀的土层上,以黏性土壤最好,黄土次之。

c.在石质山区,多利用现有地形条件,在无泥石流危害的沟道两侧的不透水基岩上,加上修补,做成水窖。

④窖址应便于人畜用水和灌溉农田

2.涝池

(1)涝池的定义与功能

定义:以拦蓄地表径流为主而修建的,蓄水量在 50～1000m^3 的蓄水工程。

功能:拦蓄地表径流,充分和合理利用自然降雨或泉水,就近供耕地、经济林、果浇灌和人畜饮水需要,减轻水土流失。

涝池的类型:按材料可分为土池、三合土池、浆砌条石池、浆砌块石池、砖砌池和钢筋混凝土池等;按形式可分为圆形池、矩形池、椭圆形池等几种类型。此外,蓄水池还可分为封闭型和敞开式两大类。

涝池位置的选择:涝池一般都修在乡村附近、路边、梁昴坡和沟头上部。池址土质应坚实,最好是黏土或粘壤土。此外选择涝池的位置还应注意以下几点:

①有足够的来水量。

②涝池池底稍高于被灌溉的农田地面,以便自流灌溉。不能离沟头、沟边太近,以防渗水引起坍塌。

(2)涝池的规划

涝池一般规划布设在坡面水汇流的低凹处,并与排水沟、沉沙池形成水系网络。以满足农、林用水和人畜饮水需要为规划设计依据。规划布设中应尽量考虑少占耕地,来水充足,蓄引方便,造价低,基础稳固等条件。

涝池的配套设施有:引水渠、排水沟、沉沙池、过滤池、进水和取水设施(放水管或梯步)。

房屋前后或道路旁的开敞式涝池还应加栏杆或围坪。人畜饮水用的涝池一般为封闭式,确保用水清洁卫生和安全。

(3)涝池的布置形式

①平地涝池:修在平地的低凹处,一般是把凹处再挖深些,将挖出的土培在周围。

②结合沟头防护:在沟头附近适当距离处挖涝池,拦蓄坡面汇集的地表径流,防止沟头前进。

③开挖小渠将地下水引入涝池:沟底坡脚常有地下水渗出,给很多地方造成泥流及滑塌。可在附近挖涝池,并开小渠使地下水引入涝池,用以灌溉或人畜饮用,也可避免塌岸。

④结合山地灌溉,开挖涝池:其布置形式为渠道联结涝池在山地渠道上,每隔适当的距离挖一个涝池,涝池与渠道连接处设立闸门,将多余的水蓄在池内,

以备需水时灌溉。

⑤连环涝池：涝池与涝池之间用小水渠连接起来，多修在道路的一侧，以防止道路冲刷，有时也修在坡面上的浅凹地上，一般为方形或长方形，蓄水量可达10～15m^3。

(4)涝池的养护

涝池的养护和管理要遵循以下几点原则：

①按谁建设、谁使用、谁管理原则落实养护责任制。

②应尽量避免涝池干涸，以免池底和四周的防渗层干裂而导致其漏水。

③涝池修成后，如果来水量比预先估计的少，应另设法开辟水源，或开挖引水沟。把可能引入沟的水引入涝池，增加来水量，以充分发挥涝池的作用。

④暴雨前后应及时修补养护，及时清淤保持蓄水容积，并对蓄水池上下沉沙池、排水沟进行养护。

3.山边沟渠工程

(1)沟渠工程的定义与功能

①定义

为防治坡面水土流失而修建的截排水设施，统称坡面沟渠工程。坡面沟渠工程是坡面治理的重要组成部分。

②功能

沟渠工程的主要功能是拦截坡面径流，引水灌溉；排除多余来水，防止冲刷；减少泥沙下泻，保护坡脚农田，巩固和保护治坡成果。

③沟渠工程的类型

a.截水沟(水平沟、沿山沟、拦山沟、环山沟、山圳以及梯田内的边沟、背沟)。

b.排水沟(撇水沟、天沟、排洪沟)。

c.蓄水沟(水平竹节沟)。

d.引水渠(堰沟)。

e.灌溉渠。

(2)工程规划与设计

①坡面沟渠工程应与梯田、耕作道路、沉沙蓄水工程同时规划，并以沟渠、道路为骨架，合理布设截水沟、排水沟、蓄水沟、引水渠、灌溉渠、沉沙池、蓄水池

等工程，形成完整的防御、利用体系。

②根据不同的防治对象，因地制宜确定沟渠工程的类型的数量，并按高水高排或高用、中水中排或中用、低水低排或低用的原则设计。

以修梯田、保土耕作、经果林为主的坡面，应根据降雨和汇流面积合理布设截水沟、排水沟，并结合水源规划引水渠、灌溉渠；以保土耕作为主的坡面还应配合等高种植，规划若干道蓄水沟；以种植林草为主的坡面，沟渠工程应采用均匀分布的蓄水沟，上方有较大来水面积的应规划截水沟或排洪沟。

③在坡面上一般应综合考虑布设截、排、引、灌溉渠工程，截水沟、排水沟可兼做引水渠、灌溉渠。

④截水沟一般应与排水沟相接，并在连接处前后做好沉沙、防冲设施。

⑤梯田区域内承接背沟两端的排水沟，一般垂直等高线布设，并与梯田两端的道路同向，呈路边沟或路代沟（为凹处）状，土质排水沟应分段设置跌水，一般以每台梯面宽为水平段，每台梯坎高为一级跌水，在跌水处做好铺草皮或石方衬砌等防冲消能措施。

⑥截水沟和排水沟、引水渠、灌溉渠在坡面上的比降，应视其截、排、用水去处（蓄水池或天然冲沟及用水地块）的位置而定。当截、排、用水去处的位置在坡面时，截水沟和排水沟可基本沿等高线布设，沟底比降应满足不冲不淤流速；沟底比降过大或与等高线垂直布设时，必须做好防冲措施。

⑦一个坡面面积较小的沟渠工程系统，可视为一个排、引、灌水块。当坡面面积较大，可划分为几个排、引、灌水块或单元，各单元分别布置自己的排、引、灌去处（或蓄水池，或天然冲沟或用水地块）。

⑧坡面沟渠工程规划还应尽量避开滑坡体、危岩等地带，同时注意节约用地，使交叉建筑物（如涵洞等）最少，投资最省。

4.鱼鳞坑、水平沟和水平阶

(1)鱼鳞坑

鱼鳞坑是陡坡地植树造林的整地工程，多挖在石山区较陡的梁毛坡面上，或支离破碎的沟坡上。由于这些地区不便于修筑水平沟，因而采取挖坑的办法分散拦截坡面径流。

鱼鳞坑的布置是从山顶到山脚每隔一定距离成排地挖月牙形坑，每排坑均沿等高线挖，上下两个坑应交叉而又互相搭接，成品字形排列。

(2)水平沟

在坡面不平、覆盖层较厚、坡度较大的丘陵坡地，采用水平沟。

水平沟的设计和修筑原则：水平沟的沟距和断面大小，应以保证设计频率暴雨径流不致引起坡面水土流失。陡坡、土层薄、雨量大，沟距应小些；反之可大些。坡陡，沟深而窄；坡缓，沟浅而宽。一般沟距为3～5m，沟口宽0.7～1m，沟深0.5～1.0m。水平沟容积比鱼鳞坑大，故蓄水量也大。为防止山洪过大冲坏地埂，每隔5～10m，设置泄洪口，使超量的径流导入山洪沟中。为使雨水在沟中均匀，减少流动，每隔5～10m，留一道土挡，其高度为沟深的1/3～1/2。

(3)水平阶

水平阶是沿等高线自上而下里切外垫，修成一台面，台面外高里低，以尽量蓄水，减少流失，但其效果不如水平沟。在山石多、坡度大坡面上采用。水平阶的设计计算类同梯田，如采用断续水平阶，实际相当于窄式隔坡梯田。阶面面积与坡面面积之比为1∶(1～4)。

(二)梯田

梯田是山区、丘陵区常见的一种基本农田，它是由于地块顺坡按等高线排列呈阶梯状而得名。在坡地上沿等高线修成阶台式或坡式断面的田地，梯田可以改变地形坡度，拦蓄雨水。增加土壤水分，防治水土流失，达到保水、保土、保肥目的，同改进农业耕地作技术结合，能大幅度地提高产量，从而为贫困山区退耕陡坡，种草种树，促进农、林、牧、副业全面发展创造了前提条件。

1.梯田的分类

由于各地的自然地理条件、治理程度、劳动力多少、土地利用方式与耕作习惯等不同，修筑梯田形式各异，其分类方法也有多种。

(1)按断面形式分类

按断面形式可分为阶台式梯田和波浪式梯田两类

①阶台式梯田

在坡地上沿等高线修筑成逐级升高的阶台形的田地。中国、日本、东南亚各国对人多地少地区的梯田一般属于阶台式。阶台式梯田又可分为水平梯田、坡式梯田、反坡梯田、隔坡梯田四种。

a.水平梯田：田面呈水平，适宜于种植水稻和其他旱作等。

b.坡式梯田：顺坡向每隔一定间距沿等高线修筑地埂而成的梯田。依靠逐年耕翻、径流冲淤并加高地埂，使田面坡度逐年变缓，终至成水平梯田，所以这也是一种过渡的形式。

c.反坡梯田：田面微向内侧倾斜，反坡一般可达2°，能增加田面蓄水量，并使暴雨时过多的径流由梯田内侧安全排走。适于栽植旱作与果树。

d.隔坡梯田：相邻两水平阶台之间隔一斜坡段的梯田。

②波浪式梯田

在缓坡地上修筑的断面呈波浪式的梯田。又名软埝或宽埂梯田。

(2)按田坎建筑材料分类

按田坎建筑材料分类，可分为土坎梯田、石坎梯田、植物田坎梯田。

黄土高原地区，土层深厚，年降水量少，主要修筑土坎梯田。土石山区，石多土薄，降水量多，主要修筑石坎梯田。陕北黄土丘陵地区，地面广阔平缓，人口稀少，则采用以灌木、牧草为田坎的植物田坎梯田。

(3)按土地利用方向分类

按土地利用方向分类，有农田梯田，水稻梯田、果园梯田、林木梯田等。以灌溉与否可分为旱地梯田、灌溉梯田。

(4)按施工方法分类

按施工方法分为人工梯田、机修梯田。

2.梯田的规划与设计

梯田建设是山区水土保持和改变农业生产条件的一项重要措施。因此，梯田规划必须在山、水、田、林、路全面规划的基础上进行。规划中要因地制宜地研究和确定一个经济单位(乡或镇)的农、林、牧用地比例，确定耕作范围，制定建设基本农田规划。

(1)梯田的规划

①耕作区的规划

耕作区的规划，必须以一个经济单位(一个镇或一个乡)农业生产和水土保持全面规划为基础。

在山川缓坡地区，一般以道路、渠道为骨干划分耕作区。在丘陵陡坡地区，一般按自然地形，以一面坡或峁、梁为单位划分耕作区，每个耕作区面积，一般以 50～100 亩为宜。

②地块规划

a.地块的平面形状，应基本上顺等高线呈长条形、带状布设。一般情况下，应避免梯田施工时远距离运送土方。

b.当坡面有浅沟等复杂地形时，地块布设必须注意“大弯就势，小弯取直”，不强求一律顺等高线，以免把田面的纵向修成连续的“S”形，不利于机械耕作。

c.如果梯田有自流灌溉条件，则应使田面纵向保留 1/500～1/300 的比降，以利行水，在某些特殊情况下，比降可适当加大，但不应大小 1/200。

d.地块长度规划，有条件的地方可采用 300～400m，一般是 150～200m，在此范围内，地块越长，机耕时转弯掉头次数越少，工效越高，如有地形限制，地块长度最好不要小于 100m。

③梯田附属建筑物规划

梯田区的坡面蓄水拦沙设施的规划内容，包括“引、蓄、灌、排”的坑、函、池、塘、埝等缓流拦沙附属工程。规划时既要做到各设施之间的紧密结合，又要做到与梯田建设的紧密结合。

规划程序上可按“蓄引结合，蓄水为灌，灌余后排”的原则，根据各台梯田的布置情况，由高台到低台逐台规划，做到地(田)地有沟，沟沟有函，分台拦沉，就地利用。其拦蓄量，可按拦蓄区内 5～10 年一遇的一次最大降雨量的全部径流量加全年土壤可蚀总量为设计依据。

④梯田区的道路规划

山区道路规划总的要求：一是要保证今后机械化耕作的机具能顺利地进入每一个耕作区和每一地块；二是必须有一定的防冲设施，以保证路面完整与畅通，保证不因路面径流而冲毁农田。

a.丘陵陡坡地区的道路规划，重点在于解决机械上山问题。西北黄土丘陵沟壑区的地形特点是，上部多为 15°～30°的坡耕地，下部多为 40°～60°的荒陡坡，沟道底部比降较小。

因此，机械上山的道路，也应分上、下两部分。下部一般顺沟布设，道路比降大体接近稍大于沟底比降,上部道路,一般应在坡面上呈“S”形盘旋而上。

b.塬、川缓坡地区的道路规划。由于塬、川地区地面广阔平缓,耕作区的划分主要以道路为骨干划定,因此,相邻的两条顺坡道路的距离,就是梯田地块的长度,相邻的两条横坡道路的方向,可以直接影响到耕作区地块的布设,因此,必须注意以下问题:

根据前述地块长度的要求,确定顺坡道路间的距离,一般是200～400m。若地块布设基本上顺等高线,横坡道路的方向,也应基本上顺等高线。

因此,在塬、川缓坡地区,通过道路布设划分耕作区时,应根据地面等高线的走向,每一耕作区的平面形状,可以是正方形或矩形,也可以是扇形。这样,耕作区内的每一个地块,都可以基本上顺着等高线布置,机械修筑梯田时省工,修成的梯田又便于机耕,避免了地块呈斜角小块地或梯田施工中的远距离大土方量的搬运。

⑤灌溉排水设施的规划

梯田建设不仅控制了坡面水土流失,而且为农业进一步发展创造了良好的生态环境,并导致农田熟制和宜种作物的改进,提高梯田效益。在梯田规划的同时必须结合进行梯田区的灌溉排水设施规划。

梯田区灌溉排水设施的规划原则,一方面要根据整个水利建设的情况,把一个完整的灌溉系统所包括的水源和引水建筑、输水配水系统、田间渠道系统、排水泄系统等工程全面规划布置;另一方面,由于梯田分布多在干旱缺水的山坡或山洪汇流的冲沟(古代侵蚀沟道)地带,常处于干旱或洪涝的威胁,因此,梯田区灌排设施规划的另一个原则,就是要充分体现拦蓄和利用当地雨水的原则,围绕梯田建设,合理布设蓄水灌溉和排洪防冲以及冬水梯田的改良工程。

实施坡改梯、坡面水系工程和田间道路相结合的坡面水土综合整治。在小流域综合治理规划的基础上,选择坡度较缓又相对集中的坡耕地修建石坎或土坎梯田;在梯田的上部修筑拦水沟,在梯田间布设蓄水池和沉沙池,通过小型渠系将拦水沟、梯田、沉沙池和蓄水池连通,同时与渠系结合建设农田道路。坡面水系工程可以起到拦、导、蓄、排、灌的作用,降雨时将上游坡面的来水和梯田里多余的水量通过渠系引入蓄水池,蓄水池蓄满后则从下游排出,干旱时则将蓄水池里的水放出,用于灌溉。

(2)梯田的断面设计

梯田的断面关系到修筑时的用工量,埂坎的稳定,机械化耕作和灌溉的方便。梯田断面设计的基本任务,是确定在不同条件下梯田的最优断面。所谓“最优”断面,就是同时达到下述三点要求:一是要适应机耕和灌溉要求;二是要保证安全与稳定;三是要最大限度地省工。

最优断面的关键是确定适当的田面宽度和埂坎坡度,由于各地的具体条件不同,最优的田面宽度和埂坎坡度也不相同,但是考虑“最优”的原则和原理,是相同的。

梯田的断面要素主要有田坎高、田面宽、田埂宽、地面坡度、田坎侧坡、斜坡长度等。

一般根据土质和地面坡度选定田坎高和侧坡(指田坎边坡),然后计算田面宽度,也可根据地面坡度、机耕和灌溉需要先定田面宽,然后计算田坎高。田面愈宽,耕作愈方便,但田坎愈高,挖(填)土方量愈大,用工愈多,田坎也不易稳定。在黄土丘陵区一般田面宽以30m左右为宜,缓坡上宽些,陡坡上窄些,最窄不要小于8m,田坎高以1.5～3m为宜,缓坡上低些,陡坡上高些,最高不超过4m。

从上述关系可以看出,埂坎高度(H)是根据田面宽度(B)、埂坎坡度(α)和地面坡度(θ)三个数值计算而得。

其余三个要素:田面毛宽(B_m)、埂坎占地(B_n)、田面斜宽(B_1)都可根据H、α、θ这3个数值计算而得。

对于一个具体地块来说,地面坡度(θ)是个常数,因此,田面宽度(B)和埂坎坡度(α)是断面要素中起决定作用的因素。在梯田断面计算中,主要研究这两个因素。

(三)沟头防护工程

1.蓄水式沟头防护工程

当沟头上部来水较少时,可采用蓄水式沟头防护工程,即沿沟边修筑一道或数道水平半圆环形沟埂,拦蓄上游坡面径流,防止径流排入沟道。蓄水式沟头防护工程分为沟埂式与沟埂涝池式两种类型。

2.泄水式沟头防护工程

泄水式沟头防护工程有悬臂跌水式沟头防护、陡坡式沟头防护、台阶式跌水沟头防护三种类型。

二、河道治理与水土保持工程

(一)河道治理工程

各种类型的河段,在自然情况或受人工控制的条件下,由于水流与河床的相互作用,常造成河岸崩塌而改变河势,危及农田及城镇村庄的安全,破坏水利工程的正常运用,给国民经济带来不利影响。修筑护岸与治河工程的目的,就是为了抵抗水流冲刷,变水害为水利,为农业生产服务。

1.河道横向侵蚀

横向侵蚀一般指在河(沟)道中与流向垂直地向两侧方向的侵蚀,如河(沟)岸崩塌,沟道被冲刷而变宽等现象。

发生横向侵蚀原因:一是河(沟)床纵向侵蚀影响,由于河床下切而使河床失去稳定;二是山洪,泥石流流动时水流弯起引起横向冲刷所造成的。影响水流弯曲的因素很多,如河(沟)床上的突出岩石、沉积的泥沙堆、两岸的不对称地形等等,都可能引起水流的弯曲。

(1)河道演变的机理

①基本原理

河道的演变形式,可分为两种:其一是河道沿流程纵深方向上发生的变形,称为纵向变形。其二是河道与流向垂直的两侧方向上之变形,称为横向变形。

河道的纵向变形,反映在河床的抬高和刷深,而横向变形的总趋势是:河道不断向右岸冲刷发展,而左岸则不断淤积。

河道演变的原因极其复杂,千差万别,但其根本的原因是输沙的不平衡。

②影响河道演变的因素

a.河段的来水量及其变化过程。

b.河段来沙量、来沙组成及其变化过程。

c.河段比降。

d.河段的河床形态及地质情况。

其中,第1、3两个因素决定河段水流挟带泥沙的能力;第2个因素决定河段的来沙数量及其泥沙组成,在一定的水流条件下,如果河段的来沙量大,泥沙组成粗,则有利于使河道产生淤积;如果来沙量小,泥沙组成细,则将有利于使河道产生冲刷。

(2)横向侵蚀的防治

一般说来,在山洪流经的途径上,可有以下几种防治方法:

①将沟槽部分裁弯取直,控制凹岸发展。但在沟道裁弯取直后,由于比降增大,可能使山洪的流速增大,使纵向侵蚀加剧,因而必须考虑河(沟)床的稳定性问题。

②沉积泥沙堆山洪流经障碍物时,必然要改变方向,从而发生弯曲导致横向侵蚀,清除障碍物后并辅以适当的导流工程则可防止横向冲刷。

③设置护岸工程与整治建筑物,以控制河岸发展和改善弯道,这是防止横向侵蚀的主要办法。

2.护岸工程

(1)护岸工程的目的及种类

①护岸工程的目的

沟道中设置护岸工程,主要用于下列情况:

a.由于山洪、泥石流冲击使山脚遭受冲刷而有山坡崩坍危险的地方。

b.在有滑坡的山脚下,设置护岸工程兼起挡土墙的作用,以防止滑坡及横向侵蚀。

c.用于保护谷坊、拦沙坝等建筑物。

d.沟道纵坡陡急,两岸土质不佳的地段,除修谷坊防止下切外,还应修护岸工程。

②护岸工程的种类

护岸工程一般可分为护坡与护基(或护脚)两种工程。

枯水位以下称为护基工程,枯水位以上称为护坡工程。根据其所用材料的不同,又可分为:干砌片石、浆砌片石、混凝土板、铁丝石笼等几类。

(2)护岸工程的设计与施工

①护岸工程的设计原则

a.在进行护岸工程设计之前,应对上下游沟道情况进行调查研究,分析在修建护岸工程之后,下游或对岸是否会发生新的冲刷,确保沟道安全。

b.为减少水流冲毁基础,护岸工程应大致按地形设置,并力求形状没有急剧的弯曲。

c.护岸工程的设计高度,一方面要保证山洪不致漫过护岸工程,另一方面应考虑护岸工程之背后有无崩塌之可能。

d.在弯道段凹岸水位较凸岸水位高,因此,凹岸护岸工程的高度应更高一些。

②护基(脚)工程

a.抛石护脚工程。设计抛石护脚工程应考虑块石规格,稳定坡度,抛护范围和厚度等几个方面的问题。

b.石笼护脚工程。石笼护脚多用于流速大,边坡陡的地区。石笼系用铅丝、铁丝、荆条等材料做成各种网格的笼状物体,内填块石、砾石或卵石。

③护坡工程

a.干砌块石护坡。干砌块石护坡主要由脚槽、坡面、封顶三部分组成,其中脚槽主要用于阻止砌石坡面下滑,起到稳定坡面之作用,其形式有矩形和梯形两种,其下端与护脚工程衔接。

b.浆砌石护坡。浆砌石护岸堤可用 75 号水泥砂浆砌筑,在严寒地区使用 100 号水泥,其结构形式基本上与干砌石护坡相同,一般也设垫层。

④护岸堤修筑时,需注意的几个问题

a.基础要挖深,慎重处理,防止掏空。

b.沟岸必须事先平整,达到规定坡度后再进行砌石。

c.护岸片石必须全部丁砌,并垂直于坡面。

(3)整治建筑物

整治建筑物按其性能和外形,可分为丁坝、顺坝等几种。

(1)丁坝

①丁坝的作用种类

a.丁坝的作用。丁坝的主要作用如下:改变山洪流向,防止横向侵蚀;缓和山洪流势,使泥沙沉积,并能将水流导向对岸,保护下游的护岸工程和堤岸;调整沟宽，防止山洪乱流和偏流，阻止沟道宽度发展。

b.丁坝的种类。

丁坝可按建筑材料、高度、长度、透水性能及与流水所形成的角度进行分类：

按建筑材料不同，可分为石笼丁坝、梢捆丁坝、砌石丁坝、混凝土丁坝、木框丁坝、石柳坝及柳盘头等；按高度不同，即山洪是否能漫过丁坝，可分为淹没和非淹没两种；按长度不同可分为短丁坝与长丁坝；按丁坝与水流所成角度不同，可分为垂直布置形式（即正交丁坝）、下挑布置形式（即下挑丁坝）、上挑布置形式（即上挑丁坝）；按透水性能不同可分为不透水与透水丁坝。

（2）丁坝的设计与施工

由于荒溪纵坡陡，山洪流速大，挟带泥沙多，丁坝的作用比较复杂，建筑不当不仅不能发挥作用，有时还会引起一些危害，因此在丁坝的设计与施工中应注意以下几个问题。

①丁坝的布置。

a.丁坝的间距。

丁坝的间距与淤积效果有密切的关系。间距过大，丁坝群就和单个丁坝一样，不能起到互相掩护的作用，间距过小，丁坝的数量就多，造成浪费。

b.丁坝的布置形式。

对崩塌延续很长范围的地段，为促使泥沙淤积，多做成上挑丁坝组，以加速淤沙保护崩塌段的坡脚；在崩塌段的上游起点附近，则修筑非淹没丁坝。丁坝的高度，在靠山一面宜高，缓缓向下游倾斜到丁坝头部。

②丁坝的结构。

a.石丁坝：其坝心用乱抛堆或用块石砌筑。表面用干砌、浆砌石修平或用较大的块石抛护，其范围是上游伸出坝脚 4m，下游伸出 8m，坝头伸出 12m，其断面较小，顶宽一般为 1.5～2.0m。

b.土心丁坝：此丁坝采用沙土或黏性土料作坝体，用块石护脚护坡。

c.石柳坝和柳盘头：在石料较少的地区，可采用石柳坝和柳盘头等结构形式。

③丁坝的高度和长度。

丁坝坝顶高程视整治的目的而定。在山洪沟道中,以修筑不漫流丁坝为宜,坝顶高程一般高出设计水位 1m 左右。

丁坝坝身长度和坝顶高程有一定的联系,淹没丁坝,可采用较长的坝身,而非淹没丁坝,坝身都是短的。

④丁坝坝头冲刷坑深度的估算。

影响丁坝坝头冲刷深度的主要因素有:

a.丁坝坝头附近的流速及水流与坝轴线的交角。流速大,折向沟底的水流速度也大;交角愈接近 90°,冲击坝身的水流愈强,折向沟底的水流冲刷力也愈强。

b.坝身的长度。坝身愈长,束窄沟床的能力愈强,坝头的流速也愈大,冲刷坑愈深。

c.沟床的土质组成和来沙情况。黏性土愈多,抗冲能力愈强,冲刷坑就愈浅,上游来沙愈多,遭冲刷的可能性也愈小。

d.坝头的边坡。坝坡愈陡,环流向下之切应力愈大,冲刷坑也愈深。

⑤丁坝的防护。

在河床组成较好的情况下,可用抛石护脚,它的宽度应不小于由漫流和绕流而引起的坝头和坝身附近河床的淘刷范围,在黄河流域,一般向上游延护 12～20m,向下游延护 15～25m。坝头水流紊乱,应特别加固,可采用加大头部护底工程面积或加大边坡系数两种方式进行。

⑥丁坝的施工。

丁坝施工中须注意的几个问题:

a.施工顺序:选择流势较缓和的地点先行施工,然后再推向流势较急之地点,以保证工程安全。

b.在施工中应注意观测研究已修丁坝对上、下游及对岸之影响。

c.应考虑按照现有沟道之冲淤变化,不能简单地将丁坝基础按照现有沟底一律向下挖一定深度。

d.在丁坝开挖坑内回填大石,以抵抗冲刷。

(3)顺坝

顺坝是一种纵向整治建筑物，由坝头、坝身和坝根三部分组成，坝身一般较长，与水流方向接近平行或略有微小交角，直接布置在整治线上，具有导引水流、调整河岸等作用。

顺坝有淹没与非淹没两种，淹没顺坝用于整治枯水河槽，顺坝高程由整治水位而定，自坝根到坝头，沿水流方向略有倾斜；非淹没顺坝在河道整治中采用较少。

4.治滩造田工程

治滩造田就是通过工程措施，将河床缩窄、改道、裁弯取直，在治好的河滩上，用引洪放淤的办法，淤垫出能耕种的土地，以防止河道冲刷，变滩地为良田。

治滩造田是小流域综合治理的一个组成部分，而流域治理的好坏，又直接影响治滩造田工程的标准和效益，因此，治滩造田工程不能脱离流域治理规划单独进行。

(1)治滩造田的类型

①束河造田：在宽阔的河滩上，修建顺河堤等治河工程束窄河床，将腾出来的河滩改造成耕地。

②改河造田：在条件适宜的地方开挖新河道，将原河改道，在老河床上造田。

③裁弯造田：过分弯曲的河道往往形成河环，在河环狭劲处开挖新河道，将河道裁弯取直，在老河弯内造田。

④堵叉造田：在河道分叉处，选留一叉，堵塞某条支叉，并将其改造为农田。

⑤箍洞造田：在小流域的支沟内顺着河道方向砌筑涵洞，渲泄地面来水，在涵洞上填土造田。

(2)整治线的规划

整治线(又称治导线)指河道经过整治以后，在设计流量下的平面轮廓，它是布置整治建筑物的重要依据，因此，整治线规划设计得是否合理，往往决定着工程量和工程效益的大小，甚至决定工程的成败。

①整治线的布置原则。

a.多造地和造好地，新河应力求不占耕地或少占耕地，造出的地耕种条件应较好。

b.因势利导。充分研究水流,泥沙运动的规律及河床演变的趋势,顺其势、尽其利。

c.应照顾原有的渠口、桥梁等建筑物,不要危及村镇、厂矿、公路等安全。

②整治线的形式

a.蜿蜒式,整治线一般都是圆滑的曲线。

b.直线式,这种整治线基本上把新河槽设计成直线,根据河势和地形,自上游到下游分段取直。

c."绕山转"式,这种整治线是将新河槽挤向山脚一侧,河道环绕山脚走向流动。

③整治建筑物设计

在整治线确定之后,根据不同类型的整治线的要求,可采用不同类型的整治建筑物,以保证整治线的实施,整治建筑物的类型很多,治滩造地工程中常用的有丁坝,顺河坝等。

(3)河滩造田的方法

①修筑格坝

根据滩地园田化的规划,首先应当在河滩上用砂卵石或土料修成与顺河坝相垂直的,把滩地分成若干条块的横坝,叫作格坝,它是河滩造地中的一项重要工程。

格坝的主要作用是:由于格坝地与原有滩地分划若干小块,形成许多造田单元,可以使平整土地及垫土之工程量大幅减小,当顺河坝局部被冲毁时,格坝可发挥减轻洪灾之作用。

②引洪漫淤造地

在洪水季节,把河流中含有大量泥沙的洪水引进河滩,使泥沙沉积下来后再排走清水,这种造地方法叫作引洪漫淤造地或引洪淤灌。

a.引洪淤灌的好处:充分利用山洪中的水、肥、土资源,变"害"为"利";为洪水和泥沙找到了出路,有效地保持了水土,大大减轻输入水库的泥沙量。

b.引洪淤灌之建筑物特点:引洪干渠的比降一般用1/500～1/300为宜,断面尺寸大小应根据引洪流量的大小而定;与清水灌溉相同,渠口设置进水闸与泄水闸，对于无坝引水之渠口还需设引水坝，有坝引水之渠口，则多用滚水坝代替引水坝。

引水坝的布置常分成软硬二部分，以适应大小不同洪水情况，具体做法是“根硬头尖腰子软，保证坝口不出险”。

坝梢：要求结构坚固，一般用河卵石干砌，并用铅丝笼护脚，坝梢高度基本与设计引洪流量的水面平齐。

薄弱段：薄弱段迎水面一般用卵石干砌，背面用沙砾石堆积而成。

坝身：常用浆砌块石做成，或卵石干砌，用卵石时一般内坡为1∶1，外坡为1∶2，顶宽2～4m，坝身高度与坝梢高度确定方法相同，但应增加超高0.5～1.0m。

坝根：与泄水闸外边墩直接相连，多用浆砌石筑成，坝根内坡多为1∶0.5，外坡为1∶1，顶宽为2～4m，其高度及基础深与泄水闸外边墩相同。

③引洪漫淤的方法

“畦畦清”漫淤法：在地形平坦的河滩上，每块畦田设进、退水口，直接由引洪渠引洪入畦田，水流呈斜线形，每畦自引自排互不干扰。

“一串串”漫淤法：在比降较大的河滩上引洪漫淤，多采用此种方法，洪水入畦后，呈“S”形流动，一串到头，进、出口呈对角线布置。

万字漫淤法：适用于比降大，面积较大的河滩，作法是：设上下两条排水渠，中间一条引洪渠，三渠平行，由中间引洪渠开口，从两侧分水入畦漫淤造地，每畦内进、出口呈对角线布置，畦之形状呈万字形。

(二)水土保持工程施工

1.地基处理

中小型砌石坝地基的要求主要有以下几个方面：

(1)稳定要求

在各种荷载可能组合情况下，坝体及地基必须是稳定的。荷载要考虑长期作用以及反复作用对地基的不利影响。坝的抗滑稳定问题可分为两种类型：沿坝体与基础接触面的滑动和基岩内的深层滑动。各种坝型的稳定分析方法及稳定安全系数要求，都有具体规定。

(2)防渗要求

包括库、坝区渗漏量和地基渗漏稳定两方面。前者要求库、坝区渗漏量在允许范围之内,一般应根据工程规模、等级、来水量、运用情况以及地基渗透性和处理难易程度、耗费多少等综合考虑而定。如工程等级不高、来水量较丰的,允许渗漏量可稍大些;反之则小。一般中小型工程要求年总渗漏量不超过来水量的3%~5%。

防渗须注意的地方有:岩溶地区、含易溶盐(如石膏)或岩基裂隙发育的沉积岩、充填物胶结不好的沉积岩、砌石坝坝基为结构疏松、强度较低的半岩质沉积岩(砂质较重的泥岩、粉质细砂岩、页岩等)、坚硬岩层中含有软弱夹层等。

(3)强度要求

在正常、非常荷载组合作用下,基岩强度指标必须满足设计规定的要求。强度要求与工程规模、等级、坝型、坝高、荷载组合情况、具体部位等都有关。

2.淤地坝工程

(1)土坝施工放线

土坝施工放线步骤包括定坝轴线、定坝坡脚线和校坡。

a.定坝轴线。根据设计图定出沟底坝轴线,并沿沟底坝轴线每隔10m打断面中心桩,测出高程,与此同时在沟坡两岸按设计坝高定出沟坡坝轴线桩,将它们连成直线,即为坝轴线。

b.定坝坡脚线。坝坡脚线就是坝面和地面的交线,即坝面和地面同高各点的连线。

c.校坡方法。为了保证坝体按设计要求填筑成型,在其施工过程中必须经常校核坝坡。

(2)碾压坝的填筑

a.确定料场。验证土料质量、数量能否满足筑坝要求。土场开挖顺序要坚持先低后高、先近后远的原则。最终坝高以下的坝端严禁取土,防止挖后再填。取土前应将耕作表土、草皮、树根等清除干净。

b.铺土。黏性土应先采取措施,再铺土压实。铺土方向最好沿着坝轴延伸,沿坝轴方向应尽量平起填筑,每次铺土前应适当洒水湿润刨毛。

c.土料压实。有机械碾压和人工夯实两种方式。

(3)冲填坝的填筑

a.应掌握早、稠、坚、排、匀五个要求。

b.蓄积冲填用水。提前做好用水方案。

c.泵站设置。确定泵站装机型号。

d.冲填料场。尽量选在坝址附近。

e.造泥沟和输泥渠布设。多采用斜交布置,先从土场地处冲土,随坝体升高而提高。

f.划畦与筑梗。

g.造泥冲填。松土造泥的方法有人工挖土、水枪冲土、爆破松土、推土机推土等。

(4)涵洞、溢洪道的施工

a.涵洞的施工

涵洞的放样:根据涵洞的位置定出中心线,再根据涵洞的进口基础高程和开挖边坡,定出边坡桩,即得涵洞位置。

涵洞的基础处理:涵洞基础应选在土坝两岸老土或岩基上。

涵洞的砌筑应注意几点:

砌筑石料必须质地坚硬、形状方正、无裂隙。砂浆要调匀,不可过稠或过稀。

砌筑时上下两层竖缝必须错开。外露灰缝,在灰浆未凝固前,应将虚浆挖出。冬季砌筑时要有防冻设备。灰浆未干时不能填土、震动。

消力池施工:基础要特别坚固,砌筑完毕要勾缝。

回填:涵洞灰浆硬化后即可开始填土。

b.溢洪道施工

溢洪道的放样和砌筑基本与涵洞相同,其过水断面必须按设计的宽度和深度施工,不能缩小,同时应严格掌握溢洪道底的高程,不得太高或降低。

3.坝体砌筑与质量控制

(1)坝体砌筑

我国砌石坝的砌筑主要有三种类型:一类是浆砌料石(条石、方正石),一类是浆砌块石(乱毛石),另一类是细骨料混凝土砌块石。

a.砌石操作要求：筑坝材料质量要合格；为利于石料与胶结材料结合，石料表面要粗糙，土坝前在坝外冲洗干净，砌筑时呈饱和而不带水状；基底在开砌之前应使润湿，然后铺水泥砂浆或混凝土、安砌合格石料；砌石，一般先铺浆（座浆）后安放石块再灌浆，并用插钎或振捣器捣实砌，使灰浆饱满。铺浆厚度一般为2～3cm，细骨料混凝土铺5～10cm；石料放置平稳后要用铁锤敲击。竖缝灌满浆后在缝隙间填塞小块石并稍加敲击，达到缝隙满浆和结合紧密的要求；砌体砌缝应互相错开，避免形成通缝。砌缝宽度，一般砂浆砌缝控制在2cm左右，细骨料混凝土砌缝控制在6～8cm。如用插入式振捣器捣实，则缝宽应以满足震捣为度；面石要丁砌或丁砌顺砌相间，并力求与内部同时上升；坝体上升的层面尽量保持向上游大致呈(1:30)～(1:20)的倾斜坡，即迎水面比背水面略低。分段砌筑的高差不宜过大，一般控制在1m以下。坝体在砌筑过程中应及时做好防暑、防冻、防冲等工作；新砌体的防震、保温、保湿等养护工作，可参照混凝土的要求处理。养护期一般不少于一周。

总之，坝体砌石的施工要领是“平、稳、满、紧”四个字。

b.拱坝倒悬部分的砌筑。

砌石双曲线倒悬坡的砌筑方式一般有三种：

第一种是水平逐层挑出形成倒阶梯状。这种砌筑方式施工方便，但是表面勾缝困难，质量不能保证。

第二种方式是石面斜砌形成倒悬坡面。不少工程采用这种砌筑方式。根据经验，倒悬度在0.3以内时，一般施工不太困难，而当倒悬度较大时，则需要临时支撑。对于浆砌条石坝，面石斜砌与内部砌体不好搭接。

第三种方式是将石料一端加工成设计斜面，水平砌筑。这种方式从工程质量和砌筑操作来讲都比较理想，其缺点是要对石料进行斜面加工。

砌筑时对倒悬坡的校核与控制，可采用埋标钎的办法。

(2)砌筑质量控制与检查

在土坝整个施工期间，为保证工程质量符合设计要求，在工地要设专职的施工技术员和质量检查员，建立岗位责任制，实行定期的质量检查。

a.质量检查范围包括：

清基和基础处理是否符合要求；坝头结合、接缝、削坡是否符合要求；是否在规定料区范围内开采，是否已将草皮、腐质土等清除干净；上坝土料含水量、土块大小、土料性质是否符合规定；压实干容量是否符合标准；冲填坝泥浆浓度是否符合设计要求；观测坝坡水平位移量是否超过规定标准。

b.对几项主要质量指标的要求：

压实干容重要符合设计要求，在一般情况下黄土必须大于 1.55g/cm^3；红黏土必须大于 1.6g/cm^3；冲填坝泥浆浓度，当土料为轻、中粉质壤土时，土水体积比要求为 2.2～2.6；重粉质壤土要求为 2.0～2.4；日平均冲填速度，对于轻、中粉质壤土，不能超过 0.25m；重粉质壤土不能超过 0.2m；坝体水平日位移量，轻、中粉质壤土一般不大于 1cm/d；重粉质壤土不大于 1～1.5cm/d。

c.干容重检查：

每层土压实后，必须取样测定含水量和干容量。要求每 200～400m^2 的填土范围内至少取样检查一次，对碾压死角和施工薄弱处应加密取样。

取样要有代表性，各层土样位置要错开，应取在上下层结合处，包括上层 2/3，下层 1/3。此处还须特别注意检查坝端结合处的干容量。

压实干容重不合格的样品，不得超过全样品的 10%，且不得在坝内集中，其干容重不得小于设计干容重的 0.05g/cm^3。

d.关于密实度的检查，一般在现场进行，方法有：

敲击听声：用铁锤敲打砌石表面，如座浆不满则声音空响。但立缝灌浆不满则敲听不出。

砌体掘坑：在砌好的坝体中掘试坑检查并作容重测验，计算石块与胶结材料的比例。试坑面积一般 1.5m×1.5m，深 1m。

插钎灌水试验：每 10m^3 新砌体中用 ϕ 30mm 钢钎在砌缝中捣插一个浓度不小于 2/3 砌层厚度的孔洞，向孔内灌水。

如不漏水，则表示砌体内部已被砂浆充满，质量合格。

钻孔压水试验：在砌体中钻孔，分层进行压水试验，测定单位吸水量 ω 值。同时也可以从钻取的岩芯上直接观察砌体的密实程度和胶结情况。

(3)拱坝施工放样

放样是建筑物施工能否准确地实现工程设计、保证工程质量的很重要的一个环节。

放样是建筑物施工能否准确地实现工程设计、保证工程质量的很重要的一个环节。

a.控制点的布设。放样控制分平面和水准两项。控制点的布设最好与坝址的地形测量、坝的运行观测结合起来。

b.放样施测方法。

放样可用经纬仪、全站仪等设备施测，也可用简易放样方法：直接画圆法、切线支距法、矢高定点法、固定三角形法。

4.建筑材料的选择与设计

(1)土料

①碾压式土坝土料的选择

不同性质的土料有其不同的适用条件，一般根据以下各种条件来衡量选择优良的筑坝材料：有机混合物及水溶性盐类含量、颗粒组成、可塑性、不透水性。

②水力冲填坝土料的选择

冲填坝所用土料应根据下列条件来选择：

有机混合物和水溶性盐类含量与碾压式土坝相同；颗粒组成；湿化性；渗透固结和压缩性；土料的塑性及矿物化学成分。

(2)石料

常用的石料有花岗岩、正长岩、玄武岩、片麻岩、砂岩、石灰岩等。

石料按开采和加工程度分为：片石（乱毛石）、块石、粗料石、细料石（样石）等。

(3)水泥砂浆

水泥的品种、特性及适用范围，水泥的标号及其主要技术特性，水泥的保管和受潮后的处理。

(4)混凝土

①混凝土的强度

混凝土的强度与水泥标号、水灰比、施工质量、养护条件和混凝土的龄期有关，一般由试验得出。

②混凝土配合的选择

在同样施工条件和采用相同水泥标号的情况下，混凝土的强度取决于水灰比（水与水泥的重量比），水灰比越大，混凝土的强度越低。

第七章　其他工程致灾地质作用

第一节　风化作用

一、风化作用的类型

风化作用是自然界普遍的一种地质现象，是在温度、水、气体及生物等综合因素影响下，改变岩石状态、性质的物理化学过程。风化作用的物理过程促使岩石的原有裂隙进一步扩大，并产生新的风化裂隙，使岩石矿物颗粒间的联结松散和使矿物颗粒沿解理面崩解。风化作用的化学过程则会引起岩石中的某些矿物发生次生变化，从根本上改变岩石原有的工程地质性质。根据不同的自然因素对岩石进行不同的作用，可以把风化作用分为物理风化作用、化学风化作用和生物风化作用三类。

第一，物理风化作用。物理风化作用的主要特点是：岩石在自然因素作用下发生机械破碎，而无明显的成分改变，又称机械风化作用。使岩石产生物理风化的自然因素主要有温度变化、冰劈作用和盐类结晶膨胀作用等。

由气温变化引起的物理风化是主要的物理风化方式。岩石表面受热时膨胀，内部温度低相对膨胀很小，使表层和内层之间产生破裂。岩石表面受冷收缩时，内部温度相对于表层高，收缩小或不收缩，使表层岩石中产生许多与表面接近垂直的裂隙，长期反复的气温变化，使岩石从暴露在空气中的部分向岩石内部一层层剥落、破碎。这种风化作用的强弱主要不是由气温的绝对高低所决定，而是取决于气温变化的速度和幅度。变化速度大，使热胀冷缩交替频率高，变化幅度大，则使胀缩幅度大。气温变化在地表不同的气候区有所不同，大陆性气候区最显著。以我国西北干旱沙漠地区为例，夏季白天气温高，使岩石表面温度高达47℃，夜间气温下降，使岩石表面温度降到－30℃，岩石昼夜温差达50℃，而夏季最高温度与冬季最低温度的年温差更大。

冰劈作用是通过水的结冰来进行的。岩石裂隙中的水，当气温降到冰点时，水变成冰，体积膨胀约1/11，当周围岩石限制其膨胀时，它能产生96MPa的压力，使岩石中裂隙发展，造成更密更深的裂隙网，岩石更易破碎。

盐类结晶作用膨胀是指岩石裂隙中的水含有各种可溶盐，当含盐量不断增加达到饱和，或气温增加水分蒸发达到饱和，或气温降低溶解度变小达到饱和，盐类就由溶液中结晶析出，其体积也要膨胀，使岩石胀裂。

第二，化学风化作用。长期暴露在地表及接近地表的岩石，由于受到空气和水中各种化学成分的作用，以及受到生物活命的影响，使原有岩石的矿物成分不断发生变化，其成分被破坏，产生新成分。这种在自然因素作用下使成分改变的过程称化学风化作用。产生化学风化的自然因素主要是水和空气中所含的各种化学成分，如O_2、CO_2等，常见的化学作用有：

溶解作用：岩石中某些矿物成分可以被水溶解，以溶液的形式流失。当水中含有一定量的CO_2或其他成分时，水的溶解能力加强。例如石灰岩中的方解石，遇含CO_2的水生成重碳酸钙，溶解于水而流失，使石灰岩中形成溶蚀裂隙和空洞。

水化作用：岩石中某些矿物成分与水分子化合成新的成分，在此过程中，新成分产生膨胀，使岩石胀裂。例如硬石膏($CaSO_4$)水化成石膏($CaSO_4 \cdot 2H_2O$)后，体积增大了1.5倍。一般情况下，新形成的含水矿物强度低于原来的无水矿物，对抵抗风化不利。

氧化作用：岩石中某些矿物成分与空气或水中的O_2化合后形成新矿物。岩石中新成分有的可以被水带走，有的对建筑物或岩石造成新的侵蚀。

碳酸化作用：水中CO_2从矿物中夺走盐基，破坏了原有岩石中的矿物，生成新的碳酸盐，称碳酸化作用。最常见的是岩石中的正长石($KAlSi_3O_3$)，经过碳酸化作用生成易溶于水而流失的碳酸钾(K_2CO_3)、胶体二氧化硅($4SiO_2 \cdot H_2O$)及高岭土[$Al_2Si_2O_5(OH)_4$]。这就使花岗石破坏成为石英及高岭土颗粒，残留原地，其余成分流失。

第三，生物风化作用。在地壳表面的各个角落一地表、水、空气中甚至在一定深度以下的岩石裂缝里都有生物在活动，即使在不毛之地的高寒地区、山巅和极地苔原的岩石表面还有地衣生物的生长活动。由于生物活动而引起的岩石的破坏作用称为生物风化作用。引起生物风化的因素是生物，包括各种动植物及人类的活动。从生物风化的方式看，也可以分为生物物理风化作用和生物化学风化作用两种基本形式。

生物物理风化作用主要是由于生物产生的机械力造成的岩石破碎；例如生长在岩石裂缝中的植物，特别是某些高等植物，有时其根系可深达数米乃至十余米，随着根部膨胀，可对围岩产生 $10\sim15kg/cm^2$ 的压力，足以使岩石裂缝加大，或崩碎。此外动物的挖掘洞穴、虫蚁、蚯蚓的筑巢翻土都会引起岩石的破坏。当然，人类的生产活动比上述动物的活动的规模都要大得多，尤其是科学技术迅猛发展的今天，人类活动对岩石的破坏的影响更不能忽视。

生物化学风化作用则主要是由于生物产生的化学成分，造成的岩石成分改变而使岩石产生的破坏。其对岩石风化的影响程度远大于生物物理风化作用，生物对岩石的化学作用主要由生物在新陈代谢过程中分泌的物质，以及生物在遗体腐烂或分解的过程中产生的物质引起的。在这些物质当中相当一部分是有机酸，植物或细菌通过分泌有机酸去分解岩石或土壤中的矿物，以吸收某些化学成分作为养分的。例如某种藻类植物（地衣）的菌丝可以结晶出有机酸的晶体，有机酸晶体溶解和分解时产生的氢离子与矿物表面接触，可以置换矿物的金属阳离子作为养分。较高级的植物的根部是带负电荷的物体，它使氢离子等阳离子聚集在附近，造成酸性环境，加上植物根部能释放 CO_2（使土壤中 CO_2 含量加大，较空气中的含量大 10～100 倍），就更有利于硅酸盐等矿物分解。生物遗体的腐烂和分解，除了使部分元素能在地下大量聚集（煤的生成与此有关），还会形成大量腐殖质。腐殖质中含有相当数量的有机酸，会对岩石起分解作用。

总之，岩石风化的基本类型以物理风化和化学风化为主，一般情况下，这两种风化方式同时进行，互相促进。但在不同的地区，不同的自然条件下，两种风化作用又会有主次之分。例如，在我国西北干旱大陆性气候为主的地区，水很缺乏，气温变化剧烈，一般以物理风化作用为主。反之，在我国东南沿海地区，气候潮湿，雨量充沛，化学风化作用占据主导地位。风化作用是地壳表面最为活跃的外力地质作用之一，随着深度逐渐向下增加，其影响力迅速减弱，到达一定深度后，风化作用的影响基本消失。

二、岩石风化的工程地质问题

岩石遭受风化后，随着风化程度的不同，其工程性质表现出不同程度的变坏。这主要是由于风化作用使岩石完整性进一步破坏，孔隙度增大，透水性增强，强度降低，变形性增加所致。此外，风化作用生成的某些新矿物，例如黏土矿物，在生成时发生膨胀的矿物，以及某些有害成分如硫酸等，常引起一些特殊的工程病害。因此，对于工程建筑来说，不论作为建筑物的地基、边坡和围岩，还是用作建筑材料，风化岩石的工程性质都远不如未风化的新鲜岩石好。但是由于地表岩石都遭受不同程度的风化，这就使我们必须认真研究由于岩石风化而产生的几个重要的工程地质问题：风化程度问题、风化深度问题和风化速度问题。在此基础上，为正确解决工程建筑的设计和施工提供依据资料。

1.风化程度的判别

岩石性质不同，表明在岩石生成时具有不同的周围环境和条件。如果岩石生成条件与目前岩石所处地表位置的环境和条件愈接近，岩石抵抗风化能力愈强。反之，则抗风化能力低。岩石风化程度的大小直接决定着岩石工程性质变坏的程度。为了确定风化程度的大小，应从以下四方面对风化岩石进行观测：

岩石颜色变化：岩石风化首先反映到矿物成分的颜色改变上。未风化矿物的颜色都是新鲜的，光泽明显可见，风化愈重颜色愈暗淡，甚至改变颜色。野外观察时要注意岩石表面与内部颜色对比，要区别干燥和潮湿时颜色的差异。

岩石矿物成分变化：要特别注易于风化矿物的变化以及是否有风化生成的新的次生矿物。风化愈重，原有深色矿物和片状、针状矿物愈少，次生黏土矿物、石膏及褐铁矿愈多。

岩石破碎程度：它是岩石风化程度重要标志之一。岩石风化破碎是由于大量风化裂隙造成的，因此，要重点观测风化裂隙的长度、宽度、密度、形状及次生充填物质。

岩石力学性质：风化愈重，岩石的力学性质越差，反映其完整性、强度及坚硬程度就愈低。野外观察时，可用手锤敲击、小刀刻划、用手断等简易方法进行试验,必要时可采取岩样进行室内强度试验或野外原地试验。

2.风化深度确定

地表以下风化作用所能影响的深度称风化深度或风化层厚度。由于从地表风化较严重向地下至未经风化带是个连续的、逐渐的变化过程,故要准确定出风化深度是困难的。通常,对于重要工程,把地表以下至风化轻微带作为风化深度,对于一般工程,则把地表以下至风化颇重带作为风化深度。据有关资料,物理风化为主地区风化深度一般不超过10～30m,最厚60m;化学风化为主的地区,风化深度一般不超过30～50m,最厚100m。

如果在风化深度以内进行工程建筑,必须按其风化程度降低岩石的各项力学性质指标,直到把风化极严重带岩石作为碎石土处理。当地表观测不能确定整个风化壳深度内的变化情况时,应进行必要的地下勘探或物探工作。

3.降低风化速度措施

实践证明,某些岩石被开挖暴露于空气及水中以后,风化速度很快,有的隧洞中一年的风化深度可达1m。土木建筑物基坑及边坡若在风化速度较快的岩石中开挖,开挖后又未进行及时的支撑、衬砌和防护,会造成开挖面迅速风化破碎倒塌。因此,必须根据岩石的风化速度快慢采取适当的防治措施。岩石风化速度快是由两方面因素造成的:一是岩石性质及地质构造有利于风化发生;二是自然条件有利于风化。如果我们改变其中的一个条件,使其不利于风化作用的发生,就可以大大降低岩石的风化速度,提高岩石的抗风化能力。防止岩石风化的应对措施应从两方面考虑:

一方面提高岩石的完整性和强度,改善岩石的抗风化能力。一般的方法有:水泥灌浆、黏土灌浆、沥青灌浆及硅化法等。这些方法效果较好,但成本较高,多用于重要建筑物或加固范围不大的情况。

另一方面则以防止各种自然因素对岩石的侵袭为主。方法有:利用黏土浆、沥青浆或水泥浆喷抹边坡表面或地下洞室表面,封闭坑底,以防止岩石表面与空气和水直接接触。还可以采取拦截、排出地表水和降低地下水的方法,降低水对岩石的风化作用。

第二节　地表水的地质作用

一、地表流水的侵蚀、搬运和沉积作用

地表流水的地质作用主要包括侵蚀作用、搬运作用和沉积作用。地表流水对坡面的洗刷作用，对沟谷及河谷的冲刷作用，均不断地使原地面遭到破坏，这种破坏被称为侵蚀作用。侵蚀作用造成地面大量水土流失、冲沟发展，引起沟谷斜坡滑塌、河岸坍塌等各种不良地质现象和工程地质问题。山区铁路多沿河流前进，修建在河谷斜坡和河流阶地上，因此，地表流水的侵蚀作用就显得十分重要了。地表流水把地面被破坏的破碎物质带走，称为搬运作用。搬运作用使被破碎物质覆盖的新地面暴露出来，为新地面的进一步破坏创造了条件。在搬运过程中，被搬运物质对沿途地面加强了侵蚀。同时，搬运作用为沉积作用准备了物质条件。当地表流水流速降低时，部分物质不能被继续搬运而沉积下来，称为沉积作用。沉积作用是地表流水对于地面的一种建设作用，形成了一些最常见的第四纪沉积物。

（一）侵蚀作用

河流的侵蚀作用按其方向可分为下蚀和侧蚀。下蚀也称纵向侵蚀，向下切割河床，破坏河底。侧蚀也称横向侵蚀，向河岸方向侵蚀，使河流变宽、变弯，破坏原有河岸。下蚀和侧蚀是同时进行的，河流上游以下蚀为主，下游以侧蚀为主。

1.下蚀作用

河流下蚀切割河底，使河床变深。下蚀的强弱取决于流速、流量的大小，也与组成河床的物质有关。流速、流量愈大，下蚀作用愈强，组成河床的物质愈坚硬、裂隙愈少，下蚀作用愈弱。

一条河流下蚀最强地段由河口开始逐渐向河源方向发展，这个过程称为向源侵蚀。以河口水面为标高的水平面称为该河流的侵蚀基准面，注入海洋的河流以河口海水面为其侵蚀基准面，注入内陆湖泊的河流以湖水面为其侵蚀基准

面。河流下蚀不能无止境地进行，而以其侵蚀基准面为下限。实际上，河流绝大部分地段河床都位于其侵蚀基准面之上，最多达到平衡剖面的位置。

用平衡剖面和侵蚀基准面的理论解释河流下蚀作用的发展过程和规律，基本上符合客观事实。但是，河流下蚀作用受岩性、地质构造、植被、气候及人类工程建设活动等多种复杂因素的影响。地壳不断运动使侵蚀基准面不断随之变化。因此，不可能真正出现平衡剖面这种理想状态，而是下蚀作用力求向平衡剖面状态发展。通常，一条大河的下游段基本已达到平衡剖面状态，不再下蚀，中游段则接近平衡剖面状态，洪水期能进行下蚀，枯水期则只能搬运甚至沉积，上游段多高出平衡剖面之上，下蚀作用强烈。

2.侧蚀作用

河流侧蚀冲刷河岸，使河床变弯、变宽。河流产生侧蚀的原因，一是因为原始河床不可能完全笔直，一处微小的弯曲都将使河水主流线不再平行河岸而引起冲刷，致使弯曲程度愈来愈大，二是河流中的各种障碍物，如浅滩，也能使主流线改变方向冲刷河岸。侧蚀不断进行，受冲刷的河岸逐渐变陡、坍塌，使河岸向外凸出，相对一岸向内凹进，使河流形成连续的左右交替的弯曲，称为河曲。

由于河水主流线不是垂直而是斜向冲刷河岸，故这种弯曲向河流前进方向凸出，随着侧蚀不断发展，这些弯曲逐渐向下游方向推进。河曲进一步发展，河流弯曲程度愈来愈大，河流也愈来愈长，导致河床底坡变缓，流速降低。当流速减小到一定程度，河流只能携带泥沙克服阻力流动，而无力进行侧蚀的时候，河曲不再发展，此时的河曲称为蛇曲。河流的蛇曲地段，弯曲程度很大，某些河湾之间非常接近，只隔一条狭窄地段，到了洪水季节，洪水冲决这一狭窄地段，河水经由新冲出的距离短、流速大的河道流动，残余的河曲两端逐渐游塞，脱离河床而形成特殊形状的牛轭湖，这一现象称为河流的截弯取直现象。牛轭湖中水分逐渐蒸发，将发展成为沼泽。

（二）搬运作用

河流具有一定的搬运能力，它能把侵蚀作用生成的各种物质以不同方式向下游搬运，直至搬运到湖海盆地中。河流搬运能力与流速关系最大，当流速增加一倍时，被搬运物质的直径可增大到原来的四倍，被搬运物质的重量可增大到原来的64倍。当流速减小时，就有大量泥沙石块沉积下来。

流水搬运的方式可分为物理搬运和化学搬运两大类：物理搬运的物质主要是泥沙石块，化学搬运的物质则是可溶解的盐类和胶体物质。根据流速、流量和泥沙石块的大小不同，物理搬运又可分为悬浮式、跳跃式和滚动式三种方式。悬浮式搬运的主要是颗粒细小的砂和黏性土，悬浮于水中或水面，顺流而下。跳跃式搬运的物质一般为块石、卵石和粗砂，它们有时被急流、涡流卷入水中向前搬运，有时则被缓流推着沿河底滚动。滚动式搬运的主要是巨大的块石、砾石，它们只能在水流强烈冲击下，沿河底缓慢向下游滚动。化学搬运的距离最远，水中各种离子和胶体颗粒多被搬运到湖、海盆地中，当条件适合时，在湖、海盆地中产生沉积。

河流在搬运过程中，随着流速逐渐减小，被携带物质按其大小和重量陆续沉积在河床中，上游河床中沉积物较粗大，愈向下游沉积物颗粒愈细小，从河床断面上看，流速逐渐减小时，粗大颗粒先沉积下来，细小颗粒后沉积下来覆盖在粗大颗粒之上，从而在垂直方向上显示出层理。在河流平面上和断面上，沉积物颗粒大小的这种有规律的变化，称河流的分选作用。另外，在搬运过程中，被搬运物质与河床之间、被搬运物质互相之间，都不断发生摩擦、碰撞，从而使原来有棱角的岩屑、碎石逐渐磨去棱角而成浑圆形状，因此在河床中的分选性和磨圆度是河流沉积物区别于其他成因沉积物的重要特征。

（三）沉积作用

流速降低使河流携带的物质沉积下来称为沉积作用，河流的沉积物称为冲积层。由于河流在不同地段流速降低的情况不同，各处形成的沉积层就具有不同特点。在山区，河流底坡陡、流速大，沉积作用较弱，河床中冲积层多为巨砾、卵石和粗砂，当河流由山区进入平原时，流速骤然有很大降低，大量物质沉积下来，形成冲积扇。冲积扇还常分布在大山的山麓地带，如果山麓地带几个大冲积扇相互连接起来，则形成山前倾斜平原。在河流下游，则由细小颗粒的沉积物组成广大的冲积平原。大河河口逐渐积累冲积层，它们在水面以下呈扇形分布，扇顶位于河口，扇缘则伸入海中，冲积层露出水面的部分形如一个其顶角指向河口的倒三角形，故称河口冲积层为三角洲。

由于冲积层分布广，表面坡度比较平缓，多数大、中城市都坐落在冲积层上，铁路也多选择在冲积层上通过。作为工程建筑物的地基，砂、卵石的承载力较高，黏性土较低。特别应当注意冲积层中两种不良沉积物，一种是软弱土层，例如牛轭湖、沼泽地中的淤泥、泥炭等，另一种是容易发生流沙现象的粉砂层。遇到它们应当采取专门的设计和施工措施。冲积层中的砂、卵石、砾石层常被选用为建筑材料的重要产地。厚度稳定，延续性好的砂、卵石层是丰富的含水层，可以作为良好的供水水源。

(1)河谷地貌。河流地质作用的结果，形成了各种复杂的侵蚀和沉积地貌。河谷地貌是在流域地质构造基础上，经过河流长期的侵蚀、搬运和沉积作用后，逐渐形成和发展而来的。典型的河谷一般都具有下列一些组成部分：经常被流水占据的部位为河床；洪水期被淹没、枯水期露出水面的部位为河漫滩；河漫滩以上向两侧延伸的斜坡为河谷斜坡；河谷内河流侵蚀和沉积作用形成的台阶状地形称为河流的阶地。河流阶地用罗马数字编号，自河漫滩以上顺序排列，编号愈大，阶地位置愈高，生成年代愈早。

河谷地貌的形成，受多种因素控制，主要有河流各种地质作用的强弱，地壳升降的幅度，组成河谷的岩石性质及地质构造；气候条件等。在河流的不同地段和不同发展阶段，河谷地貌形态均有不同。在河流上游地段或幼年期河谷，下蚀作用强烈，坡陡流急，河床中沉积物较少，河谷横断面多呈"V"形，只有河床和高陡的河谷斜坡，较少见到河流阶地。在河流中游地段或壮年期河谷，河谷开阔，下蚀作用较弱，以侧蚀为主，河曲较发育，多有河流阶地。在河流下游地段或老年期河谷，侵蚀作用很微弱，主要进行沉积作用，这种地段大多处于平原地带，河床本身也处在冲积层上，河床外就是冲积平原。个别地段沉积作用强烈，河床愈淤愈高，以致河水面高出两侧平原地面形成地上河。

河谷内河流侵蚀和沉积作用形成的台阶状地形称为河流的阶地或台地。阶地面就是阶地平台的表面，它实际上是原来老河谷的漫滩，它大多向河谷轴部和河流下游微作倾斜。阶地面并不十分平整，因为在它的上面，特别是在它的后缘，常常由于崩塌物、坡积物、洪积物的堆积而呈波状起伏。此外，地表径流也对阶地面起着切割破坏作用。若阶地延伸方向与河流方向垂直称横向阶地；若阶地延伸方向与河流方向平行称纵向阶地。

河流阶地是在地壳的构造运动与河流的侵蚀、堆积作用的综合作用下形成的。当河漫滩河谷形成之后，由于地壳上升或侵蚀基准面相对下降，原来的河床或河漫滩便受到下切，而没有受到下切的部分就高出于洪水位之上，变成阶地。于是河流又在新的水平面上开辟谷地。此后，当地壳构造运动处于相对稳定期或下降期时，河流纵剖面坡度变小，流水动能减弱，河流垂直侵蚀作用变弱或停止，侧向侵蚀和沉积作用增强，于是又重新拓宽河谷，塑造新的河漫滩。在长期的地质历史过程中，如地壳发生多次升降运动，则引起河流侵蚀与堆积交替发生，从而在河谷中形成多级阶地。因此，河流阶地的存在就成为地壳新构造运动的有力证据。不难理解，紧邻河漫滩的一级阶地形成的时代最晚，依次向上，阶地的形成时代愈老。

二、与河流地质作用有关的工程地质问题

在河流上兴建拦河工程、跨河桥渡，在河床埋设输油管、电缆，在邻岸地带兴建道路、进行城镇建设等，必须考虑河流地质作用对工程建筑物安全和正常使用的影响。同时还需考虑因工程的兴建，特别是大型工程，如水库的兴建所导致的河流侵淤规律的变化，进而引起大范围内地质环境的变化对人类生活和生产活动所造成的不良后果。

(一)与河流侵蚀有关的工程地质问题

在天然河道上的桥渡工程，因修建墩台使得河流原有过水断面减少，水位的流向和流态复杂，流速在跨河段普遍增大，因而必然产生对桥墩、桥台底部地基的冲刷，这种冲刷主要来自紊流漩涡的作用。当河床由松散冲积物组成，墩台基础砌置较浅，或未采用特殊的人工基础，在水流作用下墩台基础将失去稳定性，可能造成整座桥梁工程的倾斜破坏。因此，墩台设计必须考虑对墩台基础砌置地段的冲刷作用，预测水流对地基的最大冲刷深度，为保证墩台基础的稳定安全，应砌置在最大冲刷深度以下。因此，水流最大冲刷深度的确定，是关系到桥渡工程安全稳定和经济合理的重要课题。

桥渡工程地基最大冲刷深度为一般冲刷与局部冲刷之和。一般冲刷是由于墩台束窄水流过水断面所引起的桥下河床的普遍冲刷。局部冲刷是由于桥

墩阻水使水流结构发生变化，一方面墩前两侧水流收缩及动能有所增加；另一方面冲击桥墩后动能转化为位能。由于垂线流速分布的不均匀性和压力分布的上小下大，大致在垂线最大流速点稍下的位置，形成一个分界面。界面以上水流向上壅起，形成墩前冲击壅高，并与上层水流构成表面逆时针漩流；界面以下水流转而下降，在河床附近形成横轴反向漩涡，并与底部纵向水流集合在一起，产生绕桥墩两侧、靠近河底流向下游的马蹄形漩涡，在这一漩涡的作用下，桥墩头部及其周围河床中的泥沙被冲刷带向下游，形成局部冲刷坑。随着冲刷坑的加深加大，水流挟沙能力减弱，冲刷过程逐渐停止。

在河流上修建水库后，水库下游河段的来水、来沙条件与建库前相比发生了变化，引起河流平衡条件的破坏，而导致下游河床的再造过程。为各种目的所建的水库多为常年蓄水，水库蓄水拦沙后，坝后所泄水流为泥沙含量很少的清水，将使下游河床发生冲刷，它包括纵向下切和横向展宽两个方面。这种冲刷所及的范围往往可以达到很长的距离，将对沿岸城镇建筑和农田带来新的威胁。如丹江口水库自 1968 年蓄水后至 1972 年间冲刷已发展到距坝 465km 的仙桃市。当坝顶在溢流条件下集中溢洪时，对坝后河床的冲刷及水工建筑物的影响尤为显著。

（二）与河流游积有关的工程地质问题

与河流淤积作用有关的工程地质问题以水库淤积较为典型，其影响也较深远。在河流上筑坝抬高水位，库区形成壅水，使得原来河流的侵蚀基准面抬升，水流入库过程中，水深和过水断面沿流程增大，流速降低，来自上游的泥沙在库区大量落淤，直接影响水库的效益和使用寿命。

我国西北、华北地区很多河流泥沙含量很高，建坝后水库淤积速度十分惊人。有的中小型水库使用数年，甚至一场洪水即被游满。此外，水库淤积还会改变上下游的环境，在航运、排涝治碱，工程安全和生态平衡等方面，造成一系列的不良影响。

在天然河流中的淤积作用，对航运的影响最为严重。为使正常运输，不得不耗费巨资进行航道疏浚和港池的清淤。对于规划待建的航运码头的选择，须在现场调查的基础上，运用河流侵游规律，宜选择在侵淤平衡或侵蚀作用微弱的河段上建设码头港址，即最好选择在曲率半径较大的凹岸河段上。

（三）河流地质作用与铁道、道路工程

铁道、道路工程与河流关系非常密切。线路跨过河流必须架桥，桥梁墩台基础、桥渡位置选择都应充分考虑河流地质作用。线路沿河前进，线路在河谷横断面上所处位置的选择，河谷斜坡和河流阶地上路基的稳定，也都与河流地质作用密切相关。

对于桥渡，首先应当选择河流顺直地段过河，以避免在河曲处过河遭受侧蚀而危及一侧桥台安全，应尽量使桥梁中线与河流垂直，以免桥梁长度增大。其次墩台基础位置应当选择在强度足够、安全稳定的岩层上，对于那些岩性软弱的土层、地质构造不良地带不宜设置墩台。墩台位置确定之后，还必须准确地决定墩台基础的埋置深度，埋置深度太浅会由于河流冲刷河底使基础暴露甚至破坏，埋置过深将大大增加工程费用和工期。

对于沿河线路来说，一段线路位置的选择和路基在河谷横断面上位置的选择，从工程地质观点要求，主要包括边坡和基底稳定两方面。线路沿狭谷行进，路基多置于高陡的河谷斜坡上，经常遇到崩塌、滑坡等边坡不良地质现象；线路沿宽谷或山谷盆地行进，路基多置于河流阶地或较缓的河谷斜坡上，经常遇到各种第四纪沉积层，铁路在平原上行进也常把路基置于冲积层上，常见的病害是受河流冲刷或路基基底含有软弱土层等。

沿河线路在选线设计及施工过程中，首先必须经过认真细致的调查、勘探工作，查清该河流地质作用的历史、现状和发展趋势。然后根据工程的要求对铁路各种建筑物的位置、结构构造及施工方法作出正确的决定，应该力求避开天然的或由于修筑铁路而引起的各种崩塌、滑坡、泥石流、岩溶、软弱土层等不良地质条件。最后，当由于各种原因，局部线路不得不通过某些不良地质地区时，则应在详细调查研究的基础上提出切实可行的预防和整治措施。

第三节　地下水的工程地质问题

埋藏在地表以下，土中孔隙、岩石孔隙和裂隙中的水，称为地下水。地下水分布很广，与人们的生产、生活和工程活动的关系也很密切。在工程建设中，地下水常常起着重要作用。一方面，地下水是饮用、灌溉和工业供水的重要水源之一，是宝贵的天然资源。另一方面，地下水的活动又是威胁施工安全、造成工程病害的重要因素，它与土石相互作用，会使土体和岩体的强度和稳定性降低，产生各种不良的自然地质现象，如滑坡、岩溶、潜蚀、地基沉陷、道路冻胀和翻浆等，给工程施工和工程的正常使用造成危害。此外，如果地下水的化学成分中侵蚀性 CO_2 或 SO_4^{2-}、Cl^- 含量过多，地下水还会对工程上用的普通水泥混凝土产生侵蚀作用，使混凝土结构遭到破坏。所以工程上对地下水问题向来是很重视的，常把与地下水有关的问题称为水文地质问题。在工程的设计与施工中必须研究地下水的问题，研究地下水的埋藏条件，地下水的类型及其活动的规律性，以便采取相应措施，保证建筑物的稳定和正常使用。

一、地下水的基本类型

为了对地下水进行深入的研究和有效地利用地下水，有必要进行地下水分类。由于利用地下水和研究地下水目的和要求不同，有许多不同的地下水分类方法。总的看来有两大分类法：一是根据地下水某一方面或几个方面因素对其进行分类，例如地下水按温度分类，按总矿化度分类，按硬度分类及按 pH 值分类等；二是尽可能全面地考虑影响地下水特征的各种因素对其进行综合分类，主要按埋藏条件和含水层性质对地下水进行综合分类。目前，我国工程地质工作中采用的是地下水综合分类，如下所述。

1.上层滞水

埋藏在地面以下包气带中的水，称上层滞水。上层滞水可分为非重力水和重力水两种，非重力水主要指吸着水、薄膜水和毛细水，又称为土壤水。重力水则指包气带中局部隔水层以上的水。

上层滞水分布于接近地表的包气带内，与大气圈关系密切，这类水是季节性的，主要靠大气降水和地表水下渗补给，故分布区与补给区一致，以蒸发或逐渐向下渗透到潜水中的方式排泄。雨季水量增加，干旱季节减少甚至重力上层滞水完全消失。

由于上层滞水多位于距地表不深的地方，分布区与补给区一致，分布范围一般不大，其分布范围和存在时间取决于隔水层的厚度和面积的大小。隔水层的厚度小、面积小，则上层滞水的分布范围较小，而且存在时间较短，相反，如果隔水层的厚度大、面积大，则上层滞水的分布范围较大，而且存在时间较长。

土壤水虽不能直接被人们取出应用，但对农作物和植物有重要作用；重力上层滞水分布面积小，水量也小，季节变化大，容易受到污染，只能用作小型或暂时性供水水源；从供水角度看意义不大，但从工程地质角度看，上层滞水常常是引起土质边坡滑坍、黄土路基沉陷、路基冻胀等病害的重要因素。

2.潜水

埋藏在地面以下、第一个稳定隔水层以上的饱水带中的重力水称潜水。潜水分布极广，它主要埋藏在第四纪松散沉积物中，基岩的裂隙、空洞中也有分布。

潜水有一个无压的自由水面称潜水面。潜水面至地面的垂直距离称潜水埋藏深度(h)。潜水面至下部隔水层顶面的垂直距离称含水层厚度或潜水层厚度(H)，潜水面上某一点的绝对标高称潜水位，因此：潜水位＝地面绝对标高－潜水埋藏深度。

当潜水面为一水平面时，潜水静止不流动，形成潜水湖。在一般情况下，潜水面是一个倾斜面，潜水在重力作用下，由潜水位高的地方流向潜水位较低之处，形成潜水流。通常，潜水面不是一个延伸很广的平面，从较大范围看，潜水面是一个有起有伏、有陡有缓的面。影响潜水面形状的因素主要有三个：地表地形、含水层厚度及岩土层的透水性能。潜水面形态一般与地表地形相适应，地面坡度大，地下潜水面相应坡度也大，但总的看，潜水面坡度比地表地形平缓得多。含水层厚度变大时，潜水面坡度变缓，岩层透水性变大，潜水面也变缓。

潜水面的形状可以用潜水等水位线图表示。潜水等水位线图就是潜水面的等高线图，其作图方法和地表地形等高线图作法相似，而且是在地形等高线图的基础上作出来的。由于潜水面是随时间而变化的，在编图时必须在同一时间或较短时间内对测区内潜水水位进行观测，把每个观测点的地面位置准确地绘制在地形图上，并标注该点所测得的潜水埋藏深度及算得的该点潜水水位标高，根据各测点的水位标高画出潜水等水位线图。可以把水井、泉等潜水出露点选作观测点，也可根据需要进行人工钻孔或挖试坑到潜水面，以保证测点有足够的数量和合理的分布。每张潜水等水位线图均应注明观测时间，不同时间可测得同一地区一系列等水位线，表明该地区潜水面随时间变化的情况。

潜水等水位线图用途很多，例如：①确定任一点的潜水流向：潜水沿垂直等水位线方向由高水位流向低水位。②确定沿潜水流动方向上两点间水力坡度：即两点潜水位高度差与两点间水平距离之比。水力坡度大小直接影响到该两点间潜水的平均流速。③确定任一点潜水埋藏深度。④确定潜水与地表水之间的补给关系。

潜水的径流和排泄受含水岩土层性质、潜水面水力坡度、地形切割程度及气候条件的影响。岩土透水性好，潜水面水力坡度大，地面被沟谷切割得较深则潜水径流条件好。在山区和河流中上游地区，潜水埋藏较深，通过补给河流或以泉的形式流出地表而排泄，是以水平排泄为主。在平原和河流下游地区，黏性土增多，透水性变差，潜水面平缓，水力坡度减小，潜水埋藏较浅，主要通过潜水面上毛细带向上蒸发进入大气而排泄，是以垂直排泄为主，径流条件较差。气候条件的影响是明显的，在西北沙漠草原干旱气候区，潜水一般无径流，靠凝结补给，蒸发排泄，在西南、华南及沿海潮湿气候区，潜水径流条件好，是下渗补给，水平排泄。

潜水的水质和水量是潜水的补给、径流和排泄的综合反映。例如，补给来源丰富、径流条件好、以水平排泄为主的潜水，一般水量较大，水质较好。反之，水量小，水质差。在潜水埋藏浅的地区，若以蒸发排泄为主，则随着水分的蒸发，水中所含盐分留在潜水及包气带岩土层内，使潜水矿化度增高，引起包气带土壤的盐渍化。除上述水质、水量的静态特征外，还应注意研究潜水水质、水量随时间的变化，研究其动态特征。许多与潜水有关的工程病害，都是在显著的潜水动态变化之后不久发生的。

3.承压水

埋藏并充满在两个隔水层之间的地下水，是一种有压重力水，称承压水。

上隔水层称承压水的顶板，下隔水层称底板。由于承压水承受压力，当由地面向下钻孔或挖井打穿顶板时，这种水能沿钻孔或井上升，若水压力较大时，甚至能喷出地表形成自流，故也称自流水。

承压水主要分布在第四纪以前的较老岩层中，在某些第四纪沉积物岩性发生变化的地区也可能分布着承压水。承压水的形成和分布特征与当地地质构造有密切关系，最适宜形成承压水的地质构造有向斜构造和单斜构造两种。有承压水分布的向斜构造可称为自流盆地，有承压水分布的单斜构造可称为自流斜地。

一个完整的自流盆地可分为补给区、承压区和排泄区三部分。补给区多处于地形上较高的地区，该区的地下水来自大气降水下渗或地表水补给潜水。承压区分布在自流盆地中央部分，该区含水层全部被隔水层覆盖，地下水充满含水层并具有一定压力。当钻孔打穿隔水层顶板后，水便沿钻孔上升，一直升到该钻孔所在位置的承压水位后稳定不再上升。承压水位到隔水层顶板间垂直距离，即承压水上升的最大高度，称为承压水头(H)，隔水层顶板与底板间的垂直距离称含水层厚度(M)。承压水头的大小各处不同，通常隔水层顶板相对位置越低，承压水头越高。只有当地面低于承压水位的地方，地下水才具有喷出地面形成自流的压力，在其他地方，地下水的压力只能使其上升到承压水位的高度，而不能喷出地面。排泄区多分布在盆地边缘位置较低的地方，在这里承压水补给潜水或补给地表水，也能以泉的形式出露于地表。承压水深处隔水层顶板之下，不易产生蒸发排泄。在自流盆地中，承压水的补给区、承压分布区及排泄区是不一致的。

构成自流盆地的含水层与隔水层可能各有许多层，因此，承压水也可能不止一层，每个含水层的承压水也都有它自己的承压水位面。各层承压水之间的关系主要取决于地形与地质构造间的相互关系。当地形与地质构造一致，即都是盆地时，下层承压水水位高于上层承压水水位，若上下层承压水间被断层或裂隙连通，两层水就发生了水力联系，下层水向上补给上层水，当地形为馒头状，地质构造仍为盆地状时，情况则相反。

承压水的涌水量与含水层的分布范围、厚度、透水性及补给区和补给水源的大小等因素有关。含水层分布范围愈广、厚度愈大、透水性愈好，补给区面积大、补给来源充足、涌水量就大。同时，由于承压水上有隔水顶板，基本上不受承压区以上地表气候、水文因素影响，不易被污染，且径流路程较长，故水质较好。自流盆地分布范围一般可达数千平方公里，大的可达数十万平方公里。由于补给来源多、面积大，故承压水水量、水质均较稳定，其动态变化比潜水小。

4.孔隙水

在孔隙含水层中储存和运动的地下水称为孔隙水。孔隙含水层多为松散沉积物，主要是第四纪沉积物。少数孔隙度较高，孔隙较大的基岩，如某些胶结程度不好的碎屑沉积岩，也能成为孔隙含水层。根据孔隙含水层埋藏条件的不同，可以有孔隙—上层滞水，孔隙—潜水和孔隙—承压水三种基本类型，常见情况是孔隙一潜水型。就含水层性质来说，岩土的孔隙性对孔隙水影响最大。例如，岩土颗粒粗大而均匀，就使孔隙较大，透水性好，因此孔隙水水量大，流速快、水质好。其次，岩土的成因和成分以及颗粒的胶情况对孔隙水也有较大影响。所以在研究孔隙水时，必须对含水层岩土的颗粒大小、形状、均匀程度、排列方式、胶结情况及岩土的成因和岩性进行详细研究。

5.裂隙水

在裂隙含水层中储存和运动的地下水称为裂隙水。这种水的含水层主要由裂隙岩石构成。裂隙水运动复杂，水量、水质变化较大，主要与裂隙成因及发育情况有关。岩石中的裂隙按成因有风作的、成岩的及构造的三大类，因而裂隙水就分为风化裂隙水、成岩裂隙水和构造裂隙水三种基本类型。

风化裂隙沿地表分布广泛，无一定方向，密集而均匀。延伸不远，互相连通，发育程度随深度增加而减弱，一般深 20～50m，最大可超过一百多米。因此风化裂隙水常埋藏于地表浅处，含水层厚度不大，水平方向透水性均匀，垂直方向随深度而减弱，逐渐过渡到不透水的未风化岩石。风化裂隙水多为裂隙—潜水型，少量的为裂隙—上层滞水型和裂隙—承压水型。风化裂隙水多靠大气降水补给，有明显的季节性。一般说来由于山区地形起伏大，沟谷发育，径流和排泄条件好，不利于风化裂隙水的储存，所以除了雨季短时期外，水量不大。

成岩裂隙是在岩石形成过程中由于冷凝、固结、干缩而形成的，例如玄武岩中的柱状节理，页岩中的某些干缩节理等。成岩裂隙的特点是垂直岩层层面分布，延伸不远，不切层，在同一层中发育均匀，彼此连通。因此成岩裂隙水多具层状分布特点，当成岩裂隙岩层出露于地表，接受大气降水或地表水补给时，则形成裂隙—潜水型地下水，当成岩裂隙岩层被隔水层覆盖时，则形成裂隙—承压水类型地下水。由于同一岩体中，同层位岩层的成岩裂隙发育程度不同，因此成岩裂隙水的分布范围不一定和岩体的分布范围完全一致，成岩裂隙水的分布特点、水量大小及水质好坏主要取决于成岩裂隙的发育程度、岩石性质和补给条件。

地壳的构造运动在岩石中形成的各种断层和节理，统称构造裂隙。不同的构造裂隙，所含的构造裂隙水特征也不同。在压性、扭性或压扭性的构造裂隙中，裂隙多为密闭型，透水性差，含水量小，可以起隔水作用，逆断层、逆掩断层及密闭节理属于此类。在张性或张扭性构造裂隙中，裂隙多为张开型，透水性好，蓄水量大，起良好的含水和过水作用，正断层和某些平移断层及张开节理属于此类。构造裂隙多具一定的方向性，沿某一方向很发育，延伸很远，沿另一方向可能很不发育。例如，沿褶皱轴部、断裂带附近裂隙都很发育。因此造成构造裂隙水有脉状分布、带状分布、层状分布三种分布特征。

综上所述，裂隙水的分布、补给、径流、排泄、水量及水质特征受裂隙的成因、性质及发育程度的控制，只有很好的研究裂隙的发生、发展规律，才能更好地掌握裂隙水的规律。

6.岩溶水

埋藏在可溶岩裂隙、溶洞及暗河中的地下水称为岩溶水。

二、地质灾害中的地下水环境效应

无论内动力地质作用、外动力地质作用产生的地质灾害，还是人类活动作用产生的地质灾害，无不与地下水有关。地下水作为地质灾害最敏感的触发因素之一，在地质灾害的萌发、发育、形成和发展过程中起着至关重要的作用，作用的形式可分为：物理作用、化学作用和生物作用等。地下水对地质灾害的物理作用是最经常、最普遍的作用，贯穿于地质灾害的萌发、发育、形成和发展的全过程，但在不同的阶段，其作用的强弱有所区别。

物理作用主要表现为地质体内的地下水，通过温度、物态变化和渗透、潜蚀作用，改变地质体的物理力学特性和受力状态，促进或影响各种地质灾害的萌发、发育、形成和发展。化学作用主要表现为地质体内的地下水作为一种天然溶液，在渗透、潜蚀的同时，与矿物岩石发生各种化学反应，如氧化反应、溶解反应、水化反应、水解反应、碳酸化反应等，从而改变地质体的物理力学特性和受力状态，影响地质灾害的萌发、发育、形成和发展。生物作用是指生物在其生命活动中，对地质灾害的萌发、发育、形成和发展所起的作用。生物的生命活动离不开水，生物作用可以是机械的，也可以是化学的。

地下水对地质灾害的作用效应分为控制效应、辅助效应、次生效应。控制效应是指地下水作为一种控制性因素，在地质灾害的萌发、发育、形成和发展的全过程或某一阶段起控制性作用。控制效应大都是基于地下水的物理作用来实现的。如水库诱发地震，地下水往往是造成地应力集中、岩体破坏的直接原因；地下水几乎在滑坡的萌发、发育、形成和发展整个过程中都起着控制性作用，雨季产生的滑坡占总数的90%以上，以至于形成了“无水不成滑坡”的观点；众所周知，地下水的超采是导致地面沉降、海水入侵的最直接的原因。辅助效应是指地下水作为一种辅助性因素，在地质灾害的萌发、发育、形成和发展的全过程或某一阶段起催化剂的作用。辅助效应可以通过地下水的物理作用、化学作用或生物作用来实现。次生效应指地下水作为一种次生因素，在地质灾害的萌发、发育、形成和发展的全过程或某一阶段，以某种物理、化学或生物现象表现出来。次生效应同样可以通过地下水的物理作用、化学作用或生物作用来实现。

由于发生地质灾害的地质环境、动力作用性质、类型各异，因此各种地质灾害在萌发、发育、形成和发展的全过程或某一阶段引起的地下水的环境响应是各不相同的。

地震地质灾害中地下水的环境响应最为显著和多样化。大震前，有时天气大旱，但地下水(井水)却猛涨，甚至溢出地表；在多雨的季节里，井水本应逐渐上升，但却猛降，甚至干涸等。产生的原因是因地震孕育过程中，地应力不断增强，尤其在震中区附近，因地应力的作用，地壳活动随之加强。压性区水位会逐渐抬升；张性区在张应力作用下，水位会逐渐下降。尤其是地壳局部区域在地应力作用下遭受破坏，发生变形或加速位移，以及由岩层破坏而引起上下层间水的贯通，都会使水位产生急剧的升降运动，这就是利用地下水预报地震的依据。地震时,由于地裂缝切过地下含水层,地下水受到挤压,并沿着裂缝夹带着泥砂涌出地表,即形成喷砂、冒水现象。

滑坡灾害中地下水的作用日益被人们所重视,以至于形成了“无水不成滑坡”的观点。边坡的充水张裂隙将承受裂隙水的静水压力作用,边坡地下水的渗透将对边坡体产生动水压力,地下水对边坡岩土体产生软化或泥化作用,地下水的溶蚀和潜蚀对边坡产生直接的破坏作用。根据边坡的地貌形态,结合边坡地下水环境响应的特征,如边坡泉的分布、动态、水质和混浊度的变化,可预测和评价边坡的稳定性。

三、与地下水有关的工程地质问题

与地下水有关的工程地质问题主要是渗透变形,分为潜蚀和流土两种基本形式;有些情况下,还需要分析地下水对建筑材料的侵蚀性。

(一)潜蚀

在渗流作用下单个土颗粒发生独立移动的现象,称为潜蚀或管涌。潜蚀较普遍地发生在不均匀的砂层或砂卵(砾)石层中,细粒物质从粗粒骨架孔隙中被渗流携走,使土层的孔隙和孔隙度增大,强度降低,发展下去会呈现“架空结构”,甚至造成地面塌陷。

潜蚀包括机械潜蚀和化学潜蚀两种。机械潜蚀是指渗流的机械冲刷力把细小的土颗粒携走,而较大颗粒仍留在原处。当土中含有可溶盐类的颗粒或胶结物时,水流溶蚀了它们,使土的结构变松,孔隙度增大,水流的渗透能力加强,这就是化学潜蚀。它与岩溶不同,因为渗透的机械冲刷是主要的,化学溶蚀是从属的,为机械潜蚀的加强创造条件。

潜坤在自然条件下和工程活动中均会发生。人们习惯地将工程活动中发生的潜蚀称为管涌。根据渗透方向与重力方向的关系,可将管涌分为垂直管涌和水平管涌两种。坝后地下水溢出段的翻砂现象即是垂直管涌,而水平管涌则发生在坝基底下。当粗、细颗粒土层互相叠置时,在它们接触面上的渗流作用下所发生的管涌,称为接触管涌。按渗流方向与接触面的关系,亦可分为垂直接触管涌和平行接触管涌两种。抽水井孔若成井工艺较差,井周砂砾石层中的细颗粒就会向井管外反滤料管涌，而随水流抽出井外，这种现象即为垂直接触管涌。

（二）流土

在渗流作用下一定体积的土体同时发生移动的现象，称流土或流沙。流土一般发生在均质砂土层或粉土中。流土的危害性较管涌大，它可使土体完全丧失强度，这种现象一般在工程场地中发生。如在饱水粉、细砂土和粉土中开挖基坑或地下巷道掘进时，发生的涌沙现象就是典型的流土。潜蚀和流土是可以转化的，潜蚀的发展、演化，往往可以转化为流土。

（三）渗透变形常见的防治措施

渗透变形的防治通常采用三方面措施，即改变渗流的动力条件、保护渗流出口和改善土石性质，可根据工程类别和具体地质条件选择，下面介绍几类工程的防治措施：

1.建筑物基坑及地下巷道施工时流沙的防治措施

建筑物基坑主要采取人工降低潜水位的办法，使潜水位低于基坑底板。这种措施既防治了流沙，又免除地下水涌入基坑，也可采用板桩防护墙施工。水平巷道、竖井开挖遇流沙时，可采用特殊的施工方法，如水平巷道可采用盾构法施工，竖井可采用沉井式支护掘进。也可以采用冻结法或电动硅化法等改善砂土性质的办法，使施工顺利进行。

2.汲水井防止管涌的措施

主要措施是在过滤管与井壁间隙内充填反滤料，以保护渗流出口。反滤料的粒径选择，必须要考虑到被保护含水层中管涌颗粒的大小，使细颗粒不能通过反滤料的孔隙为原则，又能顺畅排泄水流。此外，过滤管外若缠绕丝网的话，要选择合适的网眼直径。非主要含水层的管涌土层，应采用隔水措施将其与过滤管隔绝。

3.土石坝防治渗透变形的措施

兴建于松散土体上的土石坝，防治渗透变形的主要措施有：垂直截渗、水平铺盖、排水减压和反滤盖重四项。

垂直截渗常用的方法有黏土截水槽、灌浆帷幕和混凝土防渗墙等。黏土截水槽常用于透水性很强、抗管涌能力差的砂卵石坝基。它必须与坝体的防渗结构搭接在一起，并做到下伏隔水层中，形成一个封闭系统。当隔水层埋深较浅、厚度较大，且完整性较好时，这种措施的效果较佳。

灌浆帷幕适用于大多数松散土体坝基。砂卵石坝基一般采用水泥和黏土的混合浆灌注，而中细砂层必须采用化学浆液灌注。由于灌浆压力较大，故这种方法最好在冲积层较厚的情况下使用。

水平铺盖：当透水层很厚，垂直截渗措施难以奏效时常采用此法。其措施是在坝上游铺设黏性土铺盖，该黏性土的渗透系数应较下伏坝基小 2～3 个数量级，并与坝体的防渗斜墙搭接。铺盖的长度和厚度可通过计算确定。水平铺盖措施只是加长渗径而减小水力梯度，它不能完全截断渗流，应注意铺盖被库水水头击穿而失效。当坝前河谷中表层有分布稳定且厚度较大的黏性土覆盖时，则可利用它作天然的防渗铺盖，施工时要严禁破坏该覆盖层。

排水减压：在坝后的坝脚附近设置排水沟和减压井，它们的作用是吸收渗流和减小溢出段的实际水力梯度。排水减压措施应根据地层结构选择不同的形式，如果坝基为单一透水结构或透水层上覆黏性土较薄的双层结构，则单独设置排水沟，使之与透水层连通，即可有效地降低实际水力梯度。如果双层结构的上层黏性土厚度较大，则应采用排水沟与减压井相结合的措施。在不影响坝坡稳定的条件下，减压井位置应尽量靠近坝脚；并且要平行坝轴线方向布置。

反滤盖重：反滤层是保护渗流出口的有效措施，它既可以保证排水通畅，降低溢出梯度，又起到盖重的作用。典型的反滤层结构分层铺设三层粒径不同的砂砾石层，层界面与渗流方向正交，粒径由细到粗。专门的盖重措施，是在坝后用土或碎石填压，增加荷重，以防止被保护层浮动。

（四）地下水对混凝土的侵蚀

由于地下水是一种含有多种化学元素的水溶液，土木工程的建筑物基础、桥梁基础、隧道衬砌和挡土构筑物等混凝土结构物又不可避免地要长期与地下水接触，它们之间的某些物质成分必然会发生化学反应。地下水对混凝土的侵蚀是指地下水中的一些化学成分与混凝土结构物中的某些化学物质发生化学反应，在混凝土内形成新的化合物，使混凝土体积膨胀、开裂破坏，或者溶解混凝土中的某些物质，使其结构破坏、强度降低的现象。常见的地下水侵蚀作用有以下几种。

1.氧化侵蚀

混凝土结构物中多含有钢筋等铁金属材料，当地下水中含有较多氧气时，就会对结构物中的钢筋一类铁金属材料构成腐蚀。

2.酸性侵蚀

当地下水呈酸性时，氢离子会对混凝土表面的碳酸钙硬层产生溶蚀。

3.碳酸类侵蚀

当水中富含 CO_2 时，会对混凝土中的氢氧化钙产生溶蚀。

4.硫酸类侵蚀

当地下水中含有较多的硫酸根离子时，会与混凝土中的氢氧化钙反应生成石膏，进一步生成石膏和水的结晶体，使混凝土的体积明显增大，其结果不仅降低了混凝土的强度，严重时还会造成混凝土的开裂破坏。

5.镁盐侵蚀

富含 $MgCl_2$ 的地下水与混凝土接触时会和混凝土中的 $Ca(OH)_2$ 反应，生成 $Mg(OH)_2$ 和溶于水的 $CaCl_2$，使混凝土中的钙质流失，结构破坏，强度降低。

应当指出，上述几种地下水的侵蚀类型只是其中最基本的情况，实际的侵蚀过程要复杂得多，常常是几种侵蚀作用同时存在，并最终极大地削弱了混凝土的强度和完好性。在工程建设中，应认真分析地下水和混凝土的化学成分，判断发生侵蚀的可能程度，必要时应采取一定的措施。

第四节　岩溶

岩溶作用是指地表水和地下水对地表及地下可溶性岩石（碳酸盐岩类、石膏及卤素岩类等）所进行的以化学溶解作用为主，机械侵蚀作用为辅的溶蚀作用、侵蚀－溶蚀作用以及与之相伴生的堆积作用的总称。在岩溶作用下所产生的地形和沉积物，称为岩溶地貌和岩溶堆积物。在岩溶作用地区所产生的特殊地质、地貌和水文特征，概称为岩溶现象。因此，岩溶即岩溶作用及其所产生的一切岩溶现象的总称。

岩溶原称喀斯特（karst），喀斯特是南斯拉夫西北部一灰岩高原的地名，那里岩溶发育。长期以来，在我国的科学文献上也曾使用这一译名。1966 年 2 月，在我国第二次喀斯特会议上，决定将“喀斯特”术语改为“岩溶”。

发育在碳酸盐类岩石以及岩盐、石膏等可溶性岩石中的岩溶称真岩溶。由可溶性物质胶结的碎屑岩，由于水对胶结成分的溶蚀作用而造成的类似“岩溶”现象，称为碎屑岩岩溶，黄土中的钙质成分被溶走而产生的类似岩溶现象，称黄土岩溶（潜蚀），在冰冻地带，对于冰层及冻土层的不均匀融化而形成的类似“岩溶”现象，称为热力岩溶。它们又统称为假岩溶。

碳酸盐类岩石在我国出露面积约 125 万 km^2，占全国面积的 14%，因此岩溶研究具有十分重要的意义。岩溶区地表径流少，缺水问题严重，但地下水源极为丰富，一旦开发可以发电，而经常降雨又常造成内涝。岩溶区地下孔洞发育，可以作为冷藏仓库、地下厂房之用，岩洞中又常储藏矿产和保存有科学价值的早期人类化石及哺乳类动物化石，但在修建水库、开凿隧道、采矿及兴建大型工程建筑时，必须解决渗漏、塌陷、涌水等问题。

一、岩溶作用的形成条件与发育规律

（一）形成条件

岩溶作用是在岩石和水相互矛盾斗争中进行的，前者必须具有可溶性和透水性，后者必须具有溶蚀性及流动性。前者是产生岩溶的物质基础，后者是必不可少的外部动力。

岩石的可溶性：岩石的可溶性取决于岩石的岩性成分和结构。按岩性成分，根据在纯水中的相对溶解度，可溶岩可划分为：易溶的卤素盐类，如岩盐、钾盐；中等溶解度的硫酸盐类，如石膏、硬石膏和芒硝；难溶的碳酸盐岩类，如石灰岩、白云岩等。卤素盐类及硫酸盐类虽易溶解，但分布面积有限，对岩溶的影响远不如分布较广的碳酸盐类岩石。因此在岩溶研究中，着重于对碳酸盐类岩石的研究。在岩溶地质调查中，不仅要注意研究碳酸盐类岩石的矿物成分，而且要详细分析其化学成分，它们对岩石的溶解度及岩溶化程度起着很大的作用。对碳酸盐类岩石进行 CaO、MgO、CO_2 及不溶物的化学分析，结果证明：当 CaO/MgO 比值增加时，相对溶解度也增加。岩石的组织结构对岩石孔隙度影响很大，一般来说，原生碳酸盐类岩石的孔隙度比成岩及变质的碳酸盐类岩石孔隙度大(前者的孔隙度有时可达 40%～70%，后者仅 5%～16%)。另外，岩石结晶粒度大小不同，孔隙度/也不相同，例如化学沉积成因的碳酸盐类岩石结构一般可划分为六种类型，粗晶及中晶结构的岩石，孔隙度大，易溶解，细晶结构的岩石，孔隙度小，又易受非溶性矿物颗粒的包围，不易溶解，即使溶解后，也易被不溶物质充填而影响溶解度和岩溶化程度。

岩石的透水性：岩石的透水性主要决定于岩石的孔隙度及裂隙度，岩石的裂隙度比孔隙度意义更大。风化裂隙一般只影响地表岩溶的发育，而构造裂隙是水流透入可溶岩的主要通道，尤其是在坚厚的岩层中，具有张性的构造裂隙时，岩溶较易发育，而软弱岩层或压性裂隙的岩层裂隙呈封闭状，透水性弱，岩溶不易发育。因此在褶皱、断裂构造发育的厚层石灰岩地区，岩溶比较发育。

水的溶蚀性：水的溶蚀性主要取决定于水溶液的成分。石灰岩溶蚀形成重碳酸钙，它呈 Ca^{2+} 和 HCO_3^- 离子形式溶于水中。上述化学反应是可逆的，正反应的速度取决于水中 CO_2 的浓度。水中游离 CO_2 的含量越多，水的溶蚀力越大。水中 CO_2 的含量受空气中 CO_2 含量的影响。在具有自由表面的情况下，当水中 CO_2 浓度小于空气中 CO_2 的浓度时，则吸收空气中的 CO_2，并对碳酸钙进行溶解，直到水中碳酸钙和 CO_2 又达到平衡，如果水中 CO_2 浓度过大，则水中 CO_2 便进入空气，且析出碳酸钙沉积。

水的流动性：水的溶蚀能力与水的流动性关系甚大，静止的水不能充分补

充 CO_2，也不能广泛与岩石接触，其溶解能力是有限度的。水在流动中通过水量、水温、气压的变化或形成混合溶液就有可能变饱和溶液为不饱和溶液，使由于饱含 $CaCO_3$ 丧失溶蚀能力的水溶液重新获得溶蚀能力。

（二）影响岩溶发育的因素

除上述基本条件外，影响岩溶发育的因素还有地质因素和地理因素，地质因素包括地层（包括地层的组合、厚度）、构造（包括地层产状、大地构造、地质构造）等因素，地理因素则有气候、覆盖层、植被及地形等，其中气候因素对岩溶影响最为明显。

1.气候影响

我国南方岩溶比北方发育，说明气候因素起着很大作用，主要由降水量及气温决定。根据对一些地区的可溶岩溶蚀量的计算证明，降水量越大，气温越高，溶蚀量越大，岩溶也愈发育。另外，在湿热气候带，植被茂密土壤中由生物化学作用产生的 CO_2 及有机酸增加，也增强水的溶蚀能力。

2.地层的组合、厚度及产状的影响

根据地层组合特征，碳酸盐岩地层可粗略地分为：由比较单一的各类碳酸盐岩层所组成的均匀状地层（其中所夹非碳酸盐岩层厚度小于总厚度的10%）；由碳酸盐岩层与非碳酸盐岩层（或成分不同的另一类碳酸盐岩）相间组成的互层状地层，以非碳酸盐类为主，间夹有碳酸盐类岩层的间层状地层。不同的组合特征构成不同的水文地质断面，同时也控制了岩溶的空间分布格局。在均匀状地层分布区，岩溶成片分布，且发育良好，如广西的阳新统、马平统地层分布区。在互层状地层分布区，岩溶成带状分布，如贵州北部。而间层状地层分布区岩溶只零星分布，如广东西北部。

目前岩溶研究中，对各地区岩层组合进行划分时，常把厚度因素包括进去，例如分巨厚层（大于 lm）、厚层（0.5～lm）的碳酸盐类地层（均匀状）及薄层的碳酸盐类地层等。在巨厚层及厚层碳酸盐类岩层中，一般含不溶物较少，而结晶颗粒较大，因此溶解度值较大；加以张开的节理裂隙发育，岩溶化程度一般会比较剧烈。而薄层碳酸盐类地层则相反。

岩层产状主要由于控制地下水的流态，故对岩溶的发育程度及方向有影响,如水平岩层中岩溶多水平发展,而直立地层区岩溶可发育很深,而在倾斜地层中,由于水的运动扩展面大,最有利于岩溶发育。

3.构造的影响

大地构造和地质构造因素控制岩层的分布,决定地下水的循环运动特征,因此对岩溶的发育影响甚大。

地台区岩性稳定,岩相厚度变化不大,数百米厚的碳酸盐类岩层常大片出露,为岩溶发育提供了基本条件。而地槽区由于褶皱紧密,在岩性不均一的情况下,不利于岩溶广泛发育。我国岩溶主要分布在华南及华北地台区。

岩溶发育与地质构造关系更为紧密,很多典型岩溶区均受构造体系控制。断裂及褶皱构造均有利于岩溶发育,尤其是断裂构造发育地区,沿断裂破碎带岩溶发育较为强烈。断层的规模、性质、走向,断裂带的破碎及填实状态,都和岩溶发育密切相关。褶皱构造对岩溶发育的影响,一是控制水流的循环动态;二是由于褶皱区的裂隙发育特点的影响。

二、岩溶地貌

可溶性岩层在岩溶作用下,形成一系列的独特地貌,根据它们的出露情况,分为地表岩溶地貌及地下岩溶地貌两大类。前者在形成过程中,地表水起着较重要的作用,而后者主要是以地下水作用为主。

溶沟是灰岩表面上的一些沟槽状凹地,是由地表水流顺坡地、沿节理裂隙长期进行溶蚀作用的结果。沟槽宽深不一,形态各异。在溶沟间突起状的石脊称为石芽。石芽与溶沟的高度、深度一般不超过几米。成片出现的石芽溶沟区称溶沟原野。溶沟与石芽可形成于岩溶地貌发展的各个阶段,一般分布在岩溶地形的边坡上。有完全裸露的,也有为松散盖层覆盖的埋藏石芽。埋藏石芽有的是石芽形成之后被覆盖的,但在热带土壤层之下地下水溶蚀作用极强,在覆盖层之下也可形成埋藏石芽。

岩溶漏斗是岩溶强烈发育区经常出现的一种漏斗状凹地。平面形态呈圆或椭圆状,直径数米至数十米,深度数米至十余米。漏斗壁因塌陷呈陡坎状,在堆积有碎屑石块及残余红土的漏斗底部常发育有垂直裂隙或溶蚀的孔道,孔道与暗河相通,当孔道堵塞时,漏斗内就积水成湖。岩溶漏斗的形成过程,是地表水流沿垂直裂隙向下渗漏时使裂隙不断扩大,先在地面较浅处形成隐伏的孔洞,随孔洞的扩大上部土体逐步崩落,开始在地面出现环形的裂开面,最后陷落成漏斗。岩溶漏斗常成串分布,其下往往与暗河有一定的联系,因此是判明暗河走向的重要标志。人为因素如人工蓄水、人工抽降地下水、开挖隧洞及兴建大型建筑物时,也可造成地面塌陷形成漏斗。例如广东曲塘矿区在疏干排水过程中,在地下水降落漏斗范围内,自降落漏斗中心,沿矿坑主要流水方向形成了近600个塌陷漏斗,对矿坑威胁很大。

落水洞与漏斗表面形态相似,是地表向地下岩溶地貌的过渡类型。其表面很少有碎屑堆积,底部的裂隙深度很大,有的可深达100~200m,成为地表通向地下河、地下溶洞或地下水面的孔道。它形成于地下水垂直循环极为流畅的地区,是流水沿垂直裂隙进行溶蚀、冲蚀并伴随部分崩塌作用的产物。根据形状特点,有裂隙状落水洞、井状落水洞、锥状落水洞及袋状落水洞等类型。它们既可直接表现于地表面,也可套置于岩溶漏斗的底部。落水洞常沿构造线、裂隙和顺岩层层布方向呈线状或带状分布,是判明暗河方向的一种标志。其中,井状落水洞在发育过程中如崩塌作用显著,井壁极为陡直,宽度也较大,则成"竖井"。有时从竖井中直接可以看到暗河水面。

干谷为岩溶区的特有景观。岩溶地区发育了古河谷,当地壳上升,地表河流不是随之下切,而是沿着后期在谷底上发育的岩溶孔道(漏斗、落水洞等)将水吸干,谷底干涸遂形成干谷。有些干谷在暴雨季节尚排泄部分洪水,则称半干谷。干谷的形成也可以由于河流发生地下截弯取直现象,使原来的地表弯曲河段变为干谷,因此在干谷地段常保留昔日河流冲积物的残余。在岩溶地区,由于地表河流常发生遇落水洞或溶洞而转为地下伏流的现象,这种河谷遇石灰岩壁而突然截断,当这种河谷成为干谷时,就称为盲谷。

峰丛、峰林、孤峰及溶丘又可总称为峰林地形,它们是岩溶地区的主要正地形,都是在高温多雨的湿热气候条件下,长期岩溶作用的产物。其成因复杂,是岩性纯、厚度大、产状平缓、分布广的碳酸盐岩地区地表流水的侵蚀、地表水及地下水的溶蚀,以及沿节理裂隙所进行的机械崩塌等综合作用的结果。峰丛、峰林、孤峰和溶丘形态不一,分别代表了一定的发展演化阶段。峰丛多分布于碳酸盐岩山区的中部,或靠近高原、山地的边缘部分。峰丛顶部为尖锐的或圆锥状的山峰，而基部相连成簇状，在峰林地形中代表发育较早阶段的地形，但也有人认为它是峰林、洼地地形形成之后，地壳上升，岩溶进一步发展改变而成。广西西部、西北部，靠近云南、贵州高原的边缘部分都发育了峰丛。峰林又称石林，由石峰林立而得名，常与洼地、干谷地形组合出现，典型发育区如云南路南、广西桂林、阳朔一带。石峰排列受构造控制，形态上也受岩性构造影响。褶皱轴部岩层倾角小，峰林多呈圆柱形或锥形，边缘倾斜地层则形成单面山形。孤峰为峰林的进一步发展，呈分散的孤立山峰，分布于岩溶平原之上，高度在50～100m，一般低于峰林，为地表岩溶发展的晚期产物。溶丘为峰林与孤峰地形经后期溶蚀－剥蚀作用发展而成，呈平缓丘陵状。

溶蚀洼地及坡立谷是岩溶地区的负地形。溶蚀洼地在峰丛或峰林之间呈封闭或半封闭状。平面形态为圆形或椭圆形，长轴常沿构造线而发育，面积约数至数十平方公里。洼地底部呈现凹形，有时因漏斗及落水洞的分布而略有不平，表层堆积有厚度不等的残余红土及水流冲刷来的红土堆积。溶蚀洼地与峰林地形同步形成，开始在峰丛之间可能形成一些由岩溶漏斗、落水洞集中的小凹地；而后小凹地水流集中，使地表及地下的岩溶作用均强烈发展。漏斗、落水洞逐步扩大，遂形成溶蚀洼地。地壳相对稳定时期越长，溶蚀洼地面积越大，在地壳间歇上升区，可以形成不同标高的溶蚀洼地，或在溶蚀洼地之中形成类似“谷中谷”现象。

溶洞为地下岩溶地貌的主要形态，是地下水流沿可溶性岩层的各种构造面（如层面、断裂面、节理裂隙面）进行溶蚀及侵蚀作用所形成的地下洞穴。在形成初期，岩溶作用以溶蚀为主，随着孔洞的扩大，水流作用的加强，机械侵蚀作用也起很大作用，沿溶洞壁时常可见石窝、水痕等侵蚀痕迹。在构造裂隙交叉点，溶蚀及侵蚀作用更易于进行，并时常产生崩塌作用，因此在这里往往形成高大的厅堂。洞穴中存在着溶蚀残余堆积，石钟乳、石笋冲积物及崩塌物等多种类型沉积是上述各种作用存在的证据。洞穴形成后，由于地壳上升运动，可以被抬至不同的高度，而脱离地下水面。溶洞的大小形态多种多样，在地下水垂直循环带上可形成裂隙状溶洞。但大部分溶洞形成于地下水流的季节变化带及全饱和带，尤其在地下水潜水面上下十分发育，形态又受岩性构造控制，有袋状、扁平状、穹状、锥状、倾斜状及阶梯状等。在平面上溶洞形态也受岩性构造控制而十分曲折，如著名的七星岩。

伏流与暗河通称为“地下河系”，是岩溶地区的重要水源。地面河潜入地下之后称伏流，它常常形成于地壳上升，河流下切，河床纵向坡降较大的地方，在深切峡谷两岸及深切河谷的上源部分伏流经常发生。在云贵高原这类地貌尤为突出，如乌江两岸很多伏流，进出口距仅 3～4km，而落差达 250～300m，由于坡降大侵蚀力强，有时甚至能穿透石灰岩中的非可溶性岩石而继续延伸。

暗河是由地下水汇集而成的地下河道，它具有一定范围的地下汇水流域，因此，暗河虽有出口，但无入口。高温多雨的热带及亚热带气候最有利于暗河的形成。著名的广西地苏地下河系，洪水期最大流量达 390m^3/s。其主流通道与地表负地形并不一致，而直穿近代岩溶作用强烈发育的峰丛洼地山区。其分布受岩性控制，暗河河道均与上泥盆统融县组厚层石灰岩有关，而白云岩组成地下河分水岭。地下河系明显地沿构造破裂面发育，例如沿背斜轴的张性裂隙带常发育线状暗河，沿窄向斜轴部，因受横张裂隙影响，地下河系在轴部两侧时常摆动形成齿状暗河，沿宽向斜则发育一条或多条暗河，主干支干均顺张性、低序次的压扭性断裂或层面发育，因而形成树枝状暗河。如果沿一组扭张性和一组扭压性裂隙或二组扭性(棋盘格式)裂隙发育，则形成网格状暗河。

但是，在华北地区，岩溶区地下径流不呈地下河形态，而形成丰富的岩溶裂隙水，在山麓边缘及河谷深切部分，以岩溶泉群的形式溢出。著名的娘子关泉群，在桃河和温河汇流处主要由十一个泉组成，总涌水量达 10～16m^3/s，为区域裂隙岩溶水的排泄中心。

岩溶湖分地表岩溶湖及地下岩溶湖两种类型。地表岩溶湖又有长期性湖泊及暂时性湖泊两种，前者形成于岩溶发育晚期，在溶蚀平原上处于经常性稳定水位以下的湖泊，这种湖泊终年积水，后者形成于溶蚀洼地上，由于黏土质淤塞而成的湖泊，或者是岩溶泉水充溢于漏斗凹地中而形成。后一种湖泊在岩溶进一步发展穿透湖底时，水就全部漏走。地下岩溶湖见于较大的溶洞中，这种溶洞主要是处于经常性稳定水位以下的。在充气带，由上层滞水潴留而成的湖泊少见，规模也很小。

溶隙及溶孔主要发育在虹吸管式循环亚带及深循环带，形态呈细缝状及蜂窝状，其直径从数毫米到数厘米，也有较大的，似小溶洞。这些孔洞的形成受岩性、构造裂隙影响很大。在深循环带，水流缓慢，溶蚀作用很弱，水的流动选择最有利的地带，孔洞发育多在构造破碎带及岩性较纯的层位。溶隙及溶孔常为次生方解石所充填。

三、岩溶的工程地质问题

（一）铁路与公路选线

在岩溶地区选线，要想完全绕避是不大可能的，尤其是在我国西南岩溶分布十分普遍的地区，更不可能。因此，宜按认真勘测、综合分析、全面比较、避重就轻、兴利防害的原则，根据岩溶发育和分布规律进行合理选择。以下几点必须引起足够注意：①在可溶性岩石分布区，路线应选择在难溶岩石分布区通过。②路线方向不宜与岩层构造线方向平行，而应与之斜交或垂直通过，因暗河多平行于岩层构造线发育。③路线应尽量避开河流附近或较大断层破碎带，不可能避开时，宜垂直或斜交通过，以免由于岩溶发育或岩溶水丰富而威胁路基的稳定。④路线尽可能避开可溶岩与非可溶岩的接触带，因这些地带往往岩溶发育强烈，甚至岩溶泉成群出露。⑤尽量在土层覆盖较厚的地段通过，因一般覆盖层起到防止岩溶继续发展，增加溶洞顶板厚度和使上部荷载扩散的作用，但应注意覆盖土层内有无土洞的存在。⑥桥位宜选在难溶岩层分布区或无深、大、密的溶洞地段。⑦隧道位置应避开漏斗、落水洞、大溶洞，并避免与暗河平行。

（二）岩溶的工程处理

在大量的工程实践中，积累了许多处理岩溶的宝贵经验。这些经验可概括为疏导、跨越、加固、堵塞与钻孔充气、恢复水位等。

疏导：对岩溶水宜疏不宜堵。一般可以明沟、泄水洞等加以疏导。

跨越：以桥涵等建筑物跨越流量较大的溶洞、暗河。

加固：为防止溶洞塌陷和处理由于岩溶水引起的病害，常采用加固的方法。如洞径大，洞内施工条件好，可用浆砌片石支墙加固；洞深而小，不便洞内加固时，可用大块石或钢筋混凝土板加固；或炸开顶板，挖去填充物，换以碎石等换土加固,利用溶洞、暗河作隧道时,可用衬砌加固等。

堵塞:对基本停止发展的干涸溶洞,一般以堵塞为宜。如用片石堵塞路堑边坡上的溶洞,表面以浆砌片石封闭。对路基或桥基下埋藏较深的溶洞,一般可通过钻孔向洞内灌注水泥砂浆或混凝土等加以堵填。

钻孔充气:是为克服真空吸蚀作用所引起的地面塌陷的一种措施,通过钻孔,消除在封闭条件下所形成的真空腔的作用。

恢复水位:是从根本上消除因地下水位降低造成地面塌陷的一种措施。

第八章　工程岩土体地质灾害

第一节　地下工程周围岩体地质灾害

一、周围岩体变形与破坏类型

地下工程开挖，最基本的生产过程就是破碎和挖掘岩石，同时维护顶板和围岩稳定。如果对地下洞室不加以支撑维护，则洞室围岩就会在地应力的作用下发生变形或破坏。工程实践证明，由于各种岩体在强度和结构方向存在差异，在工程力和地应力作用下，往往在局部洞段或整个洞段产生岩体的变形与破坏，导致围岩的失稳。常见的围岩变形与破坏形式有如下几种。

（一）脆性破裂

整体状结构及块状结构岩体，在一般工程开挖时是稳定的，有时产生局部掉块；但是在高地应力地区，由于洞室周边应力集中可引起岩爆，属脆性破裂。在地下洞室开挖过程中，施工导洞扩挖时预留的岩柱，易产生劈裂破坏，也具有脆性破裂的特征。

有时在整体块状坚硬岩体中，由于断续结构面的存在，沿其端部延展易于产生岩体开裂应变。在这种情况下，岩体的抗开裂强度可能比岩石的单轴抗压强度低一个数量级。因此，在有大量结构面平行洞壁的岩体中，应注意避免在主体洞室开挖之前，就对邻近的支导洞做永久衬砌。

（二）块体滑动与塌落

块状、厚层状以及一些均质坚硬的层状结构岩体构成的围岩其稳定性是高的。当这类岩体受软弱结构面的切割形成分离块体时，在重力和围岩应力作用下，有可能向临空面方向移动，而形成块体的滑动与塌落。有时还会产生块体的转动、倾倒等现象。

在块状岩体中，由于破裂结构面的发育程度和组合形式不同，使分离体的形态各有差异，反映在块体的塌落规模和自行稳定的时间上也不一样。因此，就可以根据洞室各个部位结构面的组合特征，去预报不稳定块体的形态和大小。

（三）层状岩体的弯曲折断

层状岩体的弯曲折断多发生在层状结构岩体中，尤其是在夹有软岩的互层状结构岩体中最为常见。然而在一些大型的地下工程中，受一组极发育的结构面控制的似层状结构岩体，也可以产生类似的弯折破坏。

层状结构岩体的变形与破坏，在很大程度上受层面的控制。由于层间结合力差，易于产生滑动，而且抗弯能力也不强。位于洞顶的岩层在重力作用下下沉弯曲，进而张裂、折断而形成塌落体。位于边墙上的岩体，在侧向水平应力作用下，岩层弯曲变形，如果是陡倾的层状结构岩体在边墙上，则可能出现弯曲倾倒破坏或弯曲鼓出变形。

（四）碎裂岩体的松动解脱

在水工隧洞施工中，较大规模的塌落和滑动多发生在由构造挤压破碎、节理密集以及岩脉穿插的破碎地段，亦即在碎裂结构岩体中。当岩体中泥质结构面数量较少时，围岩具有一定的承载能力，但是在张力和振动力作用下容易松动，解脱（溃散）成为碎块散开或脱落。一般在洞顶呈现崩塌，在边墙上则表现为滑塌或碎块的坍塌。

（五）塑性变形和膨胀

有些具备松散结构的岩体，在重力、围岩应力和地下水的作用下产生塑性变形，并导致围岩的破坏。常见的塑性变形和破坏形式有边墙挤入、底鼓及洞径收缩等。通常塑性变形的时间效应显著，表现为衬砌受压开裂往往要延续一段时间。膨胀是岩体体积随时间变化而增大的一种现象，通常是把由潜在膨胀性的岩石（如含有蒙脱石、伊利石等黏土矿物或含硬石膏的岩石）湿水后引起的体积应变看作膨胀，这是由物理化学效应产生的结果。实际上，洞壁向内的变形多数是体积应变和剪切应变联合作用的结果，因此有人把扩容和挤压流动等流变效应造成的体积增加也纳入膨胀的范畴。

以上介绍的岩体变形与破坏的五种形式，既有区别又有联系。由于岩体结构类型的不同，变形与破坏的表现形式也不一样。在进行工程地质预测预报工作时，必须考虑这一点。同时，还应当抓住导致岩体变形与破坏的核心问题。例如，对松软及碎裂岩体要注意它的泥质的含量，评价它的塑性变形及整体抗剪强度；对层状岩体应注重对层面特征产状和层厚等问题的调查，因为岩层的弯张变形与此有密切关系；对于块状岩体，一般要分析结构体的形态与产状特征，尤其是不稳定结构体，常常造成崩塌或滑动。

应当指出的是，任何类型围岩的变形破坏都是逐次发展的，其逐次变形破坏过程表现为侧向变形与垂直变形相互交替发生，互为因果，形成连锁反应。如水平层状围岩的塌方过程表现为：首先是拱脚以上岩体的塌落和超挖。然后顶板沿层面脱开，产生下沉及纵向开裂，边墙岩体弯曲内鼓。当变形继续向顶板以上发展，形成松动塌落，压力传至顶拱，再次危害顶板的稳定。如此循环往复，直至达到最终平衡状态。其他类型围岩的变形破坏过程也是如此，只是各次变形破坏的形式和先后顺序不同而已。分析围岩变形破坏时，应抓住其变形的始发点和发生连锁反应的关键点，预测变形破坏逐次发展及迁移的规律。在围岩变形破坏的早期就加以处理，才能有效地控制围岩变形，确保围岩的稳定性。

二、岩爆

岩爆又称冲击地压，是指在坚硬岩体深部开挖时，承受强大地压的岩体，在其极限平衡状态受到破坏时向自由空间突然释放能量，岩石剧烈破坏和突然飞出的动力现象。岩爆发生时，岩石碎块或煤块等突然从围岩中弹出，抛出的岩块大小不等，大者直径可达几米甚至几十米，小者仅几厘米或更小。大型岩爆通常伴有强烈的气浪和巨响，甚至使周围的岩体发生震动。如某地下洞室，埋深100余米，围岩为寒武系陡山沱组硅质岩层。在掘进中，爆破后岩石有自然射出现象。开始有拳头大小的石块迸出，速度较大；半小时之后，逐渐变为蚕豆大小的碎石四散飞射；一小时之后，逐渐停止。岩爆在各种人工隧道中均有发生，危及施工安全，可使洞室内的施工设备和支护设施遭受毁坏，有时还造成人员伤亡。

(一)岩爆的类型和特点

由于发生部位和释放能量的差异，岩爆表现为多种不同的类型，它们的特点也各不相同。

在深埋隧道或其他类型地下洞室中发生的中小型岩爆，岩爆发生时常发出如机枪射击的劈劈啪啪响声，故被称为岩石射击。它一般发生在新开挖的工作面附近，掘进爆破后2～3h，围岩表部岩石发出爆裂声，同时有中间厚边部薄的不规则片状岩块自洞壁围岩中弹出或剥落。这类岩爆多发生于表面平整、有硬质结核或软弱面的地方，且多平行于岩壁发生，事前无明显的预兆。

在埋深较大的矿坑中，由于围岩应力大，常常使矿柱或围岩发生破坏而引发岩爆。这类岩爆发生时通常伴有剧烈的气浪和巨响，甚至还伴有周围岩体的强烈震动，破坏力极大，对地下采掘工作常造成严重的危害，故被称之为矿山打击或冲击地压。在煤矿中这类岩爆多发生于距坑道壁有一定距离的区域内。四川绵竹天池煤矿就曾多次发生此类岩爆，最大的一次将约20t的煤抛出20m以外。

当开挖的洞室或坑道与潜在的活动断层以较小的角度相交时，由于开挖使作用于断层面上的正应力减小，降低了断层面上的摩擦阻力，常引起断层突然活动而形成岩爆。这类岩爆一般发生在活动构造区的深矿井中，破坏性大，影响范围广。

(二)岩爆的产生条件与发生机制

岩爆是洞室围岩突然释放大量潜能的剧烈的脆性破坏。从产生条件来看，高储能体的存在及其应力接近于岩体极限强度是产生岩爆的内在条件，而某些因素的触发则是岩爆产生的外因。围岩内高储能体的形成必须具备两个条件：

一是个体能够储聚较大的弹性应变能；二是在岩体内部应力高度集中。弹性岩体具有最大的储能能力，受力变形时所能储聚的弹性应变能非常大，而塑性岩体则全无储聚弹性应变能的能力。从应力条件看，围岩内高应力集中区的形成首先需要有较高的原岩应力。但在构造应力高度集中的地区，岩爆也可以发生在浅部隧洞中，甚至有可能发生在地表的基坑或采石场中。洞室围岩表部岩爆经常发生在如下一些高压力集中部位：因洞室开挖而形成的最大压应力集中区，围岩表部高变异应力及残余应力分布区以及由岩性条件所决定的局部应力集中区，断层、软弱破碎岩墙或岩脉等软弱结构面附近形成的应力集中区。

对地下洞室造成破坏的岩爆主要有三种形式：岩体扩容、岩石突出和振动诱发冒落。岩体扩容是指由于岩石的破碎或结构失稳而使岩体体积增大的现象，如果扩容的幅度很大且过程较为猛烈，就会给洞室造成危害。当远处传来的扰动地震波能量较高时，可直接将洞室围岩碎块以非常快的速度（可达 2～3m/s）弹射到洞室空间中而形成灾害，这就是以岩石突出形式发生的岩爆。振动诱发岩石冒落是当洞室顶部有松动岩块或存在软弱面时，在扰动地震波和巨大重力势能作用下发生垮落的现象。

（三）岩爆的预测防治

对岩爆灾害的预测包括对岩爆发生强度、时间和地点的预测。由于地下工程开挖和岩爆现象本身的复杂性，岩爆的预测工作需要考虑地质条件、开挖情况以及扰动等许多因素。以往的岩爆记录是预测未来岩爆的重要参考资料。

岩爆的预测预报可以分为两个方面：一是在试验室内测量岩块的力学参数，依据弹性变形能量指数判断岩爆的发生几率和危险程度；二是现场观测，即通过观测声响、震动，在掘进面上钻进时观察测量钻屑数量等进行预测预报。目前国内外常用的岩爆预测预报方法有钻屑法、地球物理法、位移测试法、水分法、温度变化法和统计方法等。

钻屑法或岩芯饼化率法：对于强度很高的岩石，若钻孔岩芯取出后在地表发生饼化现象则表明地下存在较高的地应力，可根据一定厚度岩芯中岩饼数量的相对大小来进行判断。在钻进过程中，还可将钻孔中的爆裂声、摩擦声和卡钻现象等动力响应作为辅助判断信息。

地震波预测法：利用已发生岩爆诱发地震的信息来预测未来开挖过程中的岩爆，并建立岩爆次数、大小、分布及其与地应力场变化的关系，从而预报大中型岩爆的时空位置及数量和大小。此外，还可以利用单道地震仪对掌子面及前方岩体进行监测，如沿水平线每隔 1m 逐点测试岩石弹性波速度，采用准强度概念推测发生岩爆的可能性等。

声发射($A-E$)法：声波发射法的建立基于岩石临近破坏前有声发射这一实验观测结果，它是对岩爆孕育过程最直接的监测预报方法。其基本参数是能率 E 和大事件数频度 W，二者在一定程度上可以反映岩体内部的破裂程度和应力增长速度。岩爆发生前通常有一个能量的积蓄期，而这一时期是声发射平静期，可以视为发生岩爆的前兆。这种方法可望在现场对岩爆进行直接的定量定位监测，是一种具有很大发展前景的监测和预报方法。

岩爆预测是地下建筑工程地质勘察的重要任务之一，在总结已有的实践经验和研究成果的基础上，国内外学者目前已建立了一些可行的准则。中国在一些工程实践中常采用巴顿法进行预测，例如贵州天生桥电站，根据巴顿法判断隧洞施工中可能有中等岩爆发生，工程开挖的实际情况证明预测基本成功。此外，由于岩爆属于一种诱发地震，地震震级和发震时间的预报方法可用来预测岩爆最大震级和发生的概率。

岩爆的防治问题虽然目前尚难彻底解决，但在实践中已摸索出一些较为有效的方法，根据开挖工程的实际情况，可采取不同的防治方法。

1.设计阶段的防治对策

洞轴线的选择：人们通常认为洞轴线方向应与最大主应力方向平行，以改善洞室结构的受力条件。然而，使洞室相对稳定的受力条件是围岩不产生拉应力、压应力均匀分布和切向压应力最小。在选择轴线方向时应多方面比较选择，以减少高地应力引发的不利因素。

洞室断面形状选择：洞室断面形状一般有圆形、椭圆形、矩形和倒 U 形等。当断面的宽高比等于侧压系数(A)时，可使围岩处于最佳受力状态，此时以选择椭圆断面为好。但从降低工程开挖量和成本的角度看，可综合考虑各种因素确定洞室断面形状。

2.施工阶段的防治对策

超前应力解除法:在高地应力区,洞室开挖后易产生超高应力集中。为了有效地消除应力集中现象,可采取预切槽法、表面爆破诱发法和超前钻孔应力解除法等提前释放地应力。在岩爆危险地带钻浅孔进行爆破,造成围岩表部松动带,可有效防止破坏性岩爆的发生。

喷水或钻孔注水促进围岩软化:在洞室的易发生岩爆地殺,爆破后立即向工作面新出露围岩喷水,既可降尘又可缓释围岩应力。因为注水使裂纹尖端能量降低,裂纹扩张传播的可能性减小,裂纹周围的热能转为地震能的效率随之降低,从而减少剧烈爆裂的危险性。

选择合适的开挖方式:岩爆是高压力集中的结果,因此,开挖时可采取分步开挖的方式,人为地给围岩岩体提供一定的变形空间,使其内部的高应力得以缓慢降低,从而达到预防岩爆的目的。

减少岩体暴露的时间和面积:在短进尺、多循环的施工作业过程中,应及时支护,以尽量减少岩体暴露的时间和面积,防止或减少岩爆发生。

岩爆发生时的处理措施;一旦发生岩爆,应彻底停机,待避,对岩爆的发生情况进行详细观察并如实记录,仔细检查工作面、边墙或拱顶,及时处理、加固岩爆发生的地段。

3.合理选择围岩的支护加固措施

对于开挖的洞室周边或前方掌子面的围岩进行加固或超前加固,可改善掌子面本身及洞室周边 1—2 倍洞径范围内的应力分布状况,使围岩岩体从单向应力状态变为三向应力状态;同时,围岩加固措施还具防止岩体弹射和塌落的作用。主要的支护加固措施有:喷混凝土或钢纤维喷混凝土加固、钢筋网喷混凝土加固、周边锚杆加固、格栅钢架加固,必要时可采取超前支护。

三、塌方与冒顶垮帮

地下洞室开挖后,由于卸荷回弹,应力和水分的重分布常使围岩的性状发生很大变化。如果围岩岩体承受不了回弹应力或重分布应力的作用,就会发生变形或破坏。以下情况容易造成软弱围岩塌方:一是地壳在构造运动的作用下,薄层岩体形成小褶曲,错动发育地段,隧道施工从此处通过,常发生塌方。

二是隧道穿过断层及其破碎带，一经开挖，潜在应力释放，承压快，围岩失稳而塌方。三是通过各种堆积体时，由于结构松散，颗粒间无胶结或胶结差，开挖后引起塌方。四是隧道穿过浅埋或隧道进出口附近，围岩自稳能力差或受偏压影响，开挖中引起坍塌。五是岩层软硬相间或有软弱夹层的岩体，在地下水的作用下，软弱面的强度大大降低，因而发生塌方。六是地下水的软化、浸泡、冲蚀、溶解等作用，加剧岩体的失稳和塌方。七是围岩比较差、断层或节理面呈楔型状态，构成不利组合，在内应力或地下水的作用下，产生突然塌方，这种塌方是最不易观察和发现的，也是比较危险的。

造成软岩大变形发生的原因主要有以下几点：一是地质条件差，隧道含有大量的炭质页岩、粉砂质页岩及泥质灰岩，开挖暴露后极易风化。二是岩层节理发育，存在顺层溜坍；因地质构造的影响，产生多处挤压破碎带。三是岩层单轴抗压强度低，围压比大。四是围岩自然含水量大。围岩大变形表现为深埋高地应力条件下的挤压松弛型变形，即深埋、挤入、松弛产生了大变形，变形量较大，变形速率初期小，随着时间的推移而逐渐增大，而后又变小再趋于稳定。千枚岩夹板岩地段有囊状、窝状地下水，围岩大变形表现为深埋高地应力条件下的松弛挤压型变形，即深埋、松弛、挤入产生了变形，变形量比断层带的变形量小；变形速率初期大，随着时间的推移而逐渐减小，而后趋于稳定。

冒顶事故是矿井生产过程中，对矿工人身安全威胁大且发生频率最高的矿山地质灾害之一。据不完全统计，中国各种矿山每年工伤死亡人数中有40%死于矿坑冒顶，死亡频率占各种矿山地质灾害之首。湖南锡矿山南矿的开采实践表明，当失去支撑能力的矿柱达到全采场矿柱60%左右时，采空区顶板就可能冒落。而一个采空区的冒落会在相邻采空区引起连锁反应，最后导致采场地压急剧增大，造成采场和巷道严重破坏，并造成人员伤亡。

顶板冒落或侧壁垮帮的征兆有：顶板掉渣由小而大、由稀变密，裂隙数量增多、宽度加大，煤帮煤质在高压下变软，支架压坏、折断，瓦斯涌出量突然增多，淋水量增大等。

防止采空区大冒落的处理方法可以归纳为“充填”“崩落”“支撑”“封闭”八个字。

充填法：采用空场采矿法开采完毕后，要及时用碎石、尾矿砂、水砂、混凝土等物质充填采空区从而起到支撑顶板、减小其承受上覆岩土体的压力。如湖南锡矿山南矿在三次大冒落后，新采区地压剧增，池表不断沉陷，为保证安全，对采空区进行了全面充填处理，充填率达 90.6%，使地压活动得以缓和。

崩落法：崩落法是指利用深孔爆破的方法将采空区围岩崩落，充填采空区。

支撑法：支撑法则是以矿柱或支架等支撑采空区，防止其发生危险变形的方法。

封闭法：封闭法常用来处理与主要矿体相距较远、围岩崩落后不会影响主矿体坑道和其他矿体开采的孤立小采空区。封闭这些小采空区的目的主要是防止围岩突然冒落时空气冲击波对人员和设备的危害。

为有效预防冒顶垮帮，还必须采取合理的开采方案，避免片面追求产量而采富弃贫，坚决杜绝开采保护矿柱的乱采行为；采用合理的设计方案，进行科学的顶板管理；根据围岩应力集中大小与分布形式，采用声发射监测技术及其他测定地应力方法，预测预报顶板来压的强度和时间，掌握地压规律，及时采取有效措施；制定科学合理的工作面作业规程、支护规程、采空区处理规程等。

第二节　边坡岩体地质灾害

边坡是指一面临空的岩、土体斜坡。在山区修建各类土木工程，如房屋建筑、大坝、水电站、隧洞、渠道、铁路、公路等时，常因建筑区域内山坡岩体失稳而给工程造成困难和破坏。因此在工程建设时，要注意对已存在的天然岩质边坡的稳定性要做分析评定，并分析修建的工程是否会破坏或影响天然边坡的稳定性；新建人工边坡则需分析设计其合理坡度和坡高。为此，都需对边坡的岩体性质，岩体中的软弱结构面分布，岩体受风化程度及地下水对岩体的影响等情况进行了解、分析及评价。

一、岩质边坡变形和破坏类型

岩质边坡变形的主要方式一般分为卸荷回弹与斜坡蠕变两种方式。

卸荷回弹是当岩体出现边坡临空面后，岩体内积存的弹性应变能释放而产生的。在成坡过程中，斜坡岩体向临空方向回弹膨胀，使原有结构松弛；同时在集中应力和剩余应力作用下产生新的表生结构面或改造一些原有结构面，岩体的这部分通常称为卸荷带。它的发育深度与岩石性质、岩体结构特性、天然应力状态、外形以及斜坡形成演化历史等因素有关。

斜坡蠕变是在坡体应力（以自重应力为主）长期作用下发生的一种缓慢而持续的变形，包含某些局部破裂、并产生一些新的表生破裂面，斜坡中已有这种变形破裂的部分，称为变形体。

目前国际上通常按斜坡破坏的形式和破坏机制分为崩塌、滑坡（落）和扩离三类。

崩塌的破坏机制以拉断破坏为主，包括小规模块石坠落，倾倒块体的翻倒和大规模的山（岩）崩。崩塌体通常破碎成碎块堆积于坡脚，形成岩堆。

滑坡以剪切破坏为主，按滑动的方式可分为平滑型和弧型或转动型两类。滑面形态可能是平面、弧形或二者的组合型，其往往受边坡岩体中软弱结构面的分布状态控制。

扩离是由于斜坡岩体中下伏有平缓产状的软弱层塑性破坏或流动而引起

的破坏。软层的上覆岩体或作整体扩离，或被解体为系列块体。

二、影响岩质边坡稳定的因素

(一)影响边坡稳定的地质因素

1.构成岩体的岩石性质

由于各类岩石的物理力学性质不同，所以影响边坡岩体的稳定性及所能维持岩体稳定最大坡角的程度也不同。

岩浆岩一般岩性均一，力学指标较高，新鲜完整者均能使边坡保持陡立并处于稳定状态，但其中流纹岩和玄武岩常因原生节理发育而影响边坡稳定，凝灰岩则因易风化或有夹层存在而对边坡稳定不利。

沉积岩中一般厚层且含硅质较多的砂岩、砾岩、石灰岩等的边坡稳定性较好，而含黏土矿物成分多的黏土岩、页岩、泥灰岩等，常发生边坡失稳现象，所能保持的边坡稳定坡角也比较缓。一些软弱岩层的层理面则常是边坡失稳的控制滑动面。

变质岩中片麻岩、石英岩等坚硬岩石均较稳定，而云母片岩、绿泥石片岩、千枚岩、板岩等稳定性较差。在绢云母片岩、滑石片岩中还常见到蠕变现象。

2.岩体的结构特征

岩质边坡的失稳破坏多数都是沿各种软弱结构面发生，此外在河谷边坡上，有时两侧被冲沟切割而形成三面临空的岩体时，则常由一组倾向河床的软弱结构面成为滑动面。

3.风化作用活跃的程度

风化作用活跃的地方，一是在坡体中温度和湿度变化频繁的部位、，如坡面附近的湿度变化带、高寒地区的昼夜或季节冻融带、地下水位季节变动带等。二是坡体中抗风化能力相对薄弱的部位。在寒冷地区，坡面附近温度昼夜的变化，常使渗入裂隙中的水反复冻融，从而扩展裂隙，使岩体碎裂，成为可能发生滑塌式滑坡的重要因素。风化作用沿易风化岩石或断裂破碎深入坡体、造成风化夹层或囊状风化带，它们常是导致斜坡变形破坏的主导因素。

4.地下水的作用

坡体中发育有强烈溶蚀、渗透变形或泥化作用等地下水作用的活动带时，这些部位常成为导致斜坡变形破坏的控制带。斜坡在风化过程中，由于强风化层和残积土层的透水性能差，因而在强弱风化带接触部位可形成一个承压的地下水活跃带，具有较高孔隙水压力，常常加大了在此软弱结构面的下滑力而导致坡体的滑动。

（二）斜坡变形破坏的触发因素

一些岩质边坡在上述地质因素长期综合作用下保持着基本稳定状态，但有可能已临近丧失稳定的边缘，一旦某种条件突然发生变化，就会触发斜坡的变形破坏。触发因素一般有以下几种。

1.地震

地震是造成斜坡破坏的最主要的触发因素，世界上许多大型的崩塌或滑坡的发生是由地震触发产生的。同时，震动还可促进坡体中裂隙的扩展。碎裂状及碎块状的斜坡岩体甚至可因震动而全面崩溃。当软弱结构面中充填有疏松饱水的粉细砂及粉土时，也会由于受震液化，进而导致其上覆岩体发生滑塌。

2.特大暴雨和异常洪水

暴雨和洪水往往引起坡体内特别是软弱结构层内的空隙水压力猛增，其中颗粒的有效压力则迅速减小，使沿结构面的抗剪强度也降低，坡体即可能沿该面下滑。水库回水是人工制造的异常洪水，回水使边坡坡脚岩体浸湿软化、并承受浮力及增高空隙水压力，这种变化对塑流拉裂、滑移压致拉裂及滑移弯曲型变形体的稳定性很不利。

3.人为因素

在边坡上部修建工程，一般增加了变形体的荷载，也增加了变形体的滑动力。在边坡岩体内或附近进行爆破，往往有与地震相似的影响。在边坡岩体坡脚处开挖，会使变形体的抗滑力削弱，而造成变形体的失稳。

三、岩质边坡变形破坏的防治措施

对斜坡岩体变形破坏的防治原则，应是以防为主、及时治理，并根据影响该斜坡岩体的主要工程地质因素及影响工程的重要性制定具体的防治方案。一般的治理措施应主要从两方面加以考虑:一是降低可能变形下滑岩体的下滑力,二是加强该斜坡的抗滑力,以保证斜坡岩体的稳定性。对此,一般可采取以下措施。

(一)地面排水

一般在雨季,由于降水渗入边坡岩体中,增加了岩体中不利于结构面的空隙水压力,加大了变形体的下滑力。同时也因雨水润湿了可能滑动面,削弱了可能滑动面间的抗滑力。以上因素都会加大边坡的不稳定性。所以一般都要在可能滑动岩体顶部及两侧以外修筑排水天沟,将边坡岩体以外的水流隔离在外围并排走。沟壁应不透水,否则会起到集中沟内的水渗入岩体中的反作用。在滑坡体区域内,为了减少雨水的渗入也可在坡面修筑排水沟,加快排走坡面水。在裸露出岩石面的部分,还可采用灰浆勾缝以防止雨水渗入裂隙中。

(二)岩体内排除地下水

对已渗入不稳定岩体内的地下水,通常可采用地下排水通道,将水流截住、集中并快速排走。另外也有采用钻孔排水的方法,打穿岩体的隔水滑动结构面,通到下面的另一个透水层内,将上部的水输入深层,以不致减小滑动结构面上的抗滑力。

(三)削坡减重与反压

将陡倾的边坡上部的岩体挖除一部分,使边坡变缓,同时也可使可能的滑体重量减轻。削减下来的土石可填在坡脚,起反压的作用,这些都有助于岩体的稳定。采用这种方法时要注意滑动面的位置,不能把起抗滑作用的岩体部分削掉,造成不利于岩体稳定的因素。

(四)支挡建筑

当已估算出不稳定边坡的剩余下滑力后,必须考虑在岩体下部修建挡墙、支墩或抗滑桩。这些支挡结构可用混凝土、钢筋混凝土及砌石等材料,但要注意的是，支挡结构的基础要砌置在滑动面以下，同时要在挡墙中增加排水措施。

（五）锚固措施

如已探明可能滑动面的位置，可采用锚桩或锚杆穿过滑动面锚入稳定岩体一定深度，这是增强边坡岩体抗滑力的有效措施。

（六）其他措施

对于节理裂隙虽较细小，但数量较多，又无明显的滑动面的边坡岩体，还可以采用钻孔固结灌浆来加强岩体的力学强度，也可在坡面铺盖混凝土护面，一方面可防止雨水的渗入，另一方面可抵挡风化作用的侵蚀。

第三节　特殊土地质灾害

特殊土是指某些具有特殊物质成分和结构、赋存于特殊环境中、易产生不良工程地质问题的区域性土，如黄土、膨胀土、盐渍土、软土、冻土、红土等。当特殊土与工程设施或工程环境相互作用时，常产生特殊土地质灾害，故在国外常把特殊土称为“问题土”，即特殊土在工程建设中容易产生地质灾害或工程问题。本节主要介绍黄土、冻土和软土的地质问题。

一、黄土的工程地质问题

黄土是一种特殊的第四纪陆相疏松堆积物，一般为黄色或褐黄色，颗粒成分以粉粒为主，富含碳酸钙，有肉眼可见的大孔隙，天然剖面上铅直节理发育，并含有大小不一、数量不等的结核和包裹体，被水浸湿后在自重作用下显著沉陷（湿陷性）。具上述全部特征的土，一般称为典型黄土；与之相似但缺少个别特征的土，称为黄土状土。典型黄土和黄土状土统称黄土类土，简称黄土。

（一）黄土特征

黄土在世界上分布很广，欧洲、北美、中亚均有分布。黄土在我国特别发育，地层全，厚度大，分布广。主要分布于黑龙江、吉林、辽宁、内蒙古、山东、河北、河南、山西、陕西、甘肃、青海、新疆，江苏和四川等地也有分布。从自然地理条件看，我国黄土基本上位于昆仑山、秦岭、山东半岛以北，阿尔泰山、阿拉善、鄂尔多斯、大兴安岭一线以南的广大地区，总计面积约 63 万多平方公里，约占我国陆地面积的 6.6％。

中国黄土，根据其中所含脊椎动物化石确定，从早更新世开始堆积，经历了整个第四纪，目前还未结束。形成于下（早）更新世的午城黄土和中更新世的离石黄土，称为老黄土。上（晚）更新世的马兰黄土及全新世下部的次生黄土，称为新黄土。而近几十年至近几百年形成的最近堆积物，称为新近堆积黄土。

中国黄土基本由小于 0.25mm 的颗粒组成，其中以粉粒为主，平均含量达 50％以上；砂粒含量较少，一般小于 20％，并以极细砂粒为主；黏粒含量变化较大，为5%～35%，一般为15%～25%。

中国黄土中矿物约有60余种，其中以轻矿物(相对密度<2.9)为主，含量约占90%～96%；重矿物(相对密度>2.9)含量甚少，一般为4%～7%，变化在1%～10%之间。而轻矿物中石英含量超过50%，长石含量达25%，碳酸盐类矿物(碳酸钙为主)含量为10%～15%，黏土矿物含量一般为百分之十几。此外，还有少量云母，含量多为百分之几。易溶盐、中溶盐和有机质的含量，一般不超过2%。

黄土的结构为非均质的骨架式海绵结构。黄土由石英、长石及少量云母、重矿物和碳酸钙组成的极细砂粒和粗粉粒组成基本骨架，其中砂粒相互基本不接触，浮于粗粉粒构成的架空结构中，由石英和碳酸钙等组成的细粉粒为填料，聚集在较粗颗粒接触点之间；以伊利石或高岭石为主(还含有少量的腐殖质和其他胶体)的黏粒、吸附的水膜以及部分水溶盐为胶结物质，依附在上述各种颗粒的周围，并将较粗颗粒胶结起来，形成大孔和多孔的结构形式。铅直节理(有时交叉但角度较陡)是黄土的典型构造。原生黄土层理极不明显，古土壤层——次生黄土明显有层理。

黄土密度一般为2.54～2.84g/cm^3，平均为2.67g/cm^3；干密度为1.12～1.79g/cm^3。天然含水量较低，一般在10%～25%之间，高原马兰黄土更低，常为11%～20%，甚至低于10%。河谷阶地黄土含水量略高，常为15%～25%。黄土的孔隙度达35%～64%，孔隙比为0.8～1.1。

黄土塑性较弱，塑限一般为16%～20%，液限常为26%～34%，塑性指数8～14。一般无膨胀性，崩解性很强，透水性较粒度成分类似的一般黏性土要强，属中等透水性土，渗透系数超过1m/d，且各向异性明显，铅直方向比水平方向的渗透系数一般大1.5～15倍。

黄土在干燥状态下(天然含水量为10%～15%)，压缩性中等，抗剪强度较高，一般$\varphi=15°\sim25°$，$c=0.3\sim0.6$ kg/cm^2。但随着湿度增高(尤其饱和)，压缩性急剧增大，抗剪强度显著降低。新近堆积的黄土，土质松软，强度低，压缩性高。

(二)黄土的工程地质问题分析

在黄土地区进行工程建筑，经常遇到的工程地质问题有黄土湿陷、黄土陷穴、黄土冲沟、黄土泥流、黄土路堑边坡的冲刷防护，边坡稳定性及边坡设计等。通过多年实践和研究，对于这些问题的解决已积累了不少经验和较为有效的措施。这里仅对黄土湿陷、陷穴和冲沟问题进行讨论。

1.黄土湿陷

天然黄土在一定压力作用下，受水浸湿后结构遭到破坏发生突然下沉的现象，称黄土湿陷。黄土湿陷又分在自重压力下发生的自重湿陷和在外荷载作用下产生的非自重湿陷。非自重湿陷比较普遍，对工程建筑的重要性也较大。

并非所有黄土都具有湿陷性，一般老黄土（午城黄土及离石黄土大部）无湿陷性，而新黄土（马兰黄土及新近堆积黄土）及离石黄土上部有湿陷性。因此，湿陷性黄土多位于地表以下数米至十余米，很少超过 20m。黄土的湿陷性强弱与许多因素有关，通常，黄土的天然含水量愈小，所含可溶盐特别是易溶盐愈多，孔隙比愈大，干密度愈小，则湿陷性愈强。

湿陷性黄土因其湿陷变形量大、速率快、变形不均匀等特征，往往使工程设施的地基产生大幅度的沉降或不均匀沉降，从而造成建筑物开裂、倾斜，甚至破坏。建筑物地基若为湿陷性黄土，在建筑物使用中因地表积水或管道、水池漏水而发生湿陷变形，加之建筑物的荷载作用更加重了黄土的湿陷程度，常表现为湿陷速度快和非均匀性，使建筑物地基产生不均匀沉陷，破坏了建筑基础的稳定性及上部结构的完整性。

湿陷性黄土作为路堤填料或作为建筑物地基，严重影响工程建筑物的正常使用和安全，能使建筑物开裂甚至破坏。因此，必须查清建筑地区黄土是否具有湿陷性及湿陷性的强弱，以便有针对性地采取相应措施。

除了用上述各种地质特征和工程性质指标定性地评价黄土湿陷性外，通常采用浸水压缩实验方法定量地评价黄土湿陷性。采取黄土原状土样放入固结仪内，在无侧限膨胀条件下，进行压缩试验。按规范规定：对桥涵、路基加压到 0.3MPa；对站场、房屋加压到 0.2MPa，对坡积、崩积、人工填筑等压缩性较高的黄土，5m 以内土层加压到 0.15MPa，然后测出天然湿度下，变形稳定后的试样高度 h_1 及浸水条件下变形稳定后的试样高度 h_2，即可按下式求出相对湿陷系数：

$$K=\frac{h_1-h_2}{h_1}$$

当 $K \geqslant 0.02$ 时，认为该黄土为湿陷性黄土；$K < 0.02$ 时，则为非湿陷性黄土。对于湿陷性黄土，$K \leqslant 0.03$ 为轻微湿陷的，$0.03 < K \leqslant 0.07$ 为中等湿陷的，$K > 0.07$ 为强烈湿陷的。

关于黄土发生湿陷的原因，国内外资料说法不一。有人认为是黄土内易溶盐被溶解造成的结果，有人认为黄土中所含黏土矿物成分不同是主要原因，若不含高岭石是非湿陷性的，含高岭石则是湿陷性的，还有人认为黄土中 FeO_3 含量大于 10%时黄土结构是稳定的。更多的人认为黄土湿陷性与其孔隙比有密切关系，试验证明相对湿陷系数与孔隙比之间存在着直线正比关系，相对湿陷系数是压力与湿度的连续函数，压力越大，湿度越大，湿陷量越大，而且认为湿陷原因是黄土颗粒与水相互作用形成水－胶联结，即黄土浸水后，胶体颗粒间水膜厚度增加，使颗粒间联结力减弱，加强了黄土的压缩性的结果。

在湿陷性黄土地区，虽然因湿陷而引发的灾害较多，但只要能对湿陷变形特征与规律进行正确分析和评价，采取恰当的处理措施，湿陷便可以避免。防治黄土湿陷的措施可分两个方面，一方面可采用机械的或物理化学的方法提高黄土的强度，降低孔隙度，加强内部联结；另一方面则应注意排除地表水和地下水的影响。

水的渗入是黄土湿陷的基本条件，因此，只要能做到严格防水，湿陷事故是可以避免的。天然条件下，黄土被浸湿有两种情况，一是地表水下渗，另一是地下水位升高。一般前者引起的湿陷性要强些。防水措施是防止或减少建筑物地基受水浸湿而采取的措施。这类措施有平整场地，以保证地面排水通畅；.做好室内地面防水设施，室外散水、排水沟，特别是开挖基坑时，要注意防止水的渗入；切实做到给水排水管道和供暖管道等用水设施不漏水等。

地基处理是对建筑物基础一定深度内的湿陷性黄土层进行加固处理或换填非湿陷性土，达到消除湿陷性、减小压缩性和提高承载能力的方法。在湿陷性黄土地区，通常采用的地基处理方法有重锤表层夯实(强夯)、垫层、挤密桩、灰土垫层、预浸水、土桩压实爆破、化学加固和桩基、非湿陷性土替换法等。

选择防治措施，应根据场地湿陷类型、湿陷等级、湿陷土层的厚度，结合建筑物的具体要求等综合考虑后来确定。对于弱湿陷性黄土地基，一般建筑物可采用防水措施或配合其他措施；重要建筑除采用防水措施外，还需用重锤夯实或换土垫层等方法。对中等或强烈湿陷性黄土地基,则以地基处理为主,并配合必要的防水措施和结构措施。对于某些水工建筑物,防止地表水渗入几乎是不可能的,此时可以采用预浸法。如对渠道通过的湿陷性黄土地段预先放水,使之浸透水分而先期发生湿陷变形,然后通过夯实碾压再修筑渠道以达到设计要求,在重点地区可辅之以重锤夯实。

2.黄土陷穴

在湿陷黄土分布区,尤其是黄土斜坡地带,经常遇到黄土陷穴。有黄土自重湿陷和地下水潜蚀作用造成的天然洞穴,也有人工洞穴。由于陷穴的存在,可使地表水大量潜入路基和边坡,严重者导致路基坍滑。由于地下暗穴不易被发现,经常在工程建筑物刚刚完工交付使用便突然发生倒塌事故。湿陷性黄土区铁路路基有时因暗穴而引起轨道悬空,造成行车事故。例如,黄土地区某铁路线,由于黄土陷穴造成路基塌陷,甚至使列车颠覆。因此,必须研究黄土陷穴的成因、分布规律、探测方法及防治措施。

自重湿陷问题已经简要叙述,这里简述地下水在黄土中的潜蚀作用。黄土的特征使地下水易于在其中渗流。在流动过程中,一方面地下水能溶解黄土中易溶于水的盐分;另一方面当渗透水流的水力梯度很大,并有大孔存在于黄土中时,地下水作紊流运动,把黄土中粉土颗粒及部分黏土颗粒冲动带走,在土中造成空洞,这个过程称潜蚀作用。随着潜蚀作用不断进行,黄土中洞穴也由小变大,由少变多。由此可知,黄土中易溶盐含量越高,大孔越多;地下水流量、流速越大,就越有利于潜蚀作用进行。因此,在地表地形变化较大的河谷阶地边缘,冲沟两岸及斜坡地带,地面不平坦的地形变坡处等位置有利于地表水下渗或流速变快,是地下洞穴经常出现的位置。不同时代地层地质特征不同,黄土陷穴多分布于新黄土及新近堆积黄土中,老黄土表层有少量陷穴分布,中下部则不发育陷穴。

在可能产生黄土陷穴的地带,应通过地面调查和探测,查明分布规律,并针对陷穴形成和发展的原因采取必要的预防措施。对于埋藏不深、尺寸较小、分布区较小的陷穴,一般用简易勘探方法,如洛阳铲、小螺纹钻等探测。对于大面积普查地下较深范围内较大洞穴的分布,可采用地震、电法、地质雷达等物探方法结合钻探方法进行探测。

防治黄土陷穴的措施有两个方面：一方面，针对已查明的陷穴可采用如下的措施进行处理：对小而直的陷穴进行灌砂处理；对洞身不大，但洞壁曲折起伏较大的洞穴和离路基中线或地基较远的小陷穴，可用水、黏土、砂制成的泥浆重复灌注；对建筑物基础下的陷穴一般采用明挖回填；对较深的洞穴，要开挖导洞和竖井进行回填，由洞内向洞外回填密实。另一方面，针对地下水，要在工程建筑物附近做好地表排水工程，不许地表水流入建筑场地或渗入建筑物地下，以防止潜蚀作用继续发展。具体措施有：设置排水系统，把地表水引至有防渗层的排水沟或截水沟，经由沟渠排泄到地基或路基范围以外；夯实表土、铺填黏土等不透水层或在坡面种植草皮，增强地表的防渗性能；平整坡面，减少地表水的汇聚和渗透。

3.冲沟

黄土地区地表土比较疏松、地面坡度较陡，再加上地面缺少植物覆盖，极易形成冲沟。经常、反复进行的冲刷作用，先在地表低洼处形成小沟，小沟又不断被加深扩宽形成大沟，大沟两侧及上游又形成许多新的小支沟。随着冲沟的形成和不断发展，使当地产生大量水土流失，地表被纵横交错的大小冲沟切割得支离破碎。以陕北绥德韭园沟地区为例，该地区在仅仅 58.2km^{2}的面积内，大小冲沟总长度就达到 203.9km，平均 1km^{2}内有冲沟 3.47km 长。这使该地区大量水土流失，耕地面积减少，交通运输不便，对工程建设也造成很大困难。冲沟的发展常使铁路路基被冲毁，边坡坍塌。

在冲沟地区进行工程施工，首先必须查明该地区冲沟形成的各种条件和原因，特别要研究该地区冲沟的活动程度，分清哪些冲沟正处于剧烈发展阶段，哪些冲沟已处于衰老休止阶段，然后有针对性地进行治理。冲沟治理应以预防为主。

通常采用的主要措施是调整地表水流、填平洼地、禁止滥伐树木、人工种植草皮等。对那些处于剧烈发展阶段的冲沟，必须从上部截断水源，用排水沟将地表水疏导到固定沟槽中，同时在沟头、沟底和沟壁受冲刷之处采取加固措施。在大冲沟中筑石堰、修梯田，沿沟铺设固定排水槽，也是有效措施。

在缺乏石料的地区，则可改用柴捆堰、篱堰等加固设备，效果也较好。某些地区采用种植多年生草本植物防止坡面冲刷，效果良好。对那些处于衰老阶段的冲沟，由于沟壁坡度平缓，沟底宽平且有较厚沉积物，沟壁和沟底都有植物生长，表明冲沟发展暂时处于休止状态，应当大量种植草皮和多年生植物加固沟壁，以免支沟重新复活。工程施工通过应尽量少挖方，新开挖的边坡则应及时采取保护措施。

二、冻土的工程地质问题

冻土又称含冰土，是一种温度低于零摄氏度并含有冰的特殊土。根据冻土的冻结时间可分为两大类：季节冻土和多年冻土。温度升高，土中冰融，称为融土，所含水分比其冻结前增加很多。土中水的冻结与融化是土温降低与升高的反映，是土体热动态变化导致土中水物理状态的变化。冻土与融土是对立的统一，它在一定的气候条件下互相转化。

（一）季节冻土

冬季冻结，夏季全部融化的土层称季节冻土。季节冻土在我国分布广泛，东北、华北、西北及华东、华中部分地区都有分布。自长江流域以北向东北、西北方向，随着纬度及地面高度的增加，冬季气温愈来愈低，冬季时间延续愈来愈长，因此季节冻土厚度自南向北愈来愈大。石家庄以南季节冻土厚度小于0.5m，北京地区一般为1m左右，辽源、海拉尔一带则为2～3m，季节冻土的主要工程地质问题是冻结时膨胀、融化时下沉。冻胀融沉的程度首先取决于土的颗粒组成及含水量。按土的颗粒组成将土的冻胀性分为不冻胀土、稍冻胀土、中等冻胀土和极冻胀土四类，按土中含水量大小将土的冻胀分为不冻胀、弱冻胀、冻胀和强冻胀四级。粉黏粒愈多，含水量愈大，冻胀愈严重。土层冻胀主要因土中水分结冰时体积膨胀造成，水冻结为冰，体积增大1/11左右。以1m厚的冻土层为例，当含水量占土总体积30%时，则冻胀量为100cm×30%×1/11＝2.7cm。实际上，1m冻土层冻胀量比2.7cm大得多，这是因为当地下水埋藏浅时，有地下水源源不断地向冻结区转移补充，引起局部地区冻胀隆起，形成冻胀土丘，简称冰丘。若地下水沿冻土裂隙冲出地表在地表冻结则形成冰锥，如在流动过程中冻结形成舌形冰锥及地表低洼处形成圆形冰锥。

季节冻土冬季冻胀使路基隆起，春季融化使路基下沉，甚至发生翻浆冒泥。

如果冻土中水主要是由地表水入渗补给的，冻胀隆起一般高 30～40mm。如果冻土中水主要来自地下水，则冻胀隆起更高，可达 100～200mm 以上。这种冻胀融沉严重影响了行车安全，特别是由于每年一次冻融循环，如不采取根本措施，后患无穷。

（二）多年冻土

冻土的冻结状态持续三年以上甚至几十年不融化者通常称多年冻土。多年冻土多在地面以下一定深度存在着，其上部至地表部分常有一季节冻土层，故多年冻土区常伴有季节性冻结现象存在。

我国的多年冻土按地区分布不同分为两类：一类是高原型多年冻土，主要分布在青藏高原及西部高山地区。这类冻土主要受海拔高度控制。另一类是高纬度型多年冻土，主要分布在东北大小兴安岭地区，自满洲里一牙克石一黑河一线以北广大地区都有多年冻土分布。这里的冻土主要受纬度控制，自北向南厚度逐渐变薄，并从连续冻土分布区过渡到岛状冻土分布区，直至尖灭。

根据冻土内冻结水（冰）的分布状况（位置、形状及大小），多年冻土有三种结构类型，整体结构：温度骤然下降，冻结很快，水分来不及迁移、集聚，土中冰晶均匀分布于原有孔隙中，冰与土成整体状态；这种结构使冻土有较高的冻结强度，融化后土的原有结构未遭破坏，一般不发生融沉，故整体结构冻土工程性质较好。网状结构：一般发生在含水量较大的黏性土中，土在冻结过程中产生水分转移和集聚，在土中形成交错网状冰晶，使原有土体结构受到严重破坏；这种结构的冻土不仅发生冻胀，更严重的是融化后含水量大，呈软塑或流塑状态，发生强烈融沉，工程性质不良。层状结构：土粒与冰透镜体和薄冰层相互间层，冰层厚度可为数毫米至数厘米；土在冻结过程中发生大量水分转移，有充分水源补给，而且经过多次冻结—融汇—冻结后形成层状结构，原有的结构完全被冰层分割而破坏；这种结构的冻土冻胀显著，融沉严重，工程性质不良。

多年冻土的构造是指季节冻土层与多年冻土层之间的接触关系，有衔接型和非衔接型两种构造类型。衔接型构造：季节冻土的最大冻结深度达到或超过多年冻土层上限，此种构造的冻土属于稳定型或发展型多年冻土。非衔接型构造：在季节冻土所能达到的最大冻结深度与多年冻土层上限之间有一层不冻土或称融土层,这种构造的冻土多为退化型多年冻土。

1.多年冻土的工程性质

冻结的土体应视为土的颗粒、未冻水、冰及气体四相组成的复杂综合体。纯水在0℃时开始结冰。土中水由于矿物颗粒表面能的作用和水中含有一定盐分的原因,其开始冻结温度均低于0℃。土中水分的冻结是从孔隙中的重力自由水开始的,土温继续下降时,土粒表面结合水产生渐冻结。即使在土温降到零下78℃时,结合水中仍有部分未冻结。在一定负温下仍未冻结的水可称为未冻水,未冻水的数量随土中黏粒增多而增多。同样的负温和土质,外荷载压力大,水溶液浓度大,未冻水量就多。可见,未冻水含量的多少取决于土的粒度成分、负温度、外部压力及水中含盐量,未冻水量直接影响着冻土的工程性质。因此,在评价冻土工程性质时,必须测定天然冻土结构下的密度、固体矿物颗粒相对密度、冻土总含水量(包括冰及未冻水含量)及相对含冰量(土中冰重与总含水量之比)四项指标。

由于冰是一种黏滞性物体,所以冻土的抗剪强度和抗压强度都与荷载作用时间有密切关系,即冻土具有明显的流变性。长期荷载作用下冻土的持久强度大大低于瞬时加荷的强度。冻土具有冻结时体积膨胀,融化时迅速下沉的特性。应当指出,只有土中所含水量超过某个界限值时,冻结过程中才出现冻胀现象,这个界限含水量称为起始冻胀含水量,它与土的塑限有密切关系。

冻土融化下沉由两部分组成,一部分是在外力作用下的压缩变形,另一部分是在负温变为正温时的自身融化下沉。根据冻土的融沉情况进行分类,多年冻土的融沉,是指由于人类在多年冻土区的活动,不仅使表层季节冻土层融化,而且使多年冻土层上限下移,原来的冻土产生融沉。例如采暖房屋的修建,使地基多年冻土融沉。

2.多年冻土的工程地质问题

多年冻土区的冰丘和冰锥:它们的形成与季节冻土区相似,只是规模更大,有的冰冻延续时间很长,可达几年以上。例如青藏高原昆仑山口洪积扇前缘有一多年生大冰丘,高20m,长40~50m,宽20多米。多年冻土区的舌形冰锥,则一般长数百米至数公里。冰丘和冰锥对路基及其他铁路建筑物危害严重,特别是对路堑工程危害更大,容易发生大量地下水涌进路堑,掩埋线路。因此,在选线时应尽量避开这些不良地质现象。

多年冻土地区路基基底稳定问题：由于在地表修筑路堤，使多年冻土上限上升，在路堤内形成冻土结核，产生冻胀，夏季融化后可能引起沿上限局部滑塌。在多年冻土地区开挖路堑，则使多年冻土上限下降，若此多年冻土为融沉或强融沉性的，则可能造成严重下沉，路堑边坡滑动。因此，在路基基底表面设置保温层，尽量防止多年冻土上限上下波动，是一项重要措施。保温材料最好就地取材，例如泥炭层塔头草或其他草皮、炉渣等都是比较有效的材料。

多年冻土地区的建筑物地基问题：多年冻土作为建筑物地基，应把土的年平均地温的稳定性、冻土组成及冻结作用、融化后的下沉性和冻土的不良地质现象作为冻土地基评价的依据。冻土具有瞬时的高强度，但更重要的是确定外压力长期作用下冻土的流变性及人为活动下热流作用造成的冻土下沉性。因此，选择建筑物场地时，应尽量避开冰丘、冰锥发育地区，选择坚硬岩石或粗碎屑颗粒土分布地段，地下水埋藏较深，冰融时工程性质变化较小的地基。

对于冻土地区病害处理的基本原则应当是：排水一防止地表水渗入建筑物地基，拦截地下水，不使其向地基中集聚。保温一保持冻土上限相对稳定。改善地基土性质一用粗颗粒土换掉细粒土，甚至采用桩基。

三、软土的工程地质问题

软土又称淤泥类土或有机类土，是静水或缓慢流水环境中有微生物参与作用的条件下沉积形成的特殊土，是一种含有较多有机质、天然含水量大于液限、天然孔隙比大于1、结构疏松、颜色呈灰色为主、污染手指、具臭味的淤泥质和腐殖质的黏性土。其中，天然孔隙比大于1.5的称为淤泥；小于1.5而大于1的称为淤泥质土。淤泥质土性质，介于淤泥和一般黏性土之间。淤泥类土是近代未经固结的在海滨、湖泊、沼泽、河湾及废河道等环境沉积的一种特殊土。

淤泥类土粒度成分主要为粉粒和黏粒，后者含量达30%～60%，属黏土或粉质黏土、砂质粉土或粉质黏土，其矿物成分主要为石英、长石、白云母及大量蒙脱石、伊利石等黏土矿物，并含有少量水溶盐；特别是含有大量的有机质（一般为5%～10%，个别达17%～25%）。淤泥类土具有蜂窝状或絮状结构，疏松多孔，具有薄层状构造。厚度不大的淤泥类土常是淤泥质黏土、粉砂土、淤泥或泥炭交互成层(或呈透镜体)。

(一)软土的特征

淤泥类土是在特定的环境中形成的,具有某些特殊的成分、结构和构造,这便决定了它某些特殊的工程地质性质:①高含水量,高孔隙比。我国淤泥类土孔隙比常见值为 1.0～2.0,个别可达 2.3 或 2.4。含水量(多为 50%～70%,甚至更大)大于液限(一般 40%～60%),饱和度一般都超过 95%。原状土常处于软塑状态,扰动土则呈流动状态。②透水性极弱,渗透系数一般为 1×10^{-6}～10^{-8} cm/s,且因层状结构而具方向性。③高压缩性,为 0.07～0.15cm^3/kg,且随天然含水量的增加而增大。④抗剪强度很低,且与加荷速度和排水固结条件有关,通常在不排水条件下三轴快剪试验所得的抗剪强度值小,$\varphi\approx0$,$c<0.2kg/cm^2$,直剪试验角一般为 2°～5°,c 值为 0.10～0.15kg/cm^2。排水条件下,抗剪强度随固结程度增加而增大,固结快剪所得值可达 10°～ 15°,c 值在0.2kg/cm^2左右。

(二)软土常见的工程地质问题

软土地基承载力很低,抗剪强度也很低,长期强度更低。容许承载力一般低于 0.1MPa,有时低至 0.04MPa 以下,往往由于地基丧失强度而破坏。软土压缩性很高,沉降量大,常出现由于地基下沉引起基础变形或开裂,直至建筑物不能使用。由于软土含水量大,多接近或超过其液限而成为软塑或流塑状态,因其持水性强,透水性差,对地基的固结排水不利,强度增长缓慢,沉降延续时间很长,因此影响了工期和工程质量。软土成分及结构复杂,平面分布及垂直分布均具有不均匀性,易使建筑物产生不均匀沉降。当软土受到某种振动时,很容易破坏其海绵状结构连接强度,使软土产生稀释液化而丧失强度,这种现象被称为触变性,在建筑物施工及使用过程中要防止软土发生触变。

由于软土强度低、压缩性高,故以软土作为建筑物地基所遇到的主要问题是承载力低和地基沉降量过大。软土的容许承载力一般低于 100kPa,有的只有 40～60kPa。上覆荷载稍大,就会发生沉陷,甚至出现地基被挤出的现象。例如,上海展览馆中央大厅为箱形基础,埋深 2m,基底总压力约为 130kPa,附加压力约为120kPa,完工后11年平均沉降量达1.6m,沉降影响范围超过30m,并引起相邻建筑物的严重开裂。在福州近郊,很多建筑物地基是淤泥层,竣工后一年平均沉降量超过50cm,最大的达到80cm。软土中常夹有砂质透镜体,易引起不均匀沉降,使建筑物遭受破坏。另外,由于软土的固结时间长,建筑物将长期处于沉降变形之中,所以灾害的威胁长期难以消除。如对上海地区某些建筑物长达15年的沉降观测结果表明,实际沉降量只达到了预计沉降量的75%～90%。

在铁路和道路工程建设中经常遇到软土工程地质问题。在软土地区修筑路基时,由于软土抗剪强度低,抗滑稳定性差,不但路堤的高度受到限制,而且易产生侧向滑移。在路基两侧常产生地面隆起,形成远伸至坡脚以外的坍滑或沉陷。位于浙江沿海海积平原的铁路路基大多是厚达几十米的淤泥质软土层,表层为0.6～1.0m的可塑性黏土,其下为流动性的软土层。在施工过程中,一年之内路堤曾连续发生坍塌;在路堤填筑完工时,一处高约8m的桥头路堤一次整体坍塌下沉4.3m,滑动范围远距路基中心线56m,坡脚地面隆起达2m,造成严重的坍塌事故。又如成昆铁路的拉普路堤,路堤位于河流一级阶地后缘,阶地面横坡较缓,约为5°～15°;路堤下伏土层厚9～13m,呈软塑状态;地下水埋深1～2m。当路堤中心填至12～15m时,发现外侧填方坡脚出现隆起开裂变形,随后整个路堤发生破坏。

(三)软土地基的加固措施

在软土地区进行工程建设往往会遇到地基强度和变形不能满足设计要求的问题,特别是在采用桩基、沉井等深基础措施在技术及经济上又不可能时,可采取加固措施来改善地基土的性质以增加其稳定性。一般认为,在软土地区不宜建筑重型建筑物,对一般建筑物和铁路路基基底应采取相应的处理措施。处理措施的原则:一是控制路堤高度,减轻建筑物自重或加大承载面积,以减小软土单位面积所受压力。二是若软土埋藏不深,厚度较小时,可采用开挖换填砂卵石、碎石,或抛石排淤,爆破排淤的方法,使建筑物基础置于软土下面的坚实土层上。三是排水固结提高软土强度。根据不同要求及条件,可分别采用预压固结，分期分层填筑路堤、路堤底部设排水砂垫层，在软土地基中设置排水砂井、石灰砂桩等方法加速排除软土中水分，完成预期沉陷，提高软土承载力。四是为防止软土地基塑流，可采用反压护道法，在软土地基周围打板桩围墙的方法，有时也可采用电化学加固法，防止软土被挤出。

第九章　地质灾害治理工程常用施工工法

第一节　混凝土特别天气施工

一、雨季施工

(1)雨期施工时,应对水泥和掺合料采取防水和防潮措施,并应对粗、细骨料含水率实时监测,当雨雪天气等外界影响导致混凝土骨料含水率变化时,及时调整混凝土配合比。

(2)模板脱模剂应具有防雨水冲刷性能。

(3)现场拌制混凝土时,砂石场排水畅通,无积水,随时测定雨后砂石的含水率;搅拌机棚(现场搅拌)等有机电设备的工作间都要有安全牢固的防雨、防风、防砸的支搭顶棚,并做好电源的防触电工作。

(4)施工机械、机电设备提前做好防护,现场供电系统做到线路、箱、柜完好可靠,绝缘良好,防漏电装置灵敏有效。机电设备设防雨棚并有接零保护。

(5)采用水泥砂浆及木板做好结构作业层以下各楼层水平孔洞围堰、封堵工作,防止雨水从楼层进入地下室。

(6)地下工程,除做好工程的降水、排水外,还应做好基坑边坡变形监测、防护、防塌、防泡等工作,要防止雨水倒灌,影响正常生产,危害建筑物安全。地下车库坡道出人口需搭设防雨棚、围挡水堰防倒灌。

(7)底板后浇带中的钢筋如长期遭水浸泡而生锈,为防止雨水及泥浆从各处流到地下室和底板后浇带中,地下室顶板后浇带、各层洞口周围可用胶合板及水泥砂浆围挡进行封闭。并在大雨过后或不定期将后浇带内积水排出。而楼梯间处可用临时挡雨棚罩或在底板上临时留集水坑以便抽水。

(8)外墙后浇带用预制钢筋混凝土板、钢板、胶合板或不小于240mm厚。

(9)除采用防护措施外,小到中雨天气不宜进行混凝土露天浇筑,并不应开始大面积作业面的混凝土露天浇筑;大到暴雨天气严禁进行混凝土露天浇筑。

(10)混凝土浇筑过程中,对因雨水冲刷致使水泥浆流失严重的部位,可采用补充水泥砂浆、铲除表层混凝土、插短钢筋等补救措施。

(11)混凝土浇筑完毕后,应及时覆盖塑料薄膜等,避免被雨水冲刷。

二、混凝土高温施工

当室外大气温度达到35℃及以上时,应按高温施工要求采取措施。

1.原材料要求

(1)高温施工时,应对水泥、砂、石的贮存仓、料堆等采取遮阳防晒措施,或在水泥贮存仓、砂、石料堆上喷水降温。

(2)根据环境温度、湿度、风力和采取温控措施实际情况,对混凝土配合比进行调整。调整时要考虑以下因素:应考虑原材料温度、大气温度、混凝土运输方式与时间对混凝土初凝时间、坍落度损失等性能指标的影响,根据环境温度、湿度、风力和采取温控措施的实际情况,对混凝土配合比进行调整。

(3)且在近似现场运输条件、时间和预计混凝土浇筑作业最高气温的天气条件下,通过混凝土试拌合与试运输的工况试验后,调整并确定适合高温天气条件下施工的混凝土配合比。

(4)宜采用低水泥用量的原则,并可采用粉煤灰取代部分水泥宜选用水化热较低的水泥。

(5)混凝土班落度不宜小于70mm当掺用缓凝型减水剂时,可根据气温适当增加坍落度。

2.混凝土搅拌与运输

(1)应对搅拌站料斗、储水器、皮带运输机、搅拌楼采取遮阳措施。

(2)对原材料进行直接降温时,宜采用对水、粗骨料进行降温的方法;可采用冷却装置冷却拌合用水,并对水管及水箱加设遮阳和隔热设施,也可在水中加碎冰作为拌合用水的一部分。混凝土拌合时掺加的同体冰应确保在搅拌结束前融化,并应在拌合用水中扣除;且其重量原材料最高入机温度(℃)。

(3)必要时,可采取喷液态氮和干冰措施,降低混凝土出机温度。

(4)宜采用混凝土运输搅拌车运输混凝土,且混凝土运输搅拌车宜采用白色涂装;混凝土输送管应进行遮阳覆盖,并洒水降温。

3.混凝土浇筑及养护

(1)混凝土浇筑入模温度不应大于35℃。

(2)混凝土浇筑宜在早间或晚间进行,且宜连续浇筑。当混凝土水分蒸发较快时,应在施工作业面采取挡风、遮阳、喷雾等措施。

(3)混凝土浇筑前,施工作业面应遮阳,并应对模板、钢筋和施T机具采用洒水等降温措施,但在浇筑时模板内不得有积水。

(4)混凝土浇筑完成后,应及时进行保湿养护,防止水分蒸发过快产生裂缝和降低混凝土强度。侧模拆除前宜采用带模湿润养护。

4.混凝土施工质量控制与检验

(1)质量检查。混凝土施工质量检查可分为过程中控制检查和拆模后的实体质量检查。

(2)施工过程中控制检查。混凝土施工过程检查,包括混凝土拌合物坍落度、入模温度及大体积混凝土的温度测控;混凝土输送、浇筑、振捣;混凝土浇筑时模板的变形、漏浆;混凝土浇筑时钢筋和预埋件位置;混凝土试件制作及混凝土养护等环节的质量。

(3)实体质量检查。混凝土拆模后质量检查,包括混凝土构件的轴线位置、标高、截面尺寸、表面平整度、垂直度;预埋件的数量、位置;混凝土构件的外观缺陷;构件的连接及构造做法;结构的轴线位置、标高、全高垂直度等。

5.混凝土缺陷修整

现浇结构的外观质量缺陷,应由监理(建设)单位、施工单位等各方根据其对结构性能和使用功能影响的严重程度。

(1)一般缺陷修整。

a.对于露筋、蜂窝、孔洞、疏松、外表缺陷,应凿除胶结不牢固部分的混凝土,用钢丝刷清理,浇水湿润后用1∶2～1∶2.5水泥砂浆抹平。

b.裂缝应进行封闭。

c.连接部位缺陷、外形缺陷可与面层装饰施工一并处理。

d.混凝土结构尺寸偏差一般缺陷，可采用装饰修整方法修整。

(2)严重缺陷修整

a.应制定专门处理方案，方案经论证审批后方可实施对可能影响结构性能的混凝土结构外观严重缺陷，其修整方案应经原设计单位同意。

b.露筋、蜂窝、孔洞、夹渣、疏松、外表质量严重缺陷，应凿除胶结不牢固部分的混凝土至密实部位，用钢丝刷清理，支设模板，浇水湿润并用混凝土界面剂套浆后，采用比原混凝土强度等级高一级的细石混凝土浇筑并振捣密实，且养护不少于7d。

c.开裂严重缺陷，对于民用建筑及无腐蚀介质工业建筑的地下室、屋面、卫生间等接触水介质的构件，以及有腐蚀介质工业建筑的所有构件，均应注浆封闭处理，注浆材料可采用环氧、聚氨酯、氰凝、丙凝等；对于民用建筑及无腐蚀介质工业建筑不接触水介质的构件，可采用注浆封闭、聚合物砂浆粉刷或其他表面封闭材料进行封闭。

d.清水混凝土及装饰混凝土的外形和外表严重缺陷，宜在水泥砂浆或细石混凝土修补后用磨光机械磨平。

e.钢管混凝土不密实部位，应采用钻孔压浆法进行补强，然后将钻孔补焊封固。

f.混凝土结构尺寸偏差严重缺陷，修整方案宜应制定专项修复矫正方案，由原设计单位制订。

g.混凝土结构缺陷修整后，修补或填充的混凝土应与本体混凝土表面紧密结合，在填充、养护和干燥后，所有填充物应坚固、无收缩开裂或产生鼓形区，表面平整且与相邻表面平齐，达到修整方案的目标要求。

第二节　沉井施工

抗滑桩在挖桩的过程中,如果遇见滑坡体发生滑动,流沙、软土、高地下水位等地质条件,护壁无法满足要求时采用沉井施工。

沉井施工就是先在地面上预制井筒然后在井筒内不断将土挖出,井筒借自身的重量或附加荷载的作用下,克服井壁与土层之间摩擦阻力及刃脚下土体的反力而不断下沉直至设计标高为止,然后封底,完成井筒内的工程。其施工程序有基坑开挖、井筒制作、井筒下沉及封底。

井筒在下沉过程中,井壁成为施工期间的围护结构,在终沉封底后,又成为地下构筑物的组成部分。为了保证沉井结构的强度、刚度和稳定性要求,沉井的井筒大多数为钢筋混凝土结构。常用横断面为圆形或矩形。纵断面形状大多为阶梯形。井筒内壁与底板相接处有环形凹口,下部为刃脚。为避免刃脚切土时破坏,刃脚应采用型钢加固。为了满足工艺的需要,常在井筒内部设置平台、楼梯、水平隔层等,这些可在下沉后修建,也可在井筒制作同时完成。但在刃脚范围的高度内,不得有影响施工的任何细部布置。

一、沉井施工方法

(一)井筒制作

井筒制作一般分一次制作和分段制作。一次制作指一次制作完成设计要求的井筒高度,适用于井筒高度不大的构筑物,一次下沉工艺。而分段制作是将设计要求的井筒进行分段现浇或预制,适用于井筒高度大的构筑物,分段下沉或一次下沉工艺。

井筒制作视修筑地点具体情况分为天然地面制作下沉和水面筑岛制作下沉。天然地面制作下沉一般适用于无地下水或地下水位较低时,为了减少井筒制备时的浇灌高度,减少下沉时井内挖方量,清除表土层中的障碍物等,可采用基坑内制备井筒下沉,其坑底最少应高出地下水位 0.5m。水面筑岛制作下沉适用于在地下水位高,或在岸滩,或在浅水中制作沉井,先用砂土或土修筑土岛，井筒在岛上制作，然后下沉。

（二）基坑及坑底处理。

井筒制备时，其重量借刃角底面传递给地基。为了防止在井筒制备过程中产生地基沉降，应进行地基处理或增加传力面积

当原地基承载力较大，可进行浅基处理，即在与刃脚底面接触的地基范围内，进行原土夯实，垫砂垫层、砂石垫层、灰土垫层等处理，垫层厚度一般为30～50cm。然后在垫层上浇灌混凝土井筒。这种方法称无垫木法。若坑底承载力较弱，应在人工垫层上设置垫木，增大受压面积。

铺设垫木应等距铺设，对称进行，垫木面必须严格找平，垫木之间用垫层材料找平。沉井下沉前拆除垫木亦应对称进行，拆出处用垫层材料填平，应防止沉井偏斜。

为了避免采用垫木，可采用无垫木刃脚斜土模的方法。井筒重量由刃脚底面和刃脚斜面传递给土台，增大承压面积。土台用开挖或填筑而成。与刃脚接触的坑底和土台处，抹2cm厚的1∶3水泥砂浆，其承压强度可达0.15～0.2MPa，以保证刃脚制作的质量。

筑岛施工材料一般采用透水性好、易于压实的砂或其他材料，不得采用黏性土和含有大块石料的土岛的面积应满足施工需要，一般井筒外边与岛岸间的最小距离不应小于5～6m。岛面高程应高于施工期间最高水位0.75～1.0m，并考虑风浪高度。水深在1.5m、流速在0.5m/s以内时，筑岛可直接抛土而不需围堰。当水深和流速较大时，需将岛筑于板桩围堰内。

（三）井筒混凝土浇灌

井筒混凝土的浇灌一般采用分段浇灌、分段下沉、不断接高的方法。即浇一节井筒，井筒混凝土达到一定强度后，挖土下沉一节，待井筒顶面露出地面尚有0.8～2m左右时，停止下沉，再浇制井筒、下沉，轮流进行直到达到设计标高为止。该方法由于井筒分节高度小，对地基承载力要求不高，施工操作方便。缺点是工序多、工期长，在下沉过程中浇制和接高井筒，会使井筒因沉降不均而易倾斜。

井筒混凝土的浇灌还可采用分段接高、一次下沉。即分段浇制井筒,待井筒全高浇筑完毕并达到所要求的强度后,连续不断地挖土下沉,直到达到设计标高。第一节井筒达到设计强度后抽除垫木,经沉降测量和水平调整后,再浇筑第二节井筒。该方法可消除工种交叉作业和施工现场拥挤混乱现象,浇筑沉井混凝土的脚手架、模板不必每节拆除。可连续接高到井筒全高,可以缩短工期;缺点是沉井地面以上的重量大,对地基承载力要求较高,接高时易产生倾斜,而且高空作业多,应注意高空安全。

此外还有一次浇制井筒、一次下沉方案以及预制钢筋混凝土壁板装配井筒、一次下沉方案等井筒制作施工方案确定后,具体支模和浇筑与一般钢筋混凝土构筑物相同,混凝土级别不低于C25。沿井壁四周均匀对称浇灌井筒混凝土,避免高低悬殊、压力不均,产生地基不均匀沉降而造成沉井断裂井壁的施工缝要处理好,以防漏水。施工缝可根据防水要求采用平式、凸式或凹式施工缝,也可以采用钢板止水施工缝等。

(四)沉井下沉

井筒混凝土达到70%以上可以开始下沉。下沉前要对预留孔进行封堵,沉井下沉时,必须克服井壁与土间的摩擦力和地层对刃脚的反力。

根据沉井受压条件而设计的井壁厚度,往往使井筒不能有足够的自重下沉,过分增加井壁厚度也不合理。可以采取附加荷载以增加井筒下沉重量,也可以采用震动法、泥浆套或气套方法以减少摩擦阻力使之下沉。

(五)排水下沉

排水下沉是在井筒下沉和封底过程中,采用井内开设排水明沟,用水泵将地下水排除或采用人工降低地下水位方法排出地下水。它适用于井筒所穿过的土层透水性较差,涌水量不大,排水致产生流沙现象而且现场有排水出路的地方。井筒内挖土根据井筒直径大小及沉井埋设深度来确定施工方法。一般分为机械挖土和人工挖土两类。机械挖土一般仅开挖井中部的土,四周的土由人工开挖。常用的开挖机械有合瓣式挖土机、台令扒杆抓斗挖土等垂直运土工具有少先式起重机、台令扒杆、卷扬机、桅杆起重杆等。卸土,点应距井壁一般不小于20m,以免因堆土过近使井壁坍塌,导致下沉摩擦力增大。当土质为砂土或砂性黏土时,可用高压水枪先将井内泥土冲松稀释成泥浆,然后用水力吸泥机将泥浆吸出排到井外。人工挖土应沿刃脚四周均匀而对称进行,以保持井筒均匀下沉。它适用于小型沉井,下沉深度较小、机械设备不足的地方。人工开挖应防止流沙现象发生。

(六)不排水下沉

不排水下沉是在水中挖土。当排水有困难或在地下水位较高的亚砂土和粉砂土层,有产生流沙现象的地区的沉井下沉或必须防止沉井周围地面和建筑物沉陷时,应采用不排水下沉的施工方法。下沉中要使井内水位比井外地下位高1～2m,以防流沙。

不排水下沉时,土方也由合瓣式抓铲挖出,当铲斗将井的中央部分挖成锅底形状时,井壁四周的土涌向中心,井筒就会下沉。如井壁四周的土不易下滑时,可用高压水枪进行冲射,然后用水泥吸泥机将泥浆吸出排到井外。为了使井筒下沉均匀.最好设置几个水枪每个水枪均设置阀门以便沉井下沉不均匀时,进行调整:水枪的压力根据土质而定。

触变泥浆套沉井在井壁与土之间注入触变泥浆,形成泥浆套,以减少井筒下沉的摩擦力。为了在井壁与土之间形成泥浆套,井筒制作时在井壁内埋入泥浆管,或在混凝土中直接留设压浆通道。井筒下沉时,泥浆从刃脚台阶处的泥浆通道口向外挤出。在泥浆管出口处设置泥浆射口围圈,以防止泥浆直接喷射至土层,并使泥浆分布均匀为了使井筒下沉过程中能储备一定数量的泥浆,以补充泥浆套失浆,同时预防地表土滑塌,在井壁上缘设置泥浆地表围圈。泥浆地表围圈用薄板制成,拼装后的直径略大于井筒外径。埋设时,其顶面应露出地表0.5m左右。

选用的泥浆应具有较好的固壁性能。泥浆指标根据原材料的性质、水文地质条件以及施工工艺条件来选定。在饱和的粉细砂层下沉时,容易造成翻砂,引起泥浆漏失,因此,泥浆的黏度及静切力都应较高。但黏度和静切力均随静置时间增加而增大,并逐渐趋近于一个稳定值。为此,在选择泥浆配合比时,先考虑比重与黏度两个指标,然后再考虑失水量、泥皮、静切力、胶体率、含砂率及

pH 酸碱度。泥浆比重在 1.15～1.20 之间。泥浆可选用的配合比为：

(1)纯膨润土用量：23%～30%；

(2)水：70%～77%；

(3)化学掺合剂碱：(Na_2CO_3)0.4%～0.6%，羧甲基纤维素 0.03%～0.06%。

下沉过程中，应对已压入的泥浆定期取样检查。施工过程中，泥浆套厚度不要过大，否则易造成井筒倾斜和位移。泥浆套沉井，由于下沉摩擦力减少，容易造成下沉超过设计标高，应做好及时封底准备工作，尤其要注意在吸泥下沉过程中，避免由于翻砂而引起泥浆套破坏，应正确处理好井内外水位及泥浆面高度等方面的关系。

(七)井筒封底

一般地，采用沉井方法施工的构筑物，必须做好封底，保证不渗漏排水下沉的井筒封底，必须排除井内积水超挖部分可填石块，然后在其上做混凝土垫层。浇注混凝土前应清洗刃脚，并先沿刃脚填充一周混凝土，防止沉井不均匀下沉。垫层上做防水层、绑扎钢筋和浇筑钢筋混凝土底板，封底混凝土由刃脚向井筒中心部位分层浇灌，每层约 50cm。

为避免地下渗水冲蚀新浇灌的混凝土，可在封底前在井筒中部设集水井，用水泵排水。排水应持续到集水井四周的垫层混凝土达到规定强度后，用盖堵封等方法封掉集水井，然后铺油毡防水层，再浇灌混凝土底板>不排水下沉的井筒，需进行水下混凝土的封底。井内水位应与原地下水位相等，然后铺垫砾石垫层和进行垫层的水下混凝土浇灌，待混凝土达到应有强度后将水抽出，再做钢筋混凝土底板。

二、质量检查与控制

井筒在下沉过程中，由于水文地质资料掌握不全，下沉控制不严，以及其他各种原因，可能发生土体破坏、井筒倾斜、筒壁裂缝、下沉过快、或不继续下沉等事故，应及时采取措施加以校正。

（一）土体破坏

沉井下沉过程中，可能产生破坏土的棱体。土质松散，更易产生。因此，当土的破坏棱体范围内有已建构筑物时，应采取措施，保证构筑物安全，并对构筑物进行沉降观察。

（二）井筒倾斜的观测

井筒下沉时，可能发生倾斜。井筒发生倾斜的主要原因是刃脚下面的土质不均匀，井壁四周土压力不均衡，挖土操作不对称，以及刃脚某一处有障碍物所造成。井筒是否倾斜可采用井筒内放置垂球观测、电测等方法确定，或在井外采用标尺测定、水准测量等方法确定。

由于挖土不均匀引起井筒轴线倾斜时，用挖土方法校正。在下沉较慢的一边多挖土，在下沉快的一边刃脚处将土夯实或做人工垫层，使井筒恢复垂直。如果这种方法不足以校正，就应在井筒外壁一边开挖土方，相对另一边回填土方，并且夯实。

在井筒下沉较慢的一边增加荷载也可校正井筒倾斜。如果由于地下水浮力而使加载失效.则应抽水后进行校正。在井筒下沉较慢的一边安装震动器震动或用高压水枪冲击刃脚，减少土与井壁的摩擦力，也有助于校正井筒轴线。

下沉过程中障碍物处理：下沉时，可能因刃脚遇到石块或其他障碍物而无法下沉，松散土中还可能因此产生溜方，引起井筒倾斜。小石块用刨挖方法去除，或用风镐凿碎，大石块或坚硬岩石则用炸药清除

（三）井筒裂缝的预防及补救措施

下沉过程中产生的井筒裂缝有环向和纵向两种。环向裂缝是由于下沉时井筒四周土压力不均造成的。为了防止井筒发生裂缝，除了保证必要的井筒设计强度外，施工时应使井筒达到定强度后才能下沉。此外，也可在井筒内部安设支撑，但会增加挖运土方困难。井筒的纵向裂缝是由于在挖土时遇到石块或其他障碍物，井筒仅支于若干点，混凝土强度又较低时产生的。爆震下沉，亦可能；发生裂缝。如果裂缝已经发生，必须在井筒外面挖土以减少该向的土压力

或撤除障碍物,防止裂缝继续扩大,同时用水泥砂浆、环氧树脂或其他补强材料涂抹裂缝缝进行补救。

(四)井筒下沉过快或沉不下去

由于长期抽水或因砂的流动,使井筒外壁与土之间的摩擦力减少;或因土的耐压强度较小,会使井筒下沉速度超过挖土速度而无法控制。在流沙地区常会产生这种情况。防治方法一般多在井筒外将土夯实,增加土与井壁的摩擦力。在下沉将到设计标高时,为防止自沉,可不将刃脚处土方挖去,下沉到设计标高时立即封底。也可在刃脚处修筑单独式混凝土支墩或连续式混凝土圈梁,以增加受压面积。

沉井沉不下去的原因,一是有障碍,二是自重过轻,应采取相应方法处理。

混凝土是十分重要的建筑材料。钢筋混凝土结构在土木建筑工程中的应用是十分广泛的。如给水排水工程中的各类建筑物、构筑物及管道材料等;也大都采用钢筋混凝土来建造。所以在整个工程施工中钢筋混凝土工程占着相当重要的地位。

钢筋混凝土结构可以采用现场整体浇筑结构,也可以是预制构件装配式结构。现场浇筑整体性好,抗渗和抗震性较强,钢筋消耗量也较低,可不需大型起重运输机械等。但施工中模板材料消耗量大,劳动强度高,现场运输量较大,建设周期一般也较长。预制构件装配式结构,由于实行工厂化、机械化施工,可以减轻劳动强度,提高劳动生产率,为保证工程质量,降低成本,加快施工速度,并为改善现场施工管理和组织均衡施工提供了有利条件。无论采用哪种结构形式,钢筋混凝土工程都是由各具特点的钢筋工程、模板工程和混凝土工程所组成。它们的施工都要针对具体工程实际,选择最适宜的施工工艺和方法,采用不同的机械设备和使用不同性质的材料,经过多项施工过程由多个工种密切配合而共同完成。

随着我国科学技术的发展,在钢筋混凝土工程中,新结构、新材料、新技术和新工艺得到了广泛的应用与发展,并已取得了显著的成效。

第三节　管井施工

在人工开挖抗滑桩的过程中，遇到地下水层，必须排水才能施工。在施工现场一般采用的是管井的施工工艺。

管井是垂直安装在地下的取水构筑物。其一般结构主要由井壁管、滤水器、沉淀管、填砾层和井口封闭层等组成。管井的深度、孔径，井管种类、规格及安装位置，填砾层的厚度，井底的类型和抽水机械设备的型号等决定于取水地段的地质构造、水文地质条件及供水设计要求等。

一、管井的施工方法

管井施工是用专门钻凿工具在地层中钻孔，然后安装滤水器和井管。一般在松散岩层、深度在 30m 以内。规模较小的浅井工程中，可以采用人力钻孔。深井通常采用机械钻孔。机械钻孔方法根据破碎岩石的方式不同有冲击钻进、回转钻进、锅锥钻进等；根据护壁或冲洗的介质与方法不同，分为泥浆钻进、套管钻进、清水水压钻进等。近年来随着科学技术的发展和建设的需要，涌现出许多新的钻进方法和钻进设备，如反循环钻进、空气钻进、潜孔锤钻进等，已逐步推广应用在管井施工中，并取得了较好的效果。在不同地层中施工应选用适合的钻进方法和钻具。管井施工的程序包括施工准备、钻孔、安装井管、填砾、洗井与抽水试验等。

（一）施工前的准备工作

施工前，应查清钻井场地及附近地下与地上障碍物的确切位置，选择井位和施工时应避开或采取适当保护措施。施工前，应做好临时水、电、路、通信等准备工作，并按设备要求范围平整场地。场地地基应平整坚实、软硬均匀。对软土地基应加同处理；当井位为充水的淤泥、细砂、流沙或地层软硬不均，容易下沉时，应于安装钻机基础方木前横铺方木、长杉杆或铁轨，以防钻进时不均匀下沉。在地势低洼，易受河水、雨水冲灌地区施工时，还应修筑特殊凿井基台。安装钻塔时，应将塔腿固定于基台上或用垫块垫牢，以保持稳定。绷绳安设应位置合理,地锚牢固,并用紧绳器绷紧。施工方法和机具确定后,还应根据设计文件准备黏土、砾石和管材等,并在使用前运至现场。

泥浆作业时应在开钻前挖掘泥浆循环系统,其规格根据泥浆泵排水量的大小、井孔的口径及深度、施工地区的泥浆漏失情况而定。一般沉淀池的规格为1m×1m×1m,设一个或两个。循环槽的规格为0.3m×0.4m,长度不小于15m。PC浆池的规格为3m×3m×2m。遇土质松软,其四壁应以木板等支撑。开钻前,还应安装好钻具,检查各项安全设施井口表土为松散土层时还应安装护口管。

(二)护壁与冲洗

1.洗泥浆护壁作业

泥浆是黏土和水组成的胶体混合物,它在凿井施工中起着固壁、携砂、冷却和润滑等作用。凿井施工中使用的泥浆,一般需要控制比重、黏度、含砂量、失水量、胶体率等儿项指标。泥浆的比重越大、黏度越高,固壁效果越好,但对将来的洗井会带来困难泥浆的含砂量越小越好。在冲击钻进中,含砂量大,会严重影响泥浆泵的寿命泥浆的失水量越大,形成泥皮越厚,使钻孔直径变小。在膨胀的地层中如果失水量大,就会使地层吸水膨胀造成钻孔掉块、坍塌。胶体率表示泥浆悬浮性程度。胶体率大,可以减少泥浆在孔内的沉淀,并且可以减少井孔坍塌及井孔缩径现象。对制备泥浆用黏土的一般要求是:在较低的比重下,能有较大的黏度、较低的含砂量和较高的胶体率。将黏土制成1∶1比重的泥浆.如其黏度为16~18s,含砂量不超过6%,胶体率在80%以上,这种黏土即可作为凿井工程配制泥浆的黏土。配制泥浆用的水,凡自来水、河水、湖水、井水等淡水均可。配制泥浆时,先将大块状黏土捣碎,用水浸泡1h左右,再置入泥浆搅拌机中,加水搅拌。在正式大量配制泥浆之前,应先根据井孔岩层情况,配制几种不同比重的泥浆,进行黏度、含砂量、胶体率试验。根据试验结果和钻进岩层的泥浆指标要求,决定泥浆配方,泥浆配方应包括钻进几种岩层达到要求黏度时的泥浆比重、含砂量、胶体率值和每立方米泥浆所需黏土量。

当地黏土配制的泥浆如达不到要求,可在搅拌时加碱(Na_2CO_3)处理。一般黏土加碱后,可提高泥浆的黏度、胶体率,降低含砂量:通常加碱量为泥浆内黏土量的0.596%～1.0%，过多反而有害。

在高压含水层或极易坍塌的岩层钻进时，必须使用比重很大的泥浆，为提高泥浆的比重，可投加重晶石粉($CaSO_4$)等加重剂。该粉末比重不小于4.0，一般可使泥浆比重提高1.4～1.8。在钻进中要经常测量、记录泥浆的漏失数量，并取样测定泥浆的各项指标。如不符合要求，应随时调整遇特殊岩层需要变换泥浆指标时，应在贮浆池内加入新泥浆进行调整，不能在贮浆池内直接加水或黏土来调整指标。但由于调整相当费事，故在泥浆指标相差不大时，可不予调整。钻进中，井孔泥浆必须经常注满，泥浆面不能低于地面0.5m。一般地区，每停工4～8h，必须将井孔内上下部的泥浆充分搅匀，并补充新泥浆。泥浆既为护壁材料，又为冲洗介质，适用于基岩破碎层及水敏性地层的施工。泥浆作业具有节省施工用水、钻进效率高，便于砾石滤层回填等优点，但是含水层可能被泥壁封死，所以成井后必须尽快洗井。

2.套管护壁作业

套管护壁作业是用无缝钢管作套管，下入凿成的井孔内，形成稳固的护壁。井孔应垂直并呈圆形，否则套管不能顺利下降，也难保证凿弃的质量。

套管下沉有三种方法：

(1)靠自重下沉，此法较简便，仅在钻进浅井或较松散岩层时才适用。

(2)采用人力、机械旋转或吊锤冲打等外力，迫使套管下沉。

(3)在靠自重和外力都不能下沉时，可用千金顶将套管顶起1.0m左右，然后松开下沉(有时配合旋转法同时进行)。

同一直径的套管，在松散和软质岩层中的长度，视地层情况决定，通常为30～70m，太长则拔除困难变换套管直径时，第一组套管的管靴，应下至稳定岩层，才不致发生危险；如下降至砂层就变换另一组套管，砂子容易漏至第一、二组套管间的环状间隙内，以致卡住套管，使之起拔和下降困难。除流沙层外，一般套管直径较钻头尺寸大50mm左右。

套管应固定于地面，管身中心与钻具垂节中心一致，套管外壁与井壁之间应填实。套管护壁适用于泥浆护壁无效的松散地层，特别适用于深度较小、半机械化钻进及缺水地区施工时采用在松散层覆盖的基岩中钻进时，上部覆盖层应下套管，对下部基岩层可采用套管或泥浆护壁，覆盖层的套管应在钻穿覆盖层进入完整基岩0.5～2m,并取得完整岩心后下入。套管护壁作业具有无需水源、护壁效果好、保证食水层透水性、可以分层抽水等优点,但是需用大量的套管、技术要求高,下降起拔困难,费用较高。

(三)清水水压护壁作业

清水水压钻井是近年来在总结套管护壁和泥浆护壁的基础上发展起来的一种方法,清水在井孔中相当于一种液体支撑,其静压力除平衡土压力及地下水压力外,还给井壁一种向外的作用力,此力有助于孔壁稳定。同时,由于井孔的自然造苹,加大了水柱的静压力,在此压力下,部分泥浆渗入孔壁,失去结合水,形成一层很薄的泥皮,它密实柔韧,具有较高的黏聚力,对保护井壁起很大作用。清水水压护壁适用于结构稳定的黏性土及非大量露水的松散地层,且具有充足水源的凿井施工。此法施工简单,钻井和洗井效率高,成本高,但护壁效果不长久。

二、凿井机械与钻进

(一)冲击钻进

冲击钻进的工作原理是靠冲击钻头直接冲碎岩石形成井孔。主要有以下两种:

1.绳索式冲击钻机

它适用于松散石砾层与半岩层,较钻杆式冲击钻机轻便。目前采用的多为CZ—20型和CZ—22型,其冲程为0.45～1.0m,每分钟冲击40～50次。

2.钻杆式冲击钻机

它由发动机供给动力,通过传动机构提升钻具作上下冲击。一般机架高度为15～20m,钻头上举高度为0.50～0.75m,每分钟冲击40～60次。冲击钻机的常用钻头有一字、丁字、十字、角锥等几种形式,应根据所钻地层的性质和深度选择使用。

下钻时,先将钻具垂吊稳定后,再导正下入井孔。当钻具全部下入井孔后,盖好井盖,使钢丝绳置于井盖中间的绳孔中,并在地面设置标志,用交线法测定钢丝绳位。钻进时，应根据以下原则确定冲程、冲击次数等钻进参数：地层越硬，钻头底刃单位长度所需重量越大，冲程越高，所需冲击次数越少。钻进时，把闸者须根据扶绳者要求进行松绳，并根据地层的变化情况适当掌握，应勤松绳，少松绳，不应操之过急。扶绳者必须随时判断钻头在井底的情况（包括转动和钻头是否到底等）和地层变化情况，如有异常，应及时分析处理。钻进时，根据所钻岩层情况，及时清理井孔。冲击钻进多用掏泥筒进行清孔。

此外，还可采用把钻进和掏取岩屑两个工序合二为一的抽筒钻进，钻进过程中，应及时采取土样，并随时检查孔内泥浆搏量。

（二）回转钻进

回转钻机的工作原理是依靠钻机旋转，同时使钻具在地层上具有相当压力，而使钻具慢慢切碎岩层，形成井孔。其优点是钻进速度快、机械化程度高，并适用于坚硬的岩层钻进；缺点是设备比较复杂。国产大口径回转钻机有红星－300 型、红星－400 型和 SPJ－300 型等回转钻机的常用钻头类型有：蛇形、勺形、鱼尾、齿轮钻头等。

开钻前，应检查钻具，发现脱焊、裂口、严重磨损时，应及时焊补或更换。水龙头与高压胶管连接处应系牢。每次开钻前，应先将钻具提离井底，开动泥浆栗，待冲洗液流畅后，再慢速回转至孔底，然后开始正常钻进 3 钻进开始深度不超过 15m 时，不得加压，转速要慢，以免出现孔斜。在黏土层中钻进时，可采用稀泥浆，大泵量，并适当控制压力。在砂类地层中钻进时，宜采用较大泵量、较小钻压、中等转速，并经常清除泥浆中的砂。在卵石、砾石层中钻进时，应轻压慢转并附助使用提取卵石、砾石的沉淀管或其他装置。操作人员应根据地层变化情况调整操作。地层由软变硬，应少进轻压；由硬变软时，应将钻头上提，然后徐徐下放钻具再钻进，并及时取样。此外，还应常注意返出泥浆颜色及带出泥沙的特性，检查井孔圆直度，据此调整泥浆指标及采取相应措施。

（三）锅锥钻进

锅锥是人力与动力相配合的一种半机械化回转式钻机。这种钻机制作与修理都较容易，取材方便；耗费动力小，操作简单，容易掌握；开孔口径大，安装砾石水泥管、砖管、陶土管等井管方便，钻进成本较低。锅锥钻进适用于松散的冲积层，如亚砂土、亚黏土、黏土、砂层、砾石层及小卵石层等中钻进、效率较高。用于大卵石层中钻进效率较低，不适用于各类基层岩。锅锥钻进的开孔口径取决于锅锥钻头的直径，一般为 550～1100mm。钻进深度一般取决于采取含水层的深度和机械的凿掘能力机械的凿掘能力为 50～100m。钻进速度因岩层的软硬和钻进深度而不同，一般在松散岩层，每下一次能钻进 100～300mm。

三、井管的安装

（一）井管安装前的准备工作

(1)井管安装之前，先用试孔器（一般选择试孔器尺度小于井孔设计尺寸25mm）试孔，检查井孔尺度是否满足设计要求，井孔是否垂直、圆整。

(2)由全部井管重与井管承受拉力的情况决定采用何种井管安装方法，并选择设备。

(3)检查井管有无缺陷，井管与管箍丝扣松紧程度与完好情况，并将井管与管箍丝扣刷净。

(4)按照岩层柱状图及井的结构图中井管次序排列井管，根管（沉淀管部分）在井底安好，并于适当位置装设找中器以便后续井管下入时居于井孔中心。

(5)将井底的稠泥用掏泥筒（冲击钻进时），掏出或用泥浆泵（回转钻进时）抽出，将井孔泥浆适当换稀，但切勿加入清水。

(6)丈量各井管长度与井孔深度，确认与柱状图吻合，始得安装井管。

（二）下管

下管方法，应根据下管深度、管材强度和钻探设备等因素进行选择。

(1)井管自重（浮重）不超过井管允许抗拉力和钻探设备安全负荷时，宜用直接提吊下管法。通常采用井架、管卡子、滑车等起重设备依次单根接送。

(2)井管自重（浮重）超过井管允许抗拉力或钻机安全负荷时，宜采用浮板下管法或托盘下管法。浮板下管法常在钢管、铸铁井管下管时使用。浮板一般为木制圆板，直径略小于井管外径，安装在两根井管接头处，用于封闭井壁管，利用泥浆浮力、减轻井管重量。

泥浆淹没井管的长度(L)可以有三种情况：

①自滤水管最上层密闭。

②在滤水管中间密闭。

③上述两种情况联合使用。

浮板如何设置可以按需要减轻的重量与浮板所能承受的应力来决定为了防止浮板在下管操作时突道破坏，可在浮板上邻近的管箍处，增设一块备用浮板。采用浮板下管时，密闭井管体积内排开的泥浆将由井孔溢出，为此，应准备一个临时贮存泥浆的坑，并挖沟使其与井孔相连。井管下降时，泥浆即排入此坑中。若浮板突遭破坏，井内须及时补充泥浆时，该坑应当便于泥浆倒流，避免产生井壁坍塌事故。井管下好后，即用钻杯捣破浮板。注意在捣破浮板之前，尚需向井管内注满泥浆，否则，一旦浮板捣破后，泥浆易上喷伤人，还可能由于泥浆补充不足产生并壁坍塌事故。托盘下管法常在混凝土井管，矿渣水泥管、砾石水泥管等允许抗拉应力较小的井管下管时采用。

下管时，首先将第一根井管(沉砂管)插入托盘，将钻杆一下端特制反扣接头与托盘反扣钻杆接箍相连，慢慢降下钻杆，井管随之降入井孔，当井管的上口下至井口处时，停止下降钻杆，于接口处涂注沥青水泥混合物，即可安装第二根井管。井管的接口处必须以竹、木板条用铅丝捆牢，每隔 20m 安装一个扶正器，直至将全部井管下人井孔，将钻杆正转拧出，井盖好，下管工作即告结束。

(4)井身结构复杂或下管深度过大时，宜采用多级下管法。将全部井管分多次下入井内。前一次下人的最后一根井管上口和后一次下入的第一根井管下口安装一对接头，下入后使其对口。

(三)填烁石与井管外封闭

为扩大滤水能力，防止隔水层或含水层塌陷而阻塞滤水管的滤网，在井壁管(滤水管)周围应回填砾石滤层。回填砾石的颗粒大小通常为含水砂层颗粒有效直径的 8～10 倍。滤层厚度一般为 50～75mm。滤层通常做成单层。

回填砾石的施工方法，有直接投入法和成品下入法两种。直接投入法较简便。为了顺利投入砾石，可将泥浆比重加以稀释，一般控制在 1.10 左右。为了避免回填时砾石在井孔中挤塞而影响质量，除设法减小泥浆的比重外，还可使用导管将砾石沿管壁投下。

成品下入法是将砾石预装在滤水器的外围，如常见的笼状过滤器，就是这种结构。此时，由于过滤器直径较大，下管时容易受阻或撞坏，造成返工事故。因此，下管前必须做好修井孔、试井孔、换泥浆及清理井底等准备工作。回填砾石滤层的高度，要使含水层通连以增加出水量，并且要超过含水层几米。砾石层填好后，就可着手井管外的封闭其目的是做好取水层和有害取水层隔离，并防止地表水渗入地下，使井水受到污染。封闭由砾石滤层最上部开始，宜先采用黏土球，后用优质黏土捣成碎块填上 5～10m，以上部分采用一般泥土填实。特殊情况可用混凝土封闭。

四、洗井、抽水试验与验收

（一）洗井

洗井是为了清除在钻进过程中孔内岩屑和泥浆对含水层的堵塞，同时排出滤水管周围含水层中的细颗粒，以疏通含水层，借以增大滤水管周围的渗透性能，减小进水阻力，延长使用寿命。洗井必须在下管、填砾、封井后立即进行。否则将会造成孔壁泥皮固结，造成洗井困难，有时甚至失败。

洗井方法应根据含水层特性、管井结构和钻探工艺等因素确定。

1.活塞洗井

活塞洗井是靠活塞在孔内上下往复运动，产生抽压作用，将含水层中的细砂及泥浆液抽出而达到疏通含水层的目的。洗井的顺序自上而下逐层进行，活塞不宜在井内久停，以防因细砂进入而淤堵活塞。操作时要防止活塞与井管相撞，提升活塞速度控制在 0.5～1.0m/s。此外应当掌握好洗井的持续时间。这种方法适用于松散井孔，井管强度允许，管井深度不太大的情况。

2.压缩空气洗井

采用空压机作动力，接入活塞洗井结合使用。

3.水泵和泥浆泵洗井

在不适宜压缩空气洗井的情况下，可用水泵或泥浆泵洗井。这种方法洗井时间较长，也常与活塞洗井交替使用。泥浆泵结合活塞洗井适用于各种含水层和不同规格的管井。

4.化学洗井

化学洗井主要用于泥浆钻孔。洗井前首先配制适量的焦磷酸钠溶液（重量配比为水：焦磷酸钠＝100：0.6～0.8），待砾料填完后，用泥浆泵向井内灌入该溶液，先管外，后管内，最后向管外填入止水物和回填物至井口，静止5～6h，即可用其他方法洗井。此法对溶解泥皮、稀释泥浆、洗除泥浆对含水层的封闭，均有明显的效果。此外，还有二氧化碳洗井法、高速水喷射洗井法等，也可在一定条件下使用。

（二）抽水试验

抽水试验的目的在于正确评定单井或井群的出水量和水质，为设计施工及运行提供依据。抽水试验前应完成如下准备工作：选用适宜的抽水设备并做好安装；检查固定点标高，以便准确测定井的动水位和静水位；校正水位测定仪器及温度计的误差；开挖排水设施等。

试验中水位下降次数一般为三次，最低不少于两次。要求绘制正确的出水量与水位下降值（$Q-s$）关系曲线和单位出水量与水位下降值（$q-s$）关系曲线，借以检查抽水试验是否正确。

抽水试验的最大出水量，最好能大于该井将来生产中的出水量，如限于设备条件不能满足此要求时，亦应不小于，生产出水量的75%。三次抽降中的水位下降值分别为$S_3/3$、$2S_3/3$、S_3，且各次水位抽降差和最小一次抽降值最好大于1m。

另外，抽水试验中还应做好水质、水位恢复时间间隔等各项观测工作。

（三）管井的验收

二管井验交时应提交的资料包括：管井柱状图、颗粒分析资料、抽水试验资料、水质分析资料及施工说明等。

管井竣工后应在现场按下列质量标准验收：

(1)管井的单位出水量设计值基本相符。管井揭露的含水层与设计依据不符时，可按实际抽水量验收。

(2)管井抽水稳定后，井水含砂量不得超过二百万分之一(体积比)。

(3)超污染指标的含水层应严密封闭。

(4)井内沉淀物的高度不得大于井深的0.5%。

(5)井身直径不得小于设计直径20mm，井深偏差不得超过设计井深的±0.2%。

(6)井管应安装在井的中心，上口保持水平。井管与井深的尺寸偏差，不得超过全长的±0.2%，过滤器安装位置偏差，上下不超过300mm。

五、凿井常见事故的预防和处理

(一)井孔坍塌

1.预防

施工中应注意根据土层变化情况及时调整泥聚指标，或保持高压水护孔；做好护口管外封闭，以防泥浆在护口管内外串通；特殊岩层钻进时须储备大量泥浆，准备一定数量的套管；停工期间每4～8h搅动或循环孔内泥浆一次，发现漏浆及时补充；在修孔、扩孔时，应加大泥浆的比重和黏度。

2.处理

发现井孔坍塌时，应立即提出钻具，以防埋钻。并摸清塌孔深度、位置、淤塞深度等情况，再行处理。如井孔下部坍塌，应及时填入大量黏土，将已塌部分全部填实，加大泥浆比重，按一般钻进方法重新钻进。

(二)井孔弯曲

1.预防

钻机安装平稳，钻杆不弯曲；保持顶滑轮、转盘与井口中心在同一垂线上；变径钻进时，要有导向装置；定期观测，及早发现。

2.处理

冲击钻进时可以采用补焊钻头，适当修孔或扩孔来纠斜。当井孔弯曲较大时，可在近斜孔段回填土，然后重新钻进。

回转钻进纠斜可以采用扶正器法或扩孔法。在基岩层钻进时，可在粗径钻具上加扶正器，把钻头提到不斜的位置，然后采用吊打、轻压、慢钻速钻进在松散层钻进时，可选用稍大的钻头，低压力、慢进尺、自上而下扩孔。另外，还可采用灌注水泥法和爆破法等。

（三）卡钻

1.预防

钻头必须合乎规格；及时修孔；使用适宜的泥浆保持孔壁稳定；在松软地层钻进时不得进尺过快。

2.处理

在冲击钻进中，出现上卡，可将冲击钢丝绳稍稍绷紧，再用掏泥筒钢丝绳带动捣击器沿冲击钢丝绳将捣击器降至钻具处，慢慢进行冲击，待钻具略有转动，再慢慢上提。出现下卡可将冲击钢丝绳绷紧，用力摇晃或用千斤顶、杠杆等设备上提。出现坠落石块或杂物卡钻，应设法使钻具向井孔下部移动，使钻头离开坠落物，再慢慢提升钻具3。

在回转钻进中，出现螺旋体卡钻，可先迫使钻具降至原来位置，然后回转钻具，边转边提，直到将钻具提出，再用大“钻耳”的鱼尾钻头或三翼刮刀钻头修理井孔。当出现掉块、探头石卡钻或岩屑沉淀卡钻时，应设法循环泥浆，再用千斤顶、卷扬机提升，使钻具上下窜动，然后边回转边提升使钻具捞出。较严重的卡钻，可用振动方法解除。

（四）钻具折断或脱落

1.预防

合理选用钻具，并仔细检查其质量；钻进时保持孔壁圆滑、孔底平整，以消除钻具所承受的额外应力；卡钻时，应先排除故障再进行提升，避免强行提升；根据地层情况，合理选用转速、钻压等钻进参数。

2.处理

钻具折断或脱落后，应首先了解情况，如孔内有无坍塌淤塞情况；钻具在孔内的位置、钻具上断的接头及钻具扳手的平面尺度等。了解情况常采用孔内打印的方法。钻具脱落于井孔，应采用扶钩先将脱落钻具扶正，然后立即打捞。打捞钻具的方法有很多，最常用的有套筒打捞法、捞钩打捞法和钢丝绳套打捞法。

第四节　钢筋工程

一、钢筋

钢筋混凝土结构中使用的钢筋种类很多，通常按生产工艺、力学性能等分成不同的品种。钢筋按生产工艺可分为：热轧钢筋、冷拉钢筋、冷拔钢丝、热处理钢筋、碳素钢丝和钢绞线等。其中后三种用于预应力混凝土结构。

钢筋按化学成分分为：碳素钢钢筋和普通低合金钢钢筋。碳素钢钢筋按含碳量多少，可分为：低碳钢钢筋（含碳量低于0.25%，如3号钢）、中碳钢钢筋（含碳量0.25%～0.7%）和高碳钢钢筋（含碳量0.7%～1.4%）普通低碳钢钢筋是在低碳钢和中碳钢的成分中加入少量合金元素，获得强度高和综合性能好的钢种，其主要品种有20锰硅、40硅2锰钒、45硅2锰钛等。

钢筋按力学性能分为：I级钢筋（235/370级，即屈服点为235N/mm^2；抗拉强度为370N/mm^2）、II级钢筋（335/510级）、III级钢筋（370/570级）和IV级钢筋（540/835级）等。此外，钢筋还可按轧制外形分为：光圆钢筋和变形：钢筋（月牙形、螺旋形、人字形钢筋）；按供应形式分为：盘圆钢筋（直径不大于10mm）和直条钢筋（长度为6～ 12m）；钢筋按直径大小可分为：钢丝：（直径3～5mm）、细钢筋（直径6～12mm）、中粗钢筋（直径12～20mm）和粗钢筋（直4径大于20mm）。钢筋出厂应有出厂证明书或试验报告单。钢筋运到工地后，应根据品种按批分别堆存，不得混杂，并应按施工规范要求对钢筋进行机械性能检验，不符合规定时，应重新分级。钢筋在使用中如发现脆断、焊接性能不良或机械性能显著不正常时，还应检验其化学成分，检验有害成分硫，磷、砷的含量是否超过允许范围。

钢筋工程主要包括：钢筋的加工、钢筋的制备及钢筋的安装成型等。其中钢筋加工一般又包括钢筋的冷处理（现在基本不用）、调直、剪切、弯曲、绑扎及焊接等工序。

随着建筑施工预制装配化和生产工厂化的日益发展，钢筋加工一般都先集中在车间采用流水作业，以便于合理组织生产工艺和采用新技术，实现钢筋加工的联动化和自动化。

钢筋的加工包括冷拉、冷拔、调直、除锈、切断、弯曲成型、焊接、绑扎等。钢筋加工过程：钢筋的冷加工，有冷拉、冷拔和冷轧，用以提高钢筋强度设计值，能节约钢材，满足预应力钢筋的需要。

（一）钢筋的冷拔，冷拉

钢筋冷拔是用强力将直径为6～8mm的Ⅰ级光圆钢筋在常温下通过特制的钨合金拔丝模，多次拉拔成比原钢筋直径小的钢丝，使其发生塑形变形。冷拉是纯拉伸的线应力，而冷拔是拉伸和压缩兼有的立体应力。钢筋经过冷拔后，横向压缩、纵向拉伸，钢筋内部晶格产生滑移，抗拉强度标准值可提高50%～90%。但塑性降低，硬度提高。这种经冷拔加工的钢筋称为冷拔低碳钢丝。冷拔低碳钢丝分为甲、乙级，甲级钢丝主要用作预应力混凝土构件的预应力筋，乙级钢丝用于焊接网片和焊接骨架、架立筋、箍筋和构造钢筋。

钢筋的冷拉是在常温下对钢筋进行强力拉伸，拉应力超过钢筋的屈服强度，使钢筋产塑性变形，以达到调直钢筋适用于混凝土结构中的受拉钢筋：冷拉.HRB335、HRB400、RRB400级钢筋适用于预应力混凝土结构中的预应力筋。

冷拉后钢筋有内应力存在，内应力会促进钢筋内的晶体组织调整，经过调整，屈服强度又进一步提高。该晶体组织调整过程称为“时效”。HPB235、HRB335钢筋的时效过程在常温下需15～20d（称自然时效），但温度在100℃时只需2h即完成，因而为加速时效可利用蒸汽、电热等手段进行人工时效。HRB400、RRB400钢筋在自然条件下一般达不到时效的效果，宜用人工时效。一般通电加热至150～200℃，保持20min左右即可。

不同炉批的钢筋，不宜用控制冷拉率的方法进行冷拉。多根连接的钢筋，用控制应力的方法进行冷拉时，其控制应力和每根的冷拉率均应符合规定；当用控制冷拉率方法进行冷拉时，实际冷拉率按总长计，钢筋冷拉速度不宜过快，一般以每秒拉长5mm或每秒增加5N/mm^{2}拉应力为宜。当拉至控制值时，停车2～3min后，再行放松，使钢筋晶体组织变形较为完全，以减少钢筋的弹性回缩。预应力钢筋由几段对焊而成时，应在焊接后再进行冷拉，以免因焊接而降低冷拉所获得的强度。

冷拉设备：冷拉设备由拉力设备、承力结构、测量设备和钢筋夹具等部分组成，拉力设备可采用卷扬机或长行程液压千斤顶；承力结构可采用地锚；测力装置可采用弹簧测力计、电子秤或附带油表的液压千斤顶。

(二)钢筋接头连接

钢筋接头连接方法有：绑扎连接、焊接连接和机械连接。绑扎连接由于需要较长的搭接长度，浪费钢筋，且连接不可靠，故宜限制使用。焊接连接的方法较多，成本较低，质量可靠，宜优先选用。机械连接无明火作业，设备简单，节约能源，不受气候条件影响，可全天候施工，连接可靠，技术易于掌握，适用范围广，尤其适用于现场焊接有困难的场合。

(三)绑扎连接

钢筋搭接处，应在中心及两端用 20～22 号铁丝扎牢。受拉钢筋绑扎连接的搭接长度，应符合表的规定。

各受力钢筋之间采用绑扎接头时，绑扎接头位置应相互错开。从任一绑扎接头中心至搭接长度 l_1 的 1～3 倍区段范围内，有绑扎接头的受力钢筋截面面积占受力钢筋总截面面积百分率，应符合下列规定：①受拉区不得超过 25%；②受压区不得超过 50%。绑扎接头中钢筋的横向净距 s 不应小于钢筋直径 d 且不应小 25mm。采用绑扎骨架的现浇柱，在柱中及柱与基础交接处，其接头面积允许百分率，经设计单位同意，可适当放宽。绑扎接头区段的长度 l 范围内，当接头受力钢筋面积百分率超过规定时，应采取专门措施。

二、连接钢筋的焊接

钢筋的连接与成型采用焊接加工代替绑扎，可改善结构受力性能，节约钢材和提高工效。钢筋焊接加工的效果与钢材的可焊性有关，也与焊接工艺有关。钢材的可焊性是指被焊钢材在采用一定焊接材料和焊接工艺条件下，获得优质焊接接头的难易程度。钢筋的可焊性与其含碳及含合金元素量有关，含碳量增加，可焊性降低；含锰量增加也影响焊接效果。含适量的钛，可改善焊接性能。III 级钢筋的碳、锰、硅含量较高，可焊性就差，但其中硅钛系钢筋的可焊性尚好。

钢筋的焊接效果与焊接工艺有关,即使较难焊的钢材,如能掌握适宜的焊接工艺也可获得良好的焊接质量。因此改善焊接工艺是提高焊接质量的有效措施。钢筋焊接的方法,常用的有对焊、点焊、电弧焊、接触电渣焊、埋弧焊等。

钢筋焊接方法有闪光对焊、电弧焊、电渣压力焊和电阻点焊。另外还有预埋件钢筋和钢板的埋弧压力焊及最近推广的钢筋气压焊。受力钢筋采用焊接接头命,设置在同一构件内的,接接头应相互错落在任一焊接接头中心至长度为钢筋直径 d 的 35 倍,且不小于 500mm 的区段 l 内同一根钢筋不得有两个接头;在该区段内有接头的受力钢筋截面面积占受力钢筋面面积的百分率,应符合下列规定:

第一,非预应力筋、受拉区不宜超过 50%;受压区和装配式构件连接处不限制。

第二,预应力筋受拉区不宜超过 25%,当有可靠保证措施时,可放宽至 50%;受压区和后张法的螺丝端杆不限制。

(一)闪光对焊

闪光对焊广泛用于钢筋接长及预应力钢筋与螺丝端杆的焊接。热轧钢筋的接长宜优先用闪光对焊。钢筋闪光对焊的原理是利用对焊机使两段钢筋接触,通过低电压的强电流,待钢筋被加热到一定温度变软后,进行轴向加压顶锻,形成对焊接头。钢筋闪光对焊工艺可分为:

连续闪光焊、预热闪光焊、闪光一预热一闪光焊三种。对 IV 级钢筋有时在焊接后进行通电热处理。闪光对焊的工艺参数,包括调伸长度、闪光留量、预热留量、顶锻留量、闪光速度、顶锻速度、顶锻压力、变压器级次等。这些工艺参数的取定,取决于钢筋的品种和直径的大小。钢筋闪光对焊后,除对接头进行外观检查(无裂纹和烧伤;接头弯折不大于 4°;接头轴线偏移不大于 1/10 的钢筋直径,也不大于 2mm)外,还应按同规格接头 6%的比例,做三根拉伸试验和三根冷弯试验,其抗拉强度实测值不应小于母材的抗拉强度,且断于接头的外处。钢筋对焊原理是利用对焊机使两段钢筋接触,通以低电压的强电流,把电能转化为热能。当钢筋加热到一定程度后,即施加轴向压力顶锻,便形成对焊接头。

对焊广泛应用 I～IV 级钢筋的接长及预应力钢筋与螺丝端杆的焊接。

常用对焊机型号有 UN_1－75(LP－75)，可焊小于 ϕ 36 的钢筋；UN_1－100(LP－100)，UN_2－150(LP－150－2)及 UN_{17}－150－1 等，可焊小于 ϕ 50 的钢筋。

1.钢筋对焊工艺

钢筋对焊应采用闪光焊。根据钢筋品种、直径和所用焊机功率等不同，闪光对焊可分连续闪光焊、预热闪光焊和闪光－预热－闪光焊三种工艺。

(1)连续闪光焊

连续闪光焊工艺过程包括：连续闪光和顶锻过程。施焊时，先闭合电源，使两钢筋端面轻微接触，此时端面的间隙中即喷射出火花般熔化的金属微粒——闪光，接着徐徐移动钢筋使两端面仍保持轻微接触，形成连续闪光。当闪光到预定的长度，使钢筋接头加热到将近熔点时，以一定的压力迅速进行顶锻。先带电顶锻，再无电顶锻到一定长度，焊接接头即告完成。

(2)预热闪光焊

预热闪光焊是在连续闪光焊前增加一次预热过程ˆ以扩大焊接热影响区。其工艺过程包括：预热、闪光和顶锻过程。施焊时先闭合电源，然后使两钢筋端面交替地接触和分开，这时钢筋端面的间隙中即发生断续的闪光，而形成预热的过程。当钢筋达到预热的温度后进入闪光阶段，随后顶锻而成。

(3)闪光－预热－闪光焊

闪光－预热－闪光焊是在预热闪光焊前加一次闪光过程，以便使不平整的柄筋端面烧化平整，使预热均匀。其工艺过程包括：一次闪光、预热、二次闪光及顶锻过程。钢筋直径较粗时，宜采用预热闪光焊和闪光－预热－闪光焊。

2.对焊参数

为了获得良好的对焊接头，应该合理选择焊接参数。焊接参数主要包括：调伸长度、闪光留量、闪光速度、顶锻留量、顶锻速度、顶锻压力及变压器级次等。采用预热闪光焊时还要有预热留量与预热频率等参数。调伸长度、闪光留量和顶锻留量。

3.IV 级钢筋对焊

IV 级钢筋碳、锰、硅等含量高，焊接性能较差，焊后容易产生淬硬组织，降低接头的塑性性能。为了改善以上情况，采取扩大焊接时的加热范围，防止接头处温度梯度过大和冷过快，采用较大的调伸长度和较低的变压器级数，以及较低的预热频率。IV级钢筋采用预热闪焊或闪光－预热－闪光焊，其接头的力学性能不能符合质量要求时，可在焊后进行通电热处理。

4.质量检验

钢筋对焊接头的外观检查，每批抽查10%的接头，并不得少于10个。对焊接头的力学性能试验，应从每批成品中切取6个试件，3个进行拉伸试验，3个进行弯曲试验。

在同一班内，由同一焊工，按同一焊接参数完成的200个同类型接头作为一批。对焊力学性能试验:包括拉力和弯曲试验拉力试验应符合同级钢筋的抗拉强度标准值。在三个试件中至少有两个试件断于焊缝之外，并呈塑性断裂。当试验结果不符合要求时，应取双倍数量的试件进行复验。当复验不符合要求时，则该批接头即为不合格品。

弯曲试验应将受压面的金属毛刺和锻粗变形部分去除，与母材的外表齐平。弯曲试验焊缝应处于弯曲的中心点。弯曲到90°时，接头外侧不得出现宽度大于0.15mm的横向裂纹。弯曲试验结果如有两个试件未达到上述要求应取双倍数量试件进行复验，如有三个试件仍不符合要求，该批接头即为不合格品。

(二)点焊

点焊的工作原理，是将已除锈污的钢筋交叉点放入点焊机的两电极间，使钢筋通电发热至一定温度后，加压使焊点金属焊牢。

采用点焊代替人工绑扎，可提高工效，成品刚性好，运输方便。采用焊接骨架或焊接网时，钢筋在混凝土中能更好地锚固，可提高构件的刚度及抗裂性，钢筋端部不需弯钩，可节约钢材。因此钢筋骨架应优先采用点焊。常用点焊机有单点点焊机(用以焊接较粗的钢筋)、多头点焊机(一次可焊接数点，用以焊接钢筋网)和悬挂式点焊机(可焊平面尺寸大的骨架或钢筋网)。施工现场还可采用

手提式点焊机。点焊机类型较多，但其工作原理基本相同。当电流接通踏下踏板，上电极即压紧钢筋，断路器接通电流，在极短的时间内强大电流经变压

器次级引至电极，使焊点产生大量的电阻热形成熔融状态，同时在电极施加的压力下，使两焊件接触处结合成为一个牢固的焊点。

1.点焊工艺与参数

点焊过程可分为预压、加热熔化、冷却结晶三个阶段。钢筋点焊工艺，根据焊接电流大小和通电时间长短，可分为强参数工艺和弱参数工艺。强参数工艺的电焊强度较大（120～360A/mm^2），通电时间短（0.1～0.5s）；这种工艺的经济效果好，但点焊机的功率要大。弱参数工艺的电流强度较小（80～160A/mm^2），而通电时间较长（0.5 秒至数秒）。点焊热轧钢筋时，除因钢筋直径较大，焊机功率不足，需采用弱参数外，一般都可采用强参数，以提高点焊效率。点焊冷处理钢筋时，为了保证点焊质量，必须采用强参数。

钢筋点焊参数主要包括：焊接电流、通电时间和电极压力。在焊接过程中，应保持一定的预压时间和锻压时间。点焊焊点的压入深度：对热轧钢筋应为较小钢筋直径的 30%～45%；对冷拔低碳钢丝点焊应为较钢丝直径的 30%～35%。点焊过程中如发现下列现象，可以调整点焊参数：

(1)焊点周围没有铁浆挤出，可增大焊接电流；焊点的压入深度不足，可增大电极压力；

(2)焊点表面发黑（过烧），可缩短通电时间或减小焊接电流；

(2)焊点熔化金属飞溅，表面有烧伤现象，应清刷电极和钢筋的接触表面，并适当地增大电极压力或减小焊接电流。

2.质量检验

(1)外观检查

点焊制品的外观检查，应按同一类型制品分批抽验。一般制品每批抽查 5%；梁、柱、桁架等重要制品每批抽查 10%且不得小于 3 件。钢筋级别、直径及尺寸均相同的焊接制品，即同一类制品，每 200 件为一批外观检查主要包括：焊点处熔化金属均匀；无脱落、漏焊、裂纹、多孔性缺陷及日月显的烧伤现象；量测制品总尺寸，并抽纵横方向 3～5 个网格的偏差。

当外观检查不符合上述要求时，则逐件检查，剔除不合格品，对不合格品经检修后，可提交二次验收。

(2)强度检验

点焊制品的强度检验,应从每批成品中切取。热轧钢筋焊点作抗剪试验,试件为3件;冷拔低碳钢丝焊点除作抗剪试验外,还应对较小的钢丝作拉力试验,试件各为3件。焊点的抗剪试验结果,应符合规定。拉力试验结果,应不低于乙级冷拔低碳钢丝的规定数值。

试验结果如有一个试件达不到上述要求,则取双倍数量的试件进行复验。

(三)电弧焊

电弧焊是利用弧焊机使焊件之间产生高温电弧,使焊条和电弧燃烧范围内的焊件熔化待其凝固便形成焊缝与接头,钢筋骨架焊接、装配式结构接头的焊接、钢筋与钢板的焊接及各种钢结构焊接。钢筋电弧焊的接头形式有搭接接头(单面焊缝或双面焊缝)、帮条接头(单面焊缝或双面焊缝)、坡口接头(平焊或立焊)、熔槽帮条焊接头和水平钢筋窄间隙焊接头。水平钢筋窄间隙焊是将两钢筋的连接处置于U形铜模中,留出一定间隙予以固定,随后采取电弧焊连续焊接,填满空隙而形成接头的一种焊接方法。与其他电弧焊接头相比,可减少帮钢筋和垫板材料,减少焊条用量,降低焊接成本。采用低氢型碱性焊条,焊条要按照使用说明书的要求进行烘焙。

弧焊机有直流与交流之分,工程中常用交流弧焊机。焊接电流是根据钢筋和焊条的直径进行选择。焊条的种类很多,根据钢材等级和焊接接头形式选择焊条。焊条表面涂有焊药它可保证电弧稳定,使焊缝免致氧化,并产生熔渣覆盖焊缝以减缓冷却速度。采用帮条或搭接焊时,焊缝长度不应小于帮条或搭接长度,焊缝高度 $h>0.3d$,并不得小于4mm;焊缝宽度 $b>0.7d$,并不得小于10mm。电弧焊一般要求焊缝表面平整,无裂纹,无较大凹陷、焊瘤无明显咬边、气孔、夹渣等缺陷。在现场安装条件下,每一层楼以300个同类型接头为一批每一批选取三个接头进行拉伸试验。如有一个不合格,取双倍试件复验,再有一个不合格则该批接头不合格。如对焊接质量有怀疑或发现异常情况,还可进行非破损方式(X射线、γ射线、超声波探伤等)检验。电弧焊的主要设备是弧焊机,可分为交流弧焊机和直流弧焊机两类。交流弧焊机(焊接变压器)具有结构简单、价格低、保养维护方便的优点,建筑工地多采用,其常用型号有 BX_3 120—

1、$BX_3-300-2$、$BX_3-500-2$ 和 BX_3-1000 等。

钢筋电弧焊接头主要形式有：

(1)帮条焊与搭接焊

帮条接头与搭接接头。施焊时，引弧应在帮条或搭接钢筋的一端开始，收弧应在帮条搭接钢筋端头上，弧坑应填满。多层施焊时第一层焊缝应有足够的熔深，主焊缝与定位焊缝特别是在定位焊缝的始端与终端应熔合良好。

采用帮条焊或搭接焊的钢筋接头，焊缝长度不应小于帮条或搭接长度，焊缝高度 $h>0.3d$ 并不得小于 4mm；焊缝宽度 $b>0.7d$ 并不得小于 10mm。钢筋与钢板接头采用搭接焊时，焊缝高度 $h>0.35d$，并不得小于 6mm；焊缝宽度 $b>0.5d$ 并不得小于 8mm。

(2)坡口焊

坡口焊接头。适用于在施工现场焊接装配现浇式构件接头中直径 16～40mm的钢筋。坡口焊可分为平焊和立焊两种。施焊时，焊缝根部、坡口端面以及钢筋与钢垫板之间均应熔良好。为了防止接头过热，采用几个接头轮流焊接。为加强焊缝的宽度应超过 V 形坡口的边缘 2～3mm，其高度也为 2～3mm。

如发现接头有弧坑、未填满、气孔及咬边等缺陷时，应补焊。III 级钢筋接头冷却补焊时需用氧乙炔预热。

(3)预埋件 T 形接头的钢筋焊接预埋件

T 形接头电弧焊的接头形式分贴角焊和穿孔塞焊种。采用贴角焊时，焊缝的焊脚 K 不小于 $0.5d$(I 级钢筋)～$0.6d$(II 级钢筋)。采用穿孔塞焊时，钢板的孔洞应作成喇叭口，其内口直径比钢筋直径 d 大于 4mm，倾斜角为 45°，钢筋缩进 2mm。施焊时，电流不宜过大，严禁烧伤钢筋。

2.质量检验

钢筋电弧焊接头外观检查时，应在接头清渣后逐个进行目测或量测，并应符合下列要求焊缝表面平整，不得有较大的凹陷、焊瘤；接头处不得有裂纹；咬边、气孔、夹渣等数量大小，以及接头尺寸偏差不得超过相关规定；坡口焊的焊缝加强高度为 2～3mm。

钢筋电弧焊接头拉力试验，应从成品中每批切取三个接头进行拉伸试验。

对装配式结构节点的钢筋焊接接头，可按生产条件制作模拟试件。接头拉力试验结果，应符合三个试件抗拉强度均不得低于该级别钢筋的抗拉强度标准值；至少有两个试件呈塑性断裂。

当检验结果有一个试件的抗拉强度低于规定指标，或有两个试件发生脆性断裂时，应取双倍数量的试件进行复验。

（四）电渣压力焊

电渣压力焊在建筑施工中多用于现浇混凝土结构构件内竖向钢筋的接长。与电弧焊比较它工效高，成本低，在一些高层建筑施工中应用，已取得良好的效果。

电渣压力焊所用焊接电源，宜采用 BX2－1000 型焊接变压器。焊接大直径钢筋时，可将型号同功率的几台焊接变压器并联。夹具需灵巧，上下钳口同心，使焊接接头上下钢筋的轴线应尽量一致，其最大偏移不得超过 $0.1d$（为钢筋直径），同时也不得大于 2mm。焊接时先将钢筋端部约 120mm 范围内的铁锈除尽夹具夹牢在下部钢筋上，并将上部钢筋扶直夹牢于活动电极中，上下钢筋间放一钢丝小球或导电剂，再装上药盒并装满焊药，接通电路，用手柄使电弧引燃（引弧），然后稳定一定时间，使之形成渣池并使钢筋熔化（稳弧）。随着钢筋的熔化，用手柄使上部钢筋缓缓下送，稳弧时间的长短视电流、电压和钢筋直径而定。如电流 850A，工作电压 40V 左右，ϕ 30、ϕ 32 钢筋的稳弧时间约 50s。当稳弧达到规定时间后在断电同时用手柄进行加压顶锻（顶锻），以排除夹渣和气泡，形成接头。待冷却一定时间后即拆除药盒，回收焊药，拆除夹具和清理焊渣。引弧、稳弧、顶锻三个过程连续进行，约 1m 时间完成。电渣压力焊的焊接参数为焊接电流、渣池电压和通电时间，根据钢筋直径选择电渣压力焊的接头不得有裂纹和明显的烧伤缺陷，轴线偏移不得大于 0.1 倍钢筋直径，同时不得超过 2mm；接头弯折不得超过 4°。每 300 个接头为一批（不足 300 个也为一批），切取三个试件做拉伸试验，如有一根不合格，则再双倍取样，重做试验，如仍有一根不合格，则该批接头为不合格。

（五）气压焊

所谓气压焊，是以氧气和乙炔火焰来加热钢筋的结合端部，不待钢筋熔融使其在高温下加压接合。适用于Ⅰ、Ⅱ、Ⅲ级热轧钢筋,直径相差不大于7mm的不同直径钢筋及各种方向布置的钢筋的现场焊接。气压焊的设备包括供气装置、加热器、加压器和压接器等。

1.压接用气

压接用气是氧气和乙炔的混合气体。氧气的纯度在99.5%以上,乙炔气体的纯度在98%以上。氧气的工作压力为0.6～0.7MPa,乙炔的工作压力为0.05～0.01MPa,氧气和乙炔分别忙存在氧气瓶和乙炔气瓶内。

2.加热器

加热器由混合气管(握柄)和火钳两段组成,火钳中火口数按焊接钢筋直径大小的不同,从4个火口到16个火口。

3.加压器和压接器

加压器有电动和手动两种,均为油泵。

4.气压焊操作工艺

施焊前钢筋端头用切割机切齐。压接面应与钢筋轴线垂直。钢筋切平后,端头周边用砂轮磨成小八字角。施焊时先将钢筋固定于压接器上,并加以适当的压力,使钢筋接触,然后将火钳火口对准钢筋接缝处,加热钢筋端部至1100～1300℃表面发深红色时,当即加压油泵,对钢筋施以40MPa以上的压力。压接部分的膨鼓直径为钢筋直径的1.4倍以上,其形状呈平滑的圆球形。变形长度为钢筋直径的1.3～1.5倍。待钢筋加热部分火色退消后,即可拆除压接器。

三、钢筋配料

钢筋配料就是根据结构施工图,分别计算构件各钢筋的直线下料长度、根数及质量编制钢筋配料单作为备料、加工和结算的依据。

结构施工图中所指钢筋长度是钢筋外边缘至外边缘之间的长度,即外包尺寸,这是施工中度量钢筋长度的基本依据。钢筋加工前按直线下料,经弯曲后,外边缘伸长,内边缘缩短,而中心线不变。这样,钢筋弯曲后的外包尺寸和中心线长度之间存在一个差值,称为“量度差值”。在计算下料长度时必须加以扣除。否则势必形成下料太长,造成浪费,或弯曲成型后钢筋尺寸大于要求,造成保护层不够,甚至钢筋尺寸大于模板尺寸而造成返工。因此,钢筋下料长度应为各段外包尺寸之和减去各弯曲处的量度差值，再加上端部弯钩的增加值。

（一）配料计算注意事项

（1）在设计图纸中，钢筋配置的细节问题没有注明时，一般可按构造要求处理。

（2）配料计算时，要考虑钢筋的形状和尺寸在满足设计要求的前提下有利于加工安装。

（3）配料时，还要考虑施工需要的附加钢筋。例如，后张预应力构件预留孔道定位用的钢。筋井字架、基础双层钢筋网中保证上层钢筋网位置用的钢筋撑脚、墙板双层钢筋网中固定钢筋间距用的钢筋撑铁、柱钢筋骨架增加四面斜撑等。

（二）钢筋代换注意事项

钢筋代换时，应征得设计单位同意，并应符合下列规定：

（1）对重要受力构件，如吊车梁、薄腹梁、桁架下弦等，不宜用 HPB235 光面钢筋代换变形钢筋，以免裂缝开展过大。

（2）钢筋代换后，应满足混凝土结构设计规范中所规定的钢筋间距、锚固长度、最小钢筋直径、根数等要求。

（3）当构件受裂缝宽度或挠度控制时，钢筋代换后应进行刚度、裂缝验算。

（4）梁的纵向受力钢筋与弯曲钢筋应分别代换，以保证正截面与斜截面强度。偏心受压构件（如框架柱、有吊车的厂房柱、桁架上弦等）或偏心受拉构件作钢筋代换时，不取整个截面配筋量计算，应按受力面（受拉或受压）分别代换。

（5）有抗震要求的梁、柱和框架，不宜以强度等级较高的钢筋代换原设计中的钢筋。如必须代换时，其代换的钢筋检验所得的实际强度，尚应符合抗震钢筋的要求。

（6）预制构件的吊环，必须采用未经冷拉的 I 级热乳钢筋制作，严禁以其他钢筋代换。

（三）钢筋的制备与安装

钢筋的制备包括钢筋的配料、加工、钢筋骨架的成型等施工过程。钢筋的配料要确定其下料的长度；配料中又常会遇到钢筋的规格、品种与设计要求不符，还需进行钢筋的代换。这是钢筋制备中需要预先解决的主要问题。

1.钢筋的配料

钢筋配料是根据施工图中的构件配筋图，分别计算各种形状和规格的单根钢筋下料长度和根数，填写配料单，申请加工。

钢筋下料长度计算：

钢筋因弯曲或弯钩会使其长度变化，在配料中不能直接根据图纸尺寸下料，必须了解对混凝土保护层、钢筋弯曲、弯钩等规定，再按图中尺寸计算其下料长度。各种钢筋下料长度计算如下：

直钢筋下料长度＝构件长度－保护层厚度＋弯钩增加长度

弯起钢筋下料长度＝直段长度＋斜段长度－弯曲调整值＋弯钩增加长度

箍筋下料长度＝箍筋周长＋箍筋调整值

上述钢筋需要搭接时，还应增加钢筋搭接长度。钢筋下料长度计算式中的增加长度和，整值按如下方法确定：

钢筋弯曲后轴线长度不变，在弯曲处形成圆弧。钢筋的量度方法是沿直线量外包尺寸，

因此弯起钢筋的量度尺寸大于下料尺寸，两者之差值称为弯曲调整值。

钢筋的弯钩形式有：半圆弯钩、直弯钩及斜弯钩。弯钩增加长度，其计算值为：半圆弯钩 $6.5d$，心直弯钩 $3.5d$，斜弯钩 $4.9d$。

在生产实践中，由于实际弯心直径与理论弯心直径有时不一致，钢筋粗细和机具条件不同等而影响平直部分的长短(手工弯钩时平直部分可适当加长，机械弯钩时可适当缩短)，因此在实际配料计算时，对弯钩增加长度常根据具体条件，采用经验数据。

2.钢筋的代换

当施工中遇有钢筋的品种或规格与设计要求不符时，可按下述原则进行代换：

(1)等强度代换。当构件受强度控制时，钢筋可按强度相等原则进行代换。

(2)等面积代换。当构件按最小配筋率配筋时，钢筋可按面积相等原则进行代换。

(3)当构代缝宽度或抗裂性要求控制时,代换后应进行裂缝或抗裂性验算。先钢筋代换后,还应满足构造方面的要求(如钢筋间距,最小直径、最少根数、锚固长度、对称性等)及设计中提出的特殊要求(如冲击韧性 I 抗腐蚀性等)。

四、钢筋的加工、绑扎与安装

(一)钢筋加工

钢筋加工包括调直、除锈、下料剪切、接长、弯曲等工作。

钢筋调直可采用冷拉的方法,若冷拉只是为了调直,而不是为了提高钢筋的强度,则冷拉率可采用 0.7%～1%,或拉到钢筋表面的氧化铁皮开始剥落时为止。除冷拉的调直方法粗钢筋还可采用锤直或扳直的方法。ϕ 4～ ϕ14 的钢筋可采用调直机进行调直。经冷拉或机械调直的钢筋,一般不必再行除锈,但如保管不良,产生鳞片状锈蚀时,则应进行除锈。除锈可采用钢丝刷或机动钢丝刷,或在沙堆中往复拉擦,或喷砂除锈,要求较高时还可采用酸洗除锈。钢筋下料时须按下料长度剪切。钢筋剪切可采用钢筋剪切机或手动剪切器。手动剪切器一般只用于小于 ϕ 12 的钢筋,钢筋剪切机可切断小于 ϕ 40 的钢筋。大于 040 的钢筋需用氧－乙炔焰或电弧割切。

钢筋下料之后,应按弯曲设备的特点及工地习惯,进行划线,以便将钢筋准确地加工成所规定的(外包)尺寸。钢筋弯曲宜采用弯曲机,弯曲机可弯 ϕ 6～ ϕ 40 的钢筋。大于 ϕ 25 的钢筋当无弯曲机时也可采用扳钩弯曲。为了提高工效,工地常自制多头弯曲机(一个电动机带动几个钢筋弯曲盘)以弯曲细钢筋。受力钢筋弯曲后,顺长度方向全长尺寸允许偏差不超过±10mm,弯起位置允许偏差不应超过±20mm。

(二)钢筋绑扎、安装

钢筋加工后,进行绑扎、安装。

钢筋的接长、钢筋骨架或钢筋网的成型应优先采用焊接,如不可能采用焊接(如缺乏电焊机或焊机功率不够)或骨架过重过大不便于运输安装时,可采用绑扎的方法。钢筋绑扎一般采用 20～22 号铁丝,铁丝过硬时,可经退火处理。

绑扎时应注意钢筋位置是否准确，绑扎是否牢间，搭接长度及绑扎点位置是否符合规范要求。在同一截面内，绑扎接头的钢筋面积占受力钢筋总面积的百分比，在受压区中不得超过50%，在受拉区或拉压不明的区中，不得超过25%、不在同一截面中的绑扎接头，中距不得超过搭接长度绑扎接头与钢筋弯曲处相距不得小于钢筋直径的10倍；也不得放在最大弯矩处。

钢筋网外围两行钢筋交点应每点扎牢，除双向都配主筋的钢筋网之外，其中间部分可每隔一点扎一点使成梅花形。柱或梁中箍筋转角与主筋的交点应每点扎牢，但箍筋平直部分与主筋的交点则可隔点扎成梅花形。柱角竖向钢筋的弯钩应放在柱模内角的等分线上，其他竖筋的弯钩则应与柱模垂直如柱截面较小，为避免震动器碰到钢筋，弯钩可放偏一些，但与模板所成角度不应小于15%钢筋安装或现场绑扎应与模板安装配合，柱钢筋现场绑扎时，一般在模板安装前进行，柱钢筋采用预制安装时，可先安装钢筋骨架，然后安柱模。或先安三面模板，待钢筋骨架安装后，再钉第四面模板。梁的钢筋一般在梁模安装好后，再安装或绑扎。当梁断面高度较大(大于600mm)或跨度较大、钢筋较密的大梁，可留一面侧模，待钢筋绑扎(或安装)完后再钉楼板钢筋绑扎应在楼板模板安装后进行，并应按设计先划线，然后摆料、绑扎。

钢筋在混凝土中应有一定厚度的保护层(一般指主筋外表面到构件外表面的厚度)。保护层厚度应按设计或规范确定：工地常用预制水泥砂浆垫块垫在钢筋与模板间，以控制保护层厚度垫块应布置成梅花形，其相互间距不大于1m。上下双层钢筋之间的尺寸可绑扎短钢筋或垫预制块来控制钢筋工程属于隐蔽工程，在灌筑混凝土前应对钢筋及预埋件进行验收，并记好隐蔽工程记录，以便查考。

五、钢筋车间工艺布置

随着工程施工生产工厂化的日益发展，钢筋加工一般都集中在车间采用流水作业进行，以便于合理组织生产工艺和采用新技术，实现钢筋加工的联动化和自动化。钢筋车间工艺布置，应根据所承担的任务特点、设备条件、原材料供应方式、施工习惯等加以设计。

(一)工程队钢筋车间工艺布置

钢筋车间工艺线是由细钢筋一条线、粗钢筋一条线和预应力钢筋冷拉一条线组成。细钢筋一条线是加工 6～8mm 的盘圆钢筋,通过附墙式放线机,用卷扬机冷拉调直后,按下料长度;用钢筋切断机切断,再送到四头弯筋机弯曲成型。

粗钢筋一条线是加 10mm 以上的直条钢筋,先用钢筋切断机下料切断,然后用钢筋弯曲机弯曲成必要时,粗钢筋需在工作台上平直,并用对焊机接长。

预应力钢筋一条线是由钢筋切断机(设在原材料场内)、对焊机和卷扬机冷拉设备等组成。由于预应力钢筋冷拉一条线不经常使用,因此该线布置在车间外,其设备部分设在坡屋内。

此外,车间内还配备一台钢筋调直机和点焊机,供制备少量冷拔低碳钢丝网片用。

(二)公司钢筋车间工艺布置

车间布置是由粗钢筋、中粗钢筋和细钢筋各一条线及冷拔低碳钢丝两条线等组成。其主要特点是热轧钢筋全部经过冷拉,以节约钢材并提高工效;冷拔低碳钢丝调直与点焊设备较多,并采用点焊网片生产联动线。

第五节　混凝土工程

混凝土工程施工包括配料、搅拌、运输、浇筑、养护等施工过程。各个施工过程紧密联系又相互影响，任一施工过程处理不当都会影响混凝土的最终质量。而混凝土工程一般是建筑物的承重部分，因此，确保混凝土工程质量非常重要，要求混凝土构件不但要有正确的外形，而且要获得良好的强度、密实性和整体性。混凝土的强度等级按规范规定为 14 个，即 C15、C20、C25、C30、C35、C40、C45、C50、C55、C60、C65、C70、C75、C80、C50 及其以下为普通混凝土；C60～C80 为高强混凝土。

一、混凝土施工配制强度的确定

混凝土的施工配料，应保证结构设计对混凝土强度等级的要求外，还要保证施工对混凝土和易性的要求，并应符合合理使用材料、节约水泥的原则。必要时，还应符合抗冻性、抗渗性等的要求。

二、混凝土的施工配料

施工配料必须加以严格控制。因为影响混凝土质量的因素主要有两方面：一是称量不准；二是未按砂、石骨料实际含水率的变化进行施工配合比的换算。这样必然会改变原理论配合比的水灰比、砂石比（含砂率）及浆骨比。当水灰比增大时，混凝土粘聚性、保水性差，而且硬化后多余的水分残留在混凝土中形成水泡，或水分蒸发留下气孔，使混凝土密实性差，强度低。若水灰比减少，则混凝土流动性差，甚至影响成型后的密实，造成混凝土结构内部松散，表面产生蜂窝、麻面现象。同样，含砂率减少时，则砂浆量不足，不仅会降低混凝土流动性，更严重的是将影响其粘聚性及保水性，产生粗骨料离析、水泥浆流失，甚至溃散等不良现象。而浆骨比是反映混凝土中水泥浆的用量多少（即每立方米混凝土的用水量和水泥用量），如控制不准，亦直接影响混凝土的水灰比和流动性。所以，为了确保混凝土的质量，在施工中必须及时进行施工配合比的换算和严格控制称量。

三、施工配料

求出每立方米混凝土材料用量后，还必须根据工地现有搅拌机出料容量确定每次需用几整袋水泥，然后按水泥用量来计算砂石的每次拌用量。为严格控制混凝土的配合比，原材料的数量应采用质量计量，必须准确。其质量偏差不得超过以下规定：水泥、混合材料为±2%；细骨料为±3%；水、外加剂溶液±2%各种衡量器应定期校验，经常保持准确。骨料含水量应经常测定，雨天施工时，应增加测定次数。

四、混凝土搅拌机

混凝土搅拌机按其搅拌原理分为自落式搅拌机和强制式搅拌机两类。根据其构造的不同，又可分为若干种。自落式搅拌机搅拌筒内壁装有叶片，搅拌筒旋转，叶片将物料提升一定高度后自由下落，各物料颗粒分散拌和均匀，是重力拌和原理，宜用于搅拌塑性混凝土。锥形反转出料和双锥形倾翻出料搅拌机还可用于搅拌低流动性混凝土。

强制式搅拌机分立轴式和卧轴式两类。

强制式搅拌机是在轴上装有叶片，通过叶片强制搅拌装在搅拌筒中的物料，使物料沿环向、径向和竖向运动，拌和成均匀的混合物，是剪切拌和原理。强制式搅拌机拌和强烈，多用于搅拌干硬性混凝土、低流动性混凝土和轻骨料混凝土。立轴式强制搅拌机是通过底部的卸料口卸料，卸料迅速，但如卸料口密封不好，水泥浆易漏掉，所以不宜用于搅拌流动性大的混凝土。

混凝土搅拌机以其出料容量(m^3)×1000 标定规格。常用的为 150、250、350(L)等数种。选择搅拌机型号，要根据工程量大小、混凝土的坍落度和骨料尺寸等确定。既要满足技术上的要求，亦要考虑经济效果和节约能源。

五、搅拌作业

为了获得均匀优质的混凝土拌合物，除合理选择搅拌机的型号外，还必须正确地确定搅拌时间、进料容量以及投料顺序等。

1.搅拌时间

搅拌时间应从全部材料投入搅拌筒起，到开始卸料为止所经历的时间。它与搅拌质量密切相关。搅拌时间过短，混凝土不均匀，强度及和易性将下降；搅拌时间过长，不但降低搅拌的生产效率，同时会使不坚硬的粗骨料，在大容量搅拌机中因脱角、破碎等而影响混凝土的质量。对于加气混凝土也会因搅拌时间过长而使所含气泡减少。

2.投料顺序

投料顺序应从提高搅拌质量，减少叶片、衬板的磨损，减少拌合物与搅拌筒的黏结，减少水泥飞扬，改善工作环境，提高混凝土强度，节约水泥等方面综合考虑确定：常用一次投料法、二次投料法和水泥裹砂法等。

(1)一次投料法。这是目前最普遍采用的方法。它是将砂、石、水泥和水一起同时加入搅拌筒中进行搅拌。为了减少水泥的飞扬和水泥的粘罐现象，对自落式搅拌机常采用的投料顺序是将水泥夹在砂、石之间，最后加水搅拌。

(2)二次投料法。它又分为预拌水泥砂浆法和预拌水泥净浆法。预拌水泥砂浆法是先将水泥、砂和水加入搅拌筒内进行充分搅拌，成为均匀的水泥砂浆后，再加入石子搅拌成均匀的混凝土。预拌水泥净浆法是先将水泥和水充分搅拌成均匀的水泥净浆后，再加入砂和石搅拌成混凝土。国内外的试验表明，二次投料法搅拌的混凝土与一次投料法相比较，混凝土强度可提高约15%。在强度等级相同的情况下，可节约水泥15%～20%。

(3)水泥裹砂法。又称为SEC法，用这种方法拌制的混凝土称为造壳混凝土(又称SEC混凝土)。这种混凝土就是在砂子表面造成一层水泥浆壳。主要采取两项工艺措施：一是对砂子的表面湿度进行处理，控制在一定范围内；二是进行两次加水搅拌。第一次加水搅拌称为造壳搅拌，就是先将处理过的砂子、水泥和部分水搅拌，使砂子周围形成黏着性很高的水泥糊包裹层。加入第二次水及石子，经搅拌，部分水泥浆便均匀地分散在已经被造壳的砂子及石子周围，这种方法的关键在于控制砂子表面水率及第一次搅拌时的造壳用量。国内外的试验结果表明：砂子的表面水率控制在4%～6%内，第一次搅拌加水为总加水量的20%～26%时，造壳混凝土的增强效果最佳。此外，与造壳搅拌时间也有密切关系。时间过短，不能形成均匀的低水灰比的水泥浆使之牢固地黏结在砂子表面,即形成水泥浆壳;时间过长,造壳效果并不十分明显,强度并无较大提高,而以45～75s为宜。在对造壳混凝土增强机理以及对二次投料法做进一步研究的基础上,我国又开发了裹石法、裹砂石法,净浆裹石法等,这些方法都在搅拌过程中生成了紧挨骨料的一层水灰比较小的浆体,造成了浆体内水灰比的梯度,都可以达到提高混凝土强度、节约水泥等目的。

3.进料容量

进料容量是将搅拌前各种材料的体积累积起来的容量,又称干料容量。进料容量为出料容量的1.4～1.8倍(通常取1.5倍)。进料容量超过规定容量的10%以上,就会使材料在搅拌筒内无充分的空间进行掺和,影响混凝土拌合物的均匀性;反之,装料过少,则不能充分发挥搅拌机的效能。

4.搅拌要求

严格控制混凝土施工配合比。砂、石必须严格过秤,不得随意加减用水在搅拌混凝土前,搅拌机应加适量的水运转,使拌筒表面润湿,然后将多余水排干。搅拃第一盘混凝土时,考虑到筒壁上黏附砂浆的损失,石子用量应按配合比规定减半。搅拌好的混凝土要卸尽,在混凝土全部卸出之前,不得再投入拌合料,更不得采取边出料边进料的方法混凝土搅拌完毕或预计停歇1h以上时,应将混凝土全部卸出,倒入石子和清水,搅拌5～10min,把粘在料筒上的砂浆冲洗干净后全部卸出料筒内不得有积水,以免料筒和叶片生锈,同时还应清理搅拌筒以外的积灰,使机械保持清洁完好。

六、混凝土的浇筑成型

混凝土的浇筑成型工作包括布料摊平、捣实和抹面修整等T序。它对混凝土的密实性和耐久性、结构的整体性和外形正确性等都有重要影响D混凝土浇筑前应做好必要的准备T:作,对模板及其支架、钢筋和预埋件、预埋管线等必须进行检查,并做好隐蔽T.程的验收,符合设计要求后方能浇筑混凝土。

七、混凝土浇筑的一般规定

(1)混凝土浇筑前不应发生初凝和离析现象,如已发生,可进行重新搅拌,使混凝土恢复流动性和粘聚性后再进行浇筑。

(2)为了保证混凝土浇筑时不产生离析现象,混凝土自高处倾落时的自由倾落高度不宜超过 2m。若混凝土自由下落高度超过 2m,要沿溜槽或串筒下落。当混凝土浇筑深度超过 8m 时,则应采用带节管的振动串筒,即在串筒上每隔 2～3 节管安装一台振动器。

(3)为了使混凝土振捣密实,必须分层浇筑,每层浇筑厚度与捣实方法、结构的配筋情况有关。

(4)混凝土的浇筑工作应尽可能连续作业,如上下层或前后层混凝土浇筑必须间歇,其间歇时间应尽量缩短,并要在前层(下层)混凝土凝结(终凝)前,将次层混凝土浇筑完毕。间歇的最长时间应按所用水泥品种及混凝土凝结条件确定,即混凝土从搅拌机中卸出,经运输、浇筑及间歇的全部延续时间不得超过 210min(气温部高于 25℃)的规定,当超过时,应按留置施工缝处理。在竖向结构(如墙、柱)中浇筑混凝土,若浇筑高度超过 3m 时,应采用溜槽或串筒。

(5)浇筑竖向结构混凝土前,应先在底部填筑一层 50～100mm 厚、与混凝土内砂浆成分相同的水泥浆,然后再浇筑混凝土。这样既使新旧混凝土结合良好,又可避免蜂窝麻面现象。混凝土的水灰比和坍落度,宜随浇筑高度的上升酌予递减。

(6)施工缝的留设与处理。如果因技术上的原因或设备、人力的限制,混凝土不能连续浇筑,中间的间歇时间超过混凝土的凝结时间,则应留置施工缝。留置施工缝的位置应事先确定由于该处新旧混凝土的结合力较差,是构件中薄弱环节,故施工缝宜留在结构受力(剪力)较小且便于施工的部位。柱应留水平缝,梁、板应留垂直缝。根据施工设置的原则,柱子的施工缝宜留在基础与柱子的交接处的水平面上,或梁的下面,或吊车梁牛腿的下面,或吊车梁的上面,或无梁楼盖柱帽的下面。框架结构中,如果梁的负筋向下弯入柱内,施工缝也可设置在这些钢筋的下端,以便于绑扎。高度大于的混凝土梁的水平施工缝,应留在楼板底面以下 20～30mm 处,当板下有梁托时,留在梁托下部;单向平板的施工缝,可留在平行于短边的任何位置处;对于有主次梁的搂板结构,宜顺着次梁方向浇筑,施工缝应留在次梁跨度的中间 1/3 范围内。施工缝处继续浇筑混凝土时,应待混凝土的抗压强度不小于 1.2MPa 方可进行。混凝土达到这一强度的时间决定于水泥标号、混凝土强度等级、气温等,可以根据试块试验确定,也可查阅有关手册确定。

施工缝处浇筑混凝土之前，应除去表面的水泥薄膜、松动的石子和软弱的混凝土层，并加以充分湿润和冲洗干净，不得积水。浇筑时，施工缝处宜先铺水泥浆（水泥：水＝1：0.4）或与混凝土成分相同的水泥砂浆一层，厚度为10～15mm，以保证接缝的质量。浇筑混凝土过程中，施工缝应细致捣实，使其结合紧密。

(7)框架结构混凝土的浇筑框架结构一般按结构层划分施工层和在各层划分施工段分别浇筑，一个施工段内的每排柱子应从两端同时开始向中间推进，不可从一端开始向另一端推进，预防柱子模板逐渐受推倾斜使误差积累难以纠正。每一施工层的梁、板、柱结构，先浇筑柱和墙，并连续浇筑到顶。停歇一段时间(1～1.5h)后，柱和墙有一定强度再浇筑梁板混凝土。梁板混凝土应同时浇筑，只有梁高1m以上时，才可以单独先行浇筑。梁与柱的整体连接应从梁的一端开始浇筑，快到另一端时，反过来先浇另一端，然后两段在凝结前合拢。

八、混凝土的密实成型

混凝土拌合物浇筑之后，需经密实成型才能赋予混凝土制品或结构一定的外形和内部结构。强度、抗冻性、抗渗性、耐久性等皆与密实成型的好坏有关。混凝土密实成型的途径有以下三种：一是利用机械外力（如机械振动）来克服拌合物的黏聚力和内摩擦力而使之液化、沉实；二是在拌合物中适当增加用水量以提高其流动性，使之便于成型，然后用离心法、真空作业法等将多余的水分和空气排出；三是在拌合物中掺入高效能减水剂，使其搏落度大大增加，可自流成型。下面介绍前两种方法。

1.机械振捣密实成型

混凝土振动密实的原理在于产生振动的机械将一定的频率、振幅和激振力的振动能量通过某种方式传递给混凝土拌合物时，受振混凝土中所有的骨料颗粒都受到强迫振动，它们之间原来赖以保持平衡，并使混凝土拌合物保持一定塑性状态的黏聚力和内摩擦力随之大大降低，受振混凝土拌合物呈现出所谓的“重质液体状态”，因而混凝土拌合物中的骨料犹如悬浮在液体中，在其自重作用下向新的稳定位置沉落，排除存在于混凝土拌合物中的气体，消除空隙，使骨料和水泥浆在模板中得到致密的排列和迅速有效的填充。振动机械按其工作方式分为内部振动器、表面振动器、外部振动器和振动台。

内部振动器又称为插入式振动器，其工作部分是一棒状空心圆柱体，内部装有偏心振子，在电动机带动下高速转动而产生高频微幅的振动，多用于振实梁、柱、墙、厚板和大体积混凝土等厚大结构。表面式振动器又称平板振动器，它由带偏心块的电动机和平板（木板或钢板）等组成。在混凝土表面进行振捣，适用于楼板、地面等薄型构件。外部振动器又称附着式振动器，它通过螺栓或夹钳等固定在模板外部，是通过模板将振动传给混凝土拌合物，因而模板应有足够的刚度。它宜用于振捣断面小且钢筋密的构件。振动台是混凝土制品厂中的固定生产设备，用于振捣预制构件。

2.挤压法成型

挤压成型是生产预应力混凝土多孔板的一种工艺，多用于长线台座的先张法。这种工艺的构件成型用挤压机来完成，挤压机工作原理是用旋转的螺旋铰刀把由料斗倒下的混凝土向后挤送，在挤送过程中，由于受到振动器的振动和已成型的混凝土空心板的阻力（反作用力）而被挤压密实。挤压机也在这一反作用力的作用下，沿着与挤压方向相反的方向被推动自行前进，在挤压机后面即形成一条连续的预应力混凝土空心板带。用挤压机连续生产空心板，有两种切断方法：一种是在混凝土达到可以放松预应力筋的强度时，用钢筋混凝土切割机整体切断；另一种是在混凝土初凝前用端头挡板把混凝土隔开

3.离心法成型

离心法是将装有混凝土的模板放在离心机上，使模板以一定转速绕自身的纵轴线旋转，模板内的混凝土由于离心力作用而远离纵轴，均匀分布于模板内壁，并将混凝土中的部分水分挤出，使混凝土密实，如此法一般用于管道、电杆、桩等具有圆形空腔构件的制作。离心机有滚轮式和车床式两类，都具有多级变速装置，离心成型过程分为两个阶段：第一阶段是使混凝土沿模板内壁分布均匀，形成空腔，此时转速不宜太高，以免造成混凝土离析现象；第二阶段是使混凝土密实的阶段，此时可提高转速，增大离心力，压实混凝土。

4.真空作业法成型

真空作业法是借助于真空负压，将水从刚成型的混凝土拌合物中排出，同

时使混凝土密实的一种成型方法,可分为表面真空作业与内部真空作业两种此法适用于预制平板、楼板、道路、机场跑道,薄壳、隧道顶板,墙壁、水池、桥墩等混凝土成型。

九、混凝土的养护

浇捣后的混凝土之所以能逐渐凝结硬化,主要是因为水泥水化作用的结果,而水化作用需要适当的湿度和温度,如气候炎热,空气干燥,不及时进行养护,混凝土中水分蒸发过快,出现脱水现象,使已形成凝胶体的水泥颗粒不能充分水化,不能转化为稳定的结晶,缺乏足够的黏结力,从而会在混凝土表面出现片状或粉状剥落,影响混凝土的强度。此外,在混凝土尚未具备足够的强度时,其中水分过早的蒸发还会产生较大的收缩变形,出现干缩裂纹,影响混凝土的整体性和耐久性:所以浇筑后的混凝土初期阶段的养护非常重要。在混凝土浇筑完毕后,应在 12h 以内加以养护;干硬性混凝土和真空脱水混凝土应于浇筑完毕后立即进行养护。养护方法有自然养护、蒸汽养护、蓄热养护等。

1.自然养护

对混凝土进行自然养护,是指在平均气温高于 5℃的条件下使混凝土保持湿润状态。自然养护又可分为洒水养护和喷洒塑料薄膜养生液养护等。洒水养护是用吸水保温能力较强的材料(如草帘、芦席、麻袋、锯末等)将混凝土覆盖,经常洒水使其保持湿润。养护时间长短取决于水泥品种,普通硅酸盐水泥和矿渣硅酸盐水泥拌制的混凝土,不少于 7d;火山灰质硅酸盐水泥和粉煤灰硅酸盐水泥拌制的混凝土不少于 14d;有抗渗要求的混凝土不少于 14d。洒水次数以能保持混凝土具有足够的润湿状态为宜。

喷洒塑料薄膜养生液养护适用于不易洒水养护的高耸构筑物和大面积混凝土结构及缺水地区。它是将养生液用喷枪喷洒在混凝土表面上,溶液挥发后在混凝土表面形成一层塑料薄膜,使混凝土与空气隔绝,阻止其中水分的蒸发,以保证水化作用的正常进行。在夏季,薄膜成型后要防晒,否则易产生裂纹。对于表面积大的构件(如地坪、楼板、屋面、路面等),也可用湿土、湿砂覆盖,或沿构件周边用黏土等围住,在构件中间蓄水进行养护。混凝土必须养护至其强度达到 1.2N/mm2 以上,才准在上面行人和架设支架、安装模板,且不得冲击混凝土。

2.蒸汽养护

蒸汽养护就是将构件放置在有饱和蒸汽或蒸汽空气混合物的养护室内，在较高的温度和相对湿度的环境中进行养护，以加速混凝土的硬化，使混凝土在较短的时间内达到规定的强度标准值。蒸汽养护过程分为静停、升温、恒温、降温四个阶段。

(1)静停阶段。混凝土构件成型后在室温下停放养护叫作静停。时间为2～6h，以防止构件表面产生裂缝和疏松现象

(2)升温阶段。是构件的吸热阶段。升温速度不宜过快，以免构件表面和内部产生过大温差而出现裂纹。对薄壁构件(如多肋楼板、多孔楼板等)每小时不得超过25℃其他构件不得超过20℃用于硬性混凝土制作的构件，不得超过40℃。

(3)恒温阶段。是升温后温度保持不变的时间。此时强度增长最快，这个阶段应保持90%～100%的相对湿度；最高温度不得大于95℃，时间为3～8h。

(4)降温阶段。是构件散热过程。降温速度不宜过快，每小时不得超过10℃，出池后，构件表面与外界温差不得大于20℃。

十、混凝土质量的检查

混凝土质量的检查包括施工过程中的质量检查和养护后的质量检查。施工过程的质量检查，即在制备和浇筑过程中对原材料的质量、配合比、对落度等的检查，每一工作班至少检查两次，遇有特殊情况还应及时进行检查。混凝土的搅拌时间应随时检查。

混凝土养护后的质量检查，主要包括混凝土的强度、表面外观质量和结构构件的轴线、标高、截面尺寸和垂直度的偏差。如设计上有特殊要求时，还需对其抗冻性、抗渗性等进行检查。

混凝土强度的检查，主要指抗压强度的检查。混凝土的抗压强度应以边长为150mni的立方体试件，在温度为20℃±3℃和相对湿度为90%以上的潮湿环境或水中的标准条件下，经28d养护后试验确定。评定结构或构件混凝土强度质量的试块，应在浇筑处随机抽样制成，不得挑选。试件留置规定为：一是每

拌制100盘且不超过$100m^3$的同配合比的混凝土,其取样不得少于一次;二是每工作班拌制的同配合比的混凝土不足100盘时,其取样不得少于一次;三是每一现浇楼层同配合比的混凝土,其取样不得少于一次;四是同一单位工程每一验收项目中同配合比的混凝土,其取样不得少于一次。每次取样应至少留置一组标准试件,同条件养护试件的留置组数根据实际需要确定。预拌混凝土除应在预拌混凝土厂内按规定取样外,混凝土运到施工现场后,尚应按上述的规定留置试件。若有其他需要,如为了抽查结构或构件的拆模、出厂、吊装、预应力张拉和放张,以及施工期间临时负荷的需要,还应留置与结构或构件同条件养护的试块,试块组数可按实际需要确定。每组三个试件应在同盘混凝土中取样制作,并按下列规定确定该组试件的混凝土强度代表值:

(1)取三个试件强度的平均值;

(2)当三个试件强度中的最大值或最小值之一与中间值之差超过中间值的15%时,取中间值;

(3)当三个试件强度中的最大值和最小值与中间值之差均超过中间值的15%时,该组试件不应作为强度评定的依据。混凝土结构强度的评定应按下列要求进行:

混凝土强度应分批进行验收。同一验收批的混凝土应由强度等级相同、生产工艺和配合比基本相同的混凝土组成,对现浇混凝土结构构件,尚应按单位工程的验收项目划分验收批,每个验收项目应按现行国家标准《建筑安装工程质量检验评定统一标准》确定。对同一验收批的混凝土强度,应以同批内标准试件的全部强度代表值来评定。

十一、混凝土质量缺陷的修补

1.表面抹浆修补

对于数量不多的小蜂窝、麻面、露筋、露石的混凝土表面,主要是保护钢筋和混凝土不受侵蚀,可用1∶2～1∶2.5水泥砂浆抹面修整。在抹砂浆前,须用钢丝刷或加压力的水清洗润湿,抹浆初凝后要加强养护工作。对结构构件承载能力无影响的细小裂缝,可将裂缝处加以冲洗,用水泥浆抹补。如果裂缝开裂较大较深时,应将裂缝附近的混凝土表面凿毛,或沿裂缝方向凿成深为15～

20mm、宽为 100～200mm 的 V 形凹槽，扫净并洒水湿润，先刷水泥净浆一层，然后用 1∶2～1∶2.5 水泥砂浆分 2～3 层涂抹，总厚度控制在 10～20mm 内，并压实抹光。

细石混凝土填补当蜂窝比较严重或露筋较深时，应除掉附近不密实的混凝土和突出的骨料颗粒，用清水洗刷干净并充分润湿后，再用比原强度等级高一级的细石混凝土填补并仔细捣实。对孔洞事故的补强，可在旧混凝土表面采用处理施工缝的方法处理，将孔洞处疏松的混凝土和突出的石子剔凿掉，孔洞顶部要凿成斜面，避免形成死角，然后用水刷洗干净，保持湿润 72h 后，用比原混凝土强度等级高一级的细石混凝土捣实。混凝土的水灰比宜控制在 0.5 以内，并掺水泥用量万分之一的铝粉，分层捣实，以免新旧混凝土接触面上出现裂缝。

2.水泥灌浆与化学灌浆

对于影响结构承载力，或者防水、防渗性能的裂缝，为恢复结构的整体性和抗渗性，应根据裂缝的宽度、性质和施工条件等，采用水泥灌浆或化学灌浆的方法予以修补。一般对宽度大于 0.5mm 的裂缝，可采用水泥灌浆；宽度小于 0.5mm的裂缝，宜采用化学灌浆。化学灌浆所用的灌浆材料，应根据裂缝性质、缝宽和干燥情况选用。作为补强用的灌浆材料，常用的有环氧树脂浆液（能修补缝宽 0.2mm 以上的干燥裂缝）和甲凝（能修补 0.05mm 以上的干燥细微裂缝）等。作为防渗堵漏用的灌浆材料，常用的有丙凝（能灌入 0.01mm 以上的裂缝）和聚氨酯（能灌入 0.015mm 以上的裂缝）等。

第六节　电热张力法

电张法缩的原理，对预应力钢筋通以低电压的强电流，由于钢筋电阻较大，致使钢筋遇热伸长，当伸长到一定长度，立即进行锚固并切断源，断电后钢筋降温而冷却回缩，则使混凝土建立预压应力。

电张法施工的主要优点是：操作简便，劳动强度低，设备简单，效率高；在电热张拉过程中对冷拉钢筋起到电热时效作用，还可消除钢筋在轧制过程中所产生的内应力，故对提高钢筋的强度有利。它不仅可应用于一般直线配筋的预应力混凝土构件，而且更适合于生产曲线配筋及高空作业的预应力混凝土构件。但由于电张法是以控制预应力筋伸长而建立预应力值，而钢筋材质不均匀又严重影响着预应力值建立的准确性，故在成批施工前，应用千斤顶对电张后的预应力筋校核其应力，摸索出钢筋伸长与应力间的规律，作为电张时的依据。

电张法适用于冷拉 I、II、III 级钢筋的构件，可用于先张，也可用于后张。当用于后张时，可预留孔道，也可不预留孔道。不预留孔道的做法是：在预应力筋表面涂上一层热塑冷凝材料(如沥青、硫黄砂浆)，当钢筋通电加热时，热塑涂料遇热熔化，钢筋可自由伸长，而当断电锚固后，涂料也随之降温冷凝，使预应力筋与构件形成整体。

一、预应力筋伸长值计算

伸长值的计算是电张法的关键，构件按电张法设计，在设计中已经考虑了由于预应力筋放张而产生的混凝土弹性压缩对预应力筋有效应力值的影响，故在计算钢筋伸长时，只需考虑电热张拉工艺特点。电热张拉时，由于预应力筋不直以及钢筋在高温和应力状态下的塑性变形，将产生应力损失。因此，预应力筋伸长值按下式计算：

$$\Delta L=\frac{\sigma_{con}+30}{E_S}\cdot l$$

式中，σ_{con} —设计张拉控制应力；

30—由于预应力筋不直和热塑变形而产生的附加预应力损失值(N/mm^2)；

E_S—电热后预应力筋弹性模量，当条件允许时，可由试验确定；

l—电热前预应力筋总长度。

对抗裂要求较高的构件，在成批生产前，根据实际建立的预应力值的复核结果，对伸长值进行必要的调整。

二、电热设备选择

电热设备的选择包括：预应力筋电热温度的计算，变压器功率计算与选择，导线与夹具选择。

三、预应力筋电热温度计算

预应力筋通电后，其随温度升高而伸长，当其伸长值为 ΔL 时，其电热后温度为：

$$T = T_0 + \frac{\Delta L}{\alpha \cdot l}$$

式中，T—预应力筋电热温度；

T_0—预应力筋初始温度（一般为环境温度）；

α —预应力筋线膨胀系数（取 1.2×10^{-5}）；

l—电热前预应力筋全长（mm）。

对预应力筋的电热温度应加以限制，温度太低，伸长变形缓慢，功效低。若温度过高，对冷拉预应力筋起退火作用，影响预应力筋强度，因此，限制预应力筋电热温度不超过 350℃。

四、变压器功率计算

变压器功率应根据电热时间、预应力筋质量、伸长值与热工指标等因素确定，按下式计算：

$$P = \frac{GC}{380t} \cdot \frac{\Delta L}{\alpha l}$$

式中，P—变压器计算功率（kW）；

G—预应力筋质量（同时电热）（kg）；

C—预应力筋热容，取 0.46kJ/（kg·℃）；

T—通电时间(h)。

其他同上。根据计算功率选择变压器,考虑到不可避免的损耗,则选择变压器容量应比计算值稍大些。

五、变压器应符合下列要求:

一次电压为220～380V,二次电压为30～65V。电压降应为2～3V/m;二次额定电流值不宜小于:冷拉II级钢筋为120A/cm²;冷拉Ⅲ级钢筋为150A/cm²;冷拉Ⅳ级钢筋为200A/cm²。

六、导线和夹具的选择

从电源接至变压器导线叫作一次导线,一般采用绝缘硬铜线;从变压器接至预应力筋的导线叫作二次导线。导线不应过长,一般不超过30m。导线的截面积由二次电流的大小确定,铜线的控制电流密度不超过5 A/mm²铝线不超过3A/mm²,以控制导线温度不超过50℃。夹具是供二次导线与预应力筋连接用的工具。对夹具的要求是:导电性能好,接头电阻小,与预应力筋接触紧密,接触面积不小于预应力筋截面积的1.2倍,且构造简单,便于装拆。夹具用紫铜制作。

七、电热法施工工艺

电热张拉的预应力筋锚具,一般采用螺丝端杆锚具、帮条描具或敏头锚具,并配合U形垫板使用。预应力筋应作绝缘处理,以防止通电时电流的分流与短路。分流系指电流不能集中在预应力筋上,而分流到构件的其他部分;短路是指电流未通过预应力筋全长而半途折回的现象。因此,预留孔道应保证质量,不允许有非预应力筋与其他铁件外露。通电前应用绝缘纸垫在预应力钢筋与铁件之间做好绝缘处理,不得使用预埋金属波纹管预留孔道。

预应力筋穿入孔道并做好绝缘处理后,必须拧紧螺母,以减小垫板松动和钢筋不直的影响。拧紧螺母后,量出螺丝端杆在螺母外的外露长度,作为测定伸长的基数。当达到伸长控制值后,切断电源,拧紧螺母,电热张拉即告完成。待钢筋冷却后再进行孔道灌浆。

预应力筋电热张拉过程中，应随时检查预应力筋的温度，并做好记录，并用电流表测定电流。冷拉钢筋作预应力筋其反复通电次数不得超过三次，否则会影响预应力筋的强度。为保证电热张拉应力的准确性，应在预应力筋冷却后，用千斤顶校核应力值。校核时预应力值偏差不应大于相应阶段预应力值的5％～10％。

八、无黏结预应力混凝土的施工

在高层或超高层建筑中，一般采用大空间。为解决大柱网现饶整体楼盖问题，大都采用后张无黏结预应力混凝土梁、板结构。所谓无黏结预应力混凝土，就是在浇筑混凝土之前将钢丝束的表面覆裹一层涂塑层，并绑扎好钢丝束，埋在混凝土内。待混凝土达到设计强度之后，用张拉机具进行张拉，当张拉达到设计的应力后，两端再用特制的锚具锚固。这种借用锚具传递预先施加的应力，无须预留孔道，也不必在孔道内灌浆，使之产生预应力效果。

这样做的优点：一是可以降低楼层高度；二是空间大，可以提高使用功能；三是提高了结构的整体刚度；四是减少材料的用量。

九、无黏结预应力筋的制作

无黏结预应力筋：一般由 7 根 ϕ 5 高强度钢丝组成，或成钢丝束，或拧成钢绞线，通过专用设备，涂包防锈油脂，再套上塑料套管。

1.涂料及外包层：涂料层的作用

一是使预应力筋与混凝土隔离，减少张拉时的摩擦应力损失；二是阻止预应力筋的锈蚀。这就要求涂料具有：

(1)不流淌，不变脆产生裂缝，防腐性能好；

(2)化学成分稳定，防腐性能好；

(3)对周围材料无腐蚀；

(4)不透水，不吸潮。

外包层具有：

(1)高温时，化学性能稳定；低温时，不变脆；

(2)韧性和耐磨性强；

(3)对周围材料无腐蚀作用。

2.无黏结预应力筋的制作。

用于制作无黏结筋,钢丝束或钢绞线要求不应有死弯,每根必须通长,中间没有接头其制作工艺为:

编束放盘—涂上涂料层—覆裹塑料套—冷却—调直—成型。

十、无黏结预应力筋的敷设

敷设之前,仔细检查钢丝束或钢绞线的规格,若外层有轻微破损,则用塑料胶带修补好;若外包层破损严重,则不能使用。敷设时,应符合下列要求:

1.预应力筋的绑扎

与其他普通钢筋一样,用铁丝扎牢固。

2.双向预应力筋的敷设。

对各个交叉点票比较其标高,先敷设下面的预应力筋,再敷设上面的预应力筋。总之,不要使两个方向的预应力筋相互穿插编结。

3.控制预应力筋的位置

在配制预应力筋时,为使位置准确,不要单根配置,而要成束或先拧成钢绞线再敷设;在配置时,为严格竖向、环形、螺旋形的位置,还应设支架,以固定预应力筋的位置。

十一、预应力筋的端部处理

根据锚具而定。采用镦头锚具时,锚环被拉出后,塑料套管会产生空隙,必须注满防腐油脂。当采用夹片式锚具时,张拉后,切除多余外露的预应力筋,只保留 200～600 mm 的长度,并分散弯折在混凝土的圈梁内,以加强锚固。

十二、预应力筋的张拉

1.张拉前的准备

检查混凝土的强度,达到设计强度的 100%时,才开始张拉;此外,还要检查机具、设备。

2.张拉要点

(1)张拉中，严防钢丝被拉断，要控制同一截面的断裂不得超过2%，最多只允许1根。

(2)当预应力筋的长度小于25m时，宜采用一端张拉；若长度大于25m时，宜采用两端张拉。

(3)张拉伸长值，按设计要求进行。

十三、张拉设备的测定及选用

(1)所用张拉设备与仪表，应由专人负责使用与管理，并定期进行维护与检验。

(2)张拉设备应配套，以确定张拉力与表读数的关系曲线。

(3)测定张拉设备用的试验机或测力计精度，不得低于±2%，压力表的精度不宜低于1.5级，最大量程不宜小于设备额定张拉力的1.3倍。

(4)测定时，千斤顶活塞运行方向，应与实际张拉工作状态一致。

(5)设备的测定期限不超过半年，否则必要时及时重新测定。

(6)施工时根据预应力筋种类等合理选择张拉设备。

(7)预应力筋张拉力不应大于设备额定张拉力。

(8)所用高压油泵与千斤顶，应符合产品说明书的要求。

(9)严禁在负荷时，拆换油管或压力表。

(10)接电源时，机壳必须接地，经检查绝缘可靠后，才可试运转。

十四、预应力的施工

1.先张法施工

(1)张拉时，张拉机具与预应力筋应在一条直线上；顶紧锚塞时，用力不要过猛，以防丝折断；拧紧螺母时，应注意压力表读数，一定要保持所需张拉力。

(2)台座法生产，其两端应设有防护设施，并在张拉预应力筋时，沿台座长度方向每隔5m设置一个防护架，两端严禁站人，更不准进入台座。

(3)放张前，应先拆除构件侧模，使其能自由伸缩。

(4)放张时钢丝回缩值不应超过0.6mm(冷拔低碳钢丝)或1.2mm(碳素钢

丝）。测试据不得超过上述规定的20％。

2.后张法施工

（1）预应力筋张拉时，任何人不得站在预应力筋两端，同时在千斤顶后面设立防护装置。

（2）操作千斤顶的人员应严格遵守操作规程，应站在千斤顶侧面工作。在油泵开动过程中不得擅自离开岗位，如需离开，应将油阀全部松开或切断电路。

（3）张拉时应做到孔道、锚环与千斤顶三对中，以使张拉工作顺利进行。

（4）钢丝、钢绞线、热处理钢筋及冷拉Ⅳ级钢筋，严禁采用电弧切割。

3.电热张拉

（1）做好钢筋的绝缘处理。

（2）调好初应力，使各预应力筋松紧一致，初应力值为（5％～10％），且做好测量伸长值的标记。

（3）先进行试张拉，检查线路及电压、电流是否符合要求。

（4）测量伸长值应在一端进行，另一端设法顶紧或用小锤敲紧预应力筋。

（5）停电冷却12h后，将预应力筋、螺母、垫板等互相焊牢，然后灌浆。

（6）构件两端必须设置安全防护设施。

（7）操作人员必须穿绝缘鞋，戴绝缘手套，操作时站在构件侧面。

（8）电热张拉时如发生碰火现象应立即停电，查找原因，采取措施后再进行。

（9）冷拉钢筋采用电热张拉时，重复张拉不得超过三次。

（10）采用预埋金属波纹管作预留孔洞时不得采用电热施工。

（11）孔道灌浆必须在钢筋冷却后进行。

第十章　地质灾害减灾体系与评价要求

第一节　地质灾害减灾体系

一、地质灾害易发区与危险区

1.地质灾害易发区

地质灾害易发区指容易产生地质灾害的区域。易发区只是一个相对的概念,灾种不同范围不同,有点、带、区的分别。如滑坡多为点,地面沉降、泥石流多为区,地裂隙多为带。易发区可演变成危险区或非易发区。

2.地质灾害危险区

地质灾害危险区指明显可能发生地质灾害且将造成较多人员伤亡和较大经济损失的地区。

3.地质灾害点

地质灾害点指已发生的灾害体,发生了人员伤亡、经济损失。

4.地质灾害隐患点

地质灾害隐患点指地面、房屋出现开裂,未产生直接损失;但存在潜在损失,是防灾重点。

二、地质灾害防治职责

《地质灾害防治条例》规定的职责:

(1)政府:统一领导。

(2)国土资源:组织、协调、指导、监督。

(3)其他部门:按各自职责负责有关防治工作。

(4)部队:协助政府做好抢险救灾,是安全稳定和经济社会发展的一支重要力量。

三、减灾防灾工作内容

《地质灾害防治条例》(以下简称《条例》)规定的减灾防灾工作内容:

1.四项任务

规划、预防、应急、治理。

2.七项工作

地质灾害防治规划;年度防治方案;地质灾害危险性评估;突发性地质灾害应急预案;地质灾害险情巡查、报告、抢险救灾;划定地质灾害危险区;组织实施政府投资的地质灾害治理工程。

3.十六项制度

地质灾害调查(一项);地质灾害规划(一项);地质灾害预防(五项);地质灾害应急(五项);地质灾害治理(四项)。

四、政府应着重做好的几项工作

1.各级人民政府应将地质灾害防治经费纳入财政预算

《条例》规定:因自然因素造成的地质灾害,由政府纳入财政预算。因工程建设等人为活动引发的地质灾害,按照谁引发、谁治理的原则由责任单位承担。

2.年度地质灾害防治方案

它是消除隐患的计划。按照本级政府批准的“地质灾害防治规划”进行编制。

3.地质灾害隐患点防灾预案

它是防范突发事件的实施细则。隐患点防灾预案是根据地质灾害点类型、特征,威胁对象、范围,制定了人员、财产转移路线;确定责任人、预警信号、监测、值班、巡查等制度。

4.制定地质灾害抢险救灾应急预案、编制与批准它是应对突发性地质灾害的行动方案。

由各级国土资源主管部门会同同级建设、水利、铁路、交通等部门编制;本级人民政府批准发布。

应急预案的启动:发生特大型和大型地质灾害时,国务院及省政府成立抢险救灾指挥部,启动省级应急预案;发生中型地质灾害时,地级政府(行署)成立抢险救灾指挥部,启动地级应急预案;发生小型地质灾害,县级政府成立抢险救灾指挥部,启动县级应急预案。

注意:无论发生哪种灾害,启动县级应急预案是首要的。

抢险救灾原则:应当遵循政府统一领导、部门各负其责的原则。

五、灾情处置

1.速报

(1)地质灾害灾情(伤亡)报告要求

1 日报告:对于 6 人以下死亡和失踪的中型地质灾害灾情,省级国土资源主管部门应在接到报告后 1 日内上报自然资源部。

6h 报告:对于 6 人(含)以上死亡和失踪的中型地质灾害灾情和避免 10 人(含)以上死亡的,省级国土资源主管部门应在接到报告后 6h 内上报自然资源部。

1h 报告:对于特大型、大型地质灾害灾情和险情,灾害发生地的省级国土资源主管部门应在接到报告后 1h 内上报自然资源部。

(2)地质灾害隐患险情报告要求

中、小型:2 日内将险情和采取的应急防治措施上报地级自然资源部门。

特大、大型:2 日内将险情和采取的应急防治措施同时上报省、地级自然资源部门。

2.紧急处理

(1)非工程措施

根据地质灾害险情状况,应及时采取临时紧急避让和永久性搬迁措施。国土资源行政主管部门应协助当地政府和民政部门做好该项工作。

(2)应急工程处理措施

当地质灾害出现险情,在预警的同时,采取迅速有效的措施减缓地质灾害的破坏过程。如对于滑坡可采用塑料布覆盖、黏土回填地表裂隙、修临时排水沟、前缘压脚、后缘减载等措施。

3.地质灾害危险区管理应在周界设立警示标志

要求:灾害体未得到有效治理,威胁尚未解除前,危险区内禁止开展任何建设活动;禁止任何可能加剧、诱发地质灾害的活动。

4.突发性地质灾害应急预案的启动与实施

(1)上下联动:隐患点一旦出现发生灾害的前兆特征和险情,或发生灾害后,接到报告的县级人民政府应当及时启动和组织实施本级地质灾害应急预案,并通知村委会、居委会及时将可能成灾范围内的人员、财产转移到指定的安全地区;开展灾情调查、请求支援、抢险救灾、转移安置、应急保障、灾后重建等各项抢险救灾活动。

(2)动员与强制结合:我国社会经济发展不平衡,地质灾害又多发生于老、少、边、穷地区,部分群众在灾害发生时,仍然存在抢救其财产的侥幸心理。为确保人民群众生命安全,情况紧急时,抢险救灾机构人员可以实行强制措施。这体现了以人为本、救人高于一切的精神。

第二节　地质灾害危险性评估技术要求

加强对地质灾害危险性评估工作能够降低地址灾害所造成的损失，有利于增强相关防灾措施制定的合理性。因此，需要合理开展这项评估工作，从不同的方面对整体的评估效果进行合理地分析。在地质灾害危险性评估的过程中，结合评估依据、技术内容等工作流程的要求，应及时地处理其中存在的技术问题，为地质灾害危险性评估工作实际作用的充分发挥提供可靠的保障。

加强对建设用地地质灾害危险性评估工作，可以防止在工程建设中发生地质灾害，增强相关防灾措施制定的合理性。因此，需要合理地开展这项评估工作，从不同的方面来综合分析地质灾害的评估效果。在开展地质灾害危险性评估工作的过程中，结合评估依据、技术内容等工作流程的要求，应及时处理其中存在的技术问题，为地质灾害危险性评估工作提供规范性指导。

一、地质灾害危险性评估工作

依据当前地质灾害危险性评估工作现状，可知其中包含的主要任务体现在六个方面，分别是：①调查地质灾害的种类、特征、主要的诱发因素等；②不同规模大小的施工项目实施中对地质环境造成的影响；③分析建设用地使用过程发生地质灾害的潜在威胁；④地质灾害危险区的合理划分；⑤采取有效的措施对建设用地的合理使用进行综合性地评价；⑥结合不同类型地质灾害发生的主要原因，制定出针对性较强的预防措施。

二、地质灾害危险性评估的基本要求

结合行业技术规范的具体要求，可知地质灾害危险性评估主要适用于易发生工程建设区域。执行地质灾害危险性评估工作，有利于消除规划建设方案实施中可能存在的影响因素，减少工程建设成本的同时降低各类事故发生的几率。与此同时，技术人员应根据具体灾害类型，选择可靠的评估方法，为建设用地利用效率的提高提供可靠的保障。除此之外，地质灾害危险性评估能否达到预期的效果，需要明确其基本要求吧。这些基本要求具体表现在以下方面。

(一)明确具体评估工作

执行地质灾害危险性评估工作是通过使用定性与定量相结合的分析方法调查灾害类型、估计经济损失比例和灾害波及范围,并对地质灾害带来的潜在威胁进行全面的评估,为相关防灾措施的制定提供必要的参考依据。现阶段地质灾害危险性评估工作内容包括:①阐明工程建设区和规划区的地质环境条件基本特征;②了解建设区域地质灾害的实际概括;③简要分析评估对象在建设或运营过程中与地质环境相互作用的范围、方式、强度与持续时间 ;④分析论证建设工程遭受地质灾害的可能性,工程建设中和运营中加剧或引发地质灾害的可能性;⑤对地质灾害危险性做出全面的评估;⑥为建设用地利用效率的提高做出可靠的评估结论;⑦针对不同建设阶段,提出防治地质灾害的地质工作意见和防治地质灾害的具体措施建议。

(二)评估流程开展中所需的方法

采取可靠的地质灾害危险性评估方法,做好地质灾害前期野外调查与后期室内分析工作,可以为评估效果的增强提供可靠地保障。在具体的评估流程开展中,需要增强评估方法选择的合理性,促使地质灾害危险性评估能够达到实际生产活动的具体要求。评估流程开展中所需的评估方法主要包括:①可靠的野外调查法。这种方法需要结合完善的基础资料及可靠的技术手段,对不同地质活动区域进行全面的分析;②室内分析研究。室内分析研究主要是在野外调查及观测的基础上对地质灾害进行现状分析、未来预测和综合评估,从而为评估工作计划的顺利完成提供必要的保障。

(三)确定评估级别

地质灾害危险性评估的过程中,评估级别的有效确定,可以增强防灾措施制定的合理性。结合项目的重要性及地质环境的复杂性,可以对地质灾害危险性评估级别进行有效确定。其中,评估级别确定时的主要顺序为:①结合施工项目的重要性进行确定;②结合地质灾害发生区域环境的复杂性进行确定;③通过施工项目的重要性与地质灾害发生区域环境的复杂性进行综合地评估,从而确定最终的评估级别。在确定地质灾害危险性评估级别的过程中，技术人员应考虑各方面的影响因素，最大限度地增强评估级别确定的合理性，促使相关的预防措施在实际的应用中能够达到预期的效果。

三、地质灾害危险性评估技术问题

（一）整体的评估精度

利用定量与半定量相结合的评估方法，增强一级评估的合理性；利用二级评估方法对地质灾害进行全面的评估时，应注重定性与半定量方法的有效结合；采取三级评估机制对地质灾害进行综合性的评估时，应发挥定性评估方法的实际作用，确保评估方法使用的合理有效性。不同级别的评估方法在实际的应用中需要充分地考虑评估精度，并结合地质灾害危险性程度，不断地完善相关的评估报告书，对不同类型的地质灾害危险性做出充分地说明，为这些灾害综合评估效果的增强提供可靠的保障。

（二）跨省份评估项目的操作

由于建设项目用地的审批是分省份进行的，对于跨省份的线性工程或大型水利水电工程进行地质灾害危险性评估，一般应分省评估、分省备案。为了方便建设单位的使用，分省报告备案后，可合成统一报告，满足委托方要求即可。增强跨省份评估项目操作的合理性，一定程度上保证了地质灾害危险性评估工作的顺利完成。在实际的操作中，技术人员应结合不同省份地质灾害的类型、特点等，不断地细化评估报告内容，对评估报告中存在的具体问题进行及时处理，完善具体的评估项目报告，为后续评估计划的实施打下坚实的基础。

（三）确定灾害种类

地质灾害的种类较多，不同类型的地质灾害危险性有所差异，需要技术人员在可靠的评估方法支持下，确定地质灾害种类。地质灾害危险性评估的灾害种类主要包括：崩塌、滑坡、泥石流、地面塌陷（含岩溶塌陷和矿山采空塌陷）、地裂缝和地面沉降等。其它地质灾害，不属于自然资源部管辖的职能范畴。因此，在确定地质灾害种类的过程中，应充分地考虑灾害发生区域的环境特点及各种可能存在的影响因素，为评估方法的有效选择提供必要的参考信息。地质灾害种类的合理确定，有利于丰富地质灾害危险性评估内容，为建设项目的施工方案的确定起着重要的保障作用。比如，对于一些地质结构较为稳定、隧道开挖过程中存在的灾害等，不应作为地质灾害危险性评估的内容，但应在地质环境条件部分根据不同地区的特点进行比较详细的论述。

（四）提高地质灾害危险性评估效果的措施

提高地质灾害危险性评估效果，需要在具体的评估过程中注重评估方法的选择合理性，加强对评估内容的深入理解，得出可靠的评估结论，促使预防地质灾害发生的各种措施使用中能够满足实际生产活动的具体需求。增强地质灾害危险性评估效果的对策如下：

(1)在获得可靠的地质灾害危险性评估成果时，应充分地考虑其中的限制条件，对于一些重点灾害做出详细地说明。结合评估精度的具体要求，利用可靠的分析方法及评估过程中实际问题的相关处理方法，提高地质灾害危险性评估精度，为建设项目作业计划的实施提供必要的参考依据。地质灾害危险性评估过程中也需要结合工程布局的特点，提出必要的建议，增强所有评估方法使用的合理性。

(2)跨省份评估项目操作的过程中，应结合建设项目的具体要求，从不同的方面对整个项目进行全面评估，加强项目评估过程中所有部门的沟通交流，结合可靠的技术缩短，获取可靠的评估数据，完善最终得到的评估报告。

(3)地质灾害类别确定的过程中，注重各种信息化技术的合理使用，通过计算机网络的模拟操作，加强对地质灾害危险性评估中实际问题的实时处理。

提高地质灾害评估工作质量，需要对相关的评估流程进行综合地分析，促使相干的防灾措施实施过程中能够满足实际生产活动的各种要求。针对地质灾害危险性评估中存在的技术问题，应采取必要的措施进行有效处理，逐渐地提高地质灾害危险性评估工作质量，促进我国经济社会的稳定发展。

参考文献

[1]陈飞. 地质灾害防治[M]. 长沙:中南大学出版社,2017.

[2]甘肃省地质灾害应急中心. 地质灾害宣传手册[M]. 兰州:甘肃科学技术出版社,2018.

[3]闫子忠,仲佳鑫,黄玮等. 宁夏地质灾害[M]. 银川:宁夏人民出版社,2018.

[4]徐智彬,刘鸿燕. 地质灾害防治工程勘察[M]. 重庆:重庆大学出版社,2019.

[5]侯燕军. 地质灾害避险自救手册[M]. 兰州:甘肃科学技术出版社,2018.

[6]李振华,梅红波,吴湘宁等. 地质灾害数据仓库构建及应用[M]. 武汉:中国地质大学出版社,2018.

[7]中国地质灾害防治工程行业协会. 地质灾害 InSAR 监测技术指南试行[M]. 武汉:中国地质大学出版社,2018.

[8]何升,胡世春. 地质灾害治理工程施工技术[M]. 成都:西南交通大学出版社,2018.

[9]张永波,张志祥,时红等. 矿山地质灾害与地质环境[M]. 北京:中国水利水电出版社,2018.

[10]路学忠. 宁东煤田采煤沉陷地质灾害规律研究[M]. 银川:宁夏人民出版社,2019.

[11]河北省地质环境监测院. 河北省突发地质灾害风险预报预警[M]. 石家庄:河北科学技术出版社,2019.

[12]叶唐进,李俊杰,王鹰. 第三极科技文库 西藏道路交通典型高原地质

灾害科考图集[M]. 成都:西南交通大学出版社,2021.

[13]陈源,余必胜. 西南地形急变带地质灾害数据库与信息系统[M]. 武汉:中国地质大学出版社,2018.

[14]中国地质灾害防治工程行业协会. 地质灾害治理工程监理预算标准试行[M]. 武汉:中国地质大学出版社,2018.

[15]中国地质灾害防治工程行业协会. 突发地质灾害应急调查技术指南试行[M]. 武汉:中国地质大学出版社,2018.

[16]刘晶,彭绍才,李少林. 基于物联网的库岸地质灾害监测技术与应用[M]. 北京:中国水利水电出版社,2020.

[17]项伟,苏爱军,王菁莪等. 三峡库区巴东科教基地地质灾害防治实践教学教程[M]. 武汉:中国地质大学出版社,2019.

[18]邓清禄. 长输管道地质灾害风险评价与控制 忠武管道地质灾害研究[M]. 武汉:中国地质大学出版社,2016.

[19]廖化荣,危媛丞,汪文富. 海水入侵地质灾害调查及防治对策:以深圳市为例[M]. 北京:化学工业出版社,2022.

[20]王自高,张宗亮,汤明高等. 电力建设工程地质灾害危险源辨识与风险控制[M]. 北京:中国水利水电出版社,2019.

[21]周永昌. 地质灾害防灾避险知识读本[M]. 太原:山西科学技术出版社,2017.

[22]穆启超,蔡铁刚,王琦等. 西南岩溶地区浅层覆土山区地质灾害成因分析及机制研究 以贵州省纳雍县沙包镇区域为例[M]. 郑州:黄河水利出版社,2021.

[23]阳艳红,王玉彬. 山洪地质灾害防治气象保障工程项目群管理方法研究[M]. 北京:机械工业出版社,2020.

[24]本书编委会. 秦巴山区地质灾害与防治学术研讨会论文集[M]. 地质大学出版社,2016.

[25]项伟. 地质灾害 100 问[M]. 武汉:中国地质大学出版社,2013.

[26]张俊峰. 公路地质灾害危险性评价及防治决策支持系统研究[M]. 北京:中国水利水电出版社,2017.

[27]崔益安,柳建新,孙娅等. 南方丘陵山区矿山地质灾害图册[M]. 长沙:中南大学出版社,2019.